国家出版基金资助项目

现代数学中的著名定理纵横谈丛书
丛书主编　王梓坤

MCCARTHY FUNCTION AND ACKERMANN FUNCTION

McCarthy函数和Ackermann函数

刘培杰数学工作室 编译

哈爾濱工業大學出版社
HARBIN INSTITUTE OF TECHNOLOGY PRESS

内容简介

本书由一道竞赛题引入麦卡锡函数，介绍了麦卡锡函数与阿克曼函数的相关内容与问题，并同时介绍了莫绍揆数理逻辑的相关内容及其历史与进展.

本书适合高等学校数学及相关专业师生使用，也适用于数学爱好者参考阅读.

图书在版编目(CIP)数据

McCarthy 函数和 Ackermann 函数/刘培杰数学工作室编译. —哈尔滨：哈尔滨工业大学出版社，2017.6

(现代数学中的著名定理纵横谈丛书)

ISBN 978－7－5603－6494－0

Ⅰ.①M… Ⅱ.①刘… Ⅲ.①数理逻辑 Ⅳ.①O141

中国版本图书馆 CIP 数据核字(2017)第 042310 号

策划编辑　刘培杰　张永芹
责任编辑　张永芹　李　欣
封面设计　孙茵艾
出版发行　哈尔滨工业大学出版社
社　　址　哈尔滨市南岗区复华四道街 10 号　邮编 150006
传　　真　0451－86414749
网　　址　http://hitpress.hit.edu.cn
印　　刷　牡丹江邮电印务有限公司
开　　本　787mm×960mm　1/16　印张 26.75　字数 274 千字
版　　次　2017 年 6 月第 1 版　2017 年 6 月第 1 次印刷
书　　号　ISBN 978－7－5603－6494－0
定　　价　118.00 元

⊙代序

读书的乐趣

你最喜爱什么——书籍.

你经常去哪里——书店.

你最大的乐趣是什么——读书.

这是友人提出的问题和我的回答.真的,我这一辈子算是和书籍,特别是好书结下了不解之缘.有人说,读书要费那么大的劲,又发不了财,读它做什么?我却至今不悔,不仅不悔,反而情趣越来越浓.想当年,我也曾爱打球,也曾爱下棋,对操琴也有兴趣,还登台伴奏过.但后来却都一一断交,“终身不复鼓琴”.那原因便是怕花费时间,玩物丧志,误了我的大事——求学.这当然过激了一些.剩下来唯有读书一事,自幼至今,无日少废,谓之书痴也可,谓之书橱也可,管它呢,人各有志,不可相强.我的一生大志,便是教书,而当教师,不多读书是不行的.

读好书是一种乐趣,一种情操;一种向全世界古往今来的伟人和名人求教的方法，一种和他们展开讨论的方式；一封出席各种活动、体验各种生活、结识各种人物的邀请信；一张迈进科学宫殿和未知世界的入场券；一股改造自己、丰富自己的强大力量.书籍是全人类有史以来共同创造的财富，是永不枯竭的智慧的源泉.失意时读书，可以使人重整旗鼓；得意时读书，可以使人头脑清醒；疑难时读书，可以得到解答或启示；年轻人读书，可明奋进之道；年老人读书，能知健神之理.浩浩乎！洋洋乎！如临大海，或波涛汹涌，或清风微拂，取之不尽，用之不竭.吾于读书，无疑义矣，三日不读，则头脑麻木，心摇摇无主.

潜能需要激发

我和书籍结缘，开始于一次非常偶然的机会.大概是八九岁吧，家里穷得揭不开锅，我每天从早到晚都要去田园里帮工.一天，偶然从旧木柜阴湿的角落里，找到一本蜡光纸的小书，自然很破了.屋内光线暗淡，又是黄昏时分，只好拿到大门外去看.封面已经脱落，扉页上写的是《薛仁贵征东》.管它呢，且往下看.第一回的标题已忘记，只是那首开卷诗不知为什么至今仍记忆犹新：

日出遥遥一点红，飘飘四海影无踪.

三岁孩童千两价，保主跨海去征东.

第一句指山东，二、三两句分别点出薛仁贵(雪、人贵).那时识字很少，半看半猜，居然引起了我极大的兴趣，同时也教我认识了许多生字.这是我有生以来独立看的第一本书.尝到甜头以后，我便千方百计去找书，向小朋友借，到亲友家找，居然断断续续看了《薛丁山征西》《彭公案》《二度梅》等，樊梨花便成了我心中的女英雄.我真入迷了.从此,放牛也罢,车水也罢,我总要带一本书,还练出了边走田间小路边读书的本领,读得津津有味,不知人间别有他事.

当我们安静下来回想往事时,往往会发现一些偶然的小事却影响了自己的一生.如果不是找到那本《薛仁贵征东》,我的好学心也许激发不起来.我这一生,也许会走另一条路.人的潜能,好比一座汽油库,星星之火,可以使它雷声隆隆、光照天地;但若少了这粒火星,它便会成为一潭死水,永归沉寂.

抄,总抄得起

好不容易上了中学,做完功课还有点时间,便常光顾图书馆.好书借了实在舍不得还,但买不到也买不起,便下决心动手抄书.抄,总抄得起.我抄过林语堂写的《高级英文法》,抄过英文的《英文典大全》,还抄过《孙子兵法》,这本书实在爱得狠了,竟一口气抄了两份.人们虽知抄书之苦,未知抄书之益,抄完毫末俱见,一览无余,胜读十遍.

始于精于一,返于精于博

关于康有为的教学法,他的弟子梁启超说:"康先生之教,专标专精、涉猎二条,无专精则不能成,无涉猎则不能通也."可见康有为强烈要求学生把专精和广博(即"涉猎")相结合.

在先后次序上,我认为要从精于一开始.首先应集中精力学好专业,并在专业的科研中做出成绩,然后逐步扩大领域,力求多方面的精.年轻时,我曾精读杜布(J. L. Doob)的《随机过程论》,哈尔莫斯(P. R. Halmos)的《测度论》等世界数学名著,使我终身受益.简言之,即"始于精于一,返于精于博".正如中国革命一样,必须先有一块根据地,站稳后再开创几块,最后连成一片.

丰富我文采,澡雪我精神

辛苦了一周,人相当疲劳了,每到星期六,我便到旧书店走走,这已成为生活中的一部分,多年如此.一次,偶然看到一套《纲鉴易知录》,编者之一便是选编《古文观止》的吴楚材.这部书提纲挈领地讲中国历史,上自盘古氏,直到明末,记事简明,文字古雅,又富于故事性,我便把这部书从头到尾读了一遍.从此启发了我读史书的兴趣.

我爱读中国的古典小说,例如《三国演义》和《东周列国志》.我常对人说,这两部书简直是世界上政治阴谋诡计大全.近年来极时髦的人质问题(伊朗人质、劫机人质等),这些书中早就有了,秦始皇的父亲便是受害者,堪称"人质之父".

《庄子》超尘绝俗,不屑于名利.其中"秋水""解牛"诸篇,诚绝唱也.《论语》束身严谨,勇于面世,"己所不欲,勿施于人",有长者之风.司马迁的《报任少卿书》,读之我心两伤,既伤少卿,又伤司马;我不知道少卿是否收到这封信,希望有人做点研究.我也爱读鲁迅的杂文,果戈理、梅里美的小说.我非常敬重文天祥、秋瑾的人品,常记他们的诗句:"人生自古谁无死,留取丹心照汗青""休言女子非英物,夜夜龙泉壁上鸣".唐诗、宋词、元曲,丰富我文采,澡雪我精神,其中精粹,实是人间神品.

读了邓拓的《燕山夜话》,既叹服其广博,也使我动了写《科学发现纵横谈》的心.不料这本小册子竟给我招来了上千封鼓励信.以后人们便写出了许许多多的

“纵横谈”.

从学生时代起，我就喜读方法论方面的论著.我想，做什么事情都要讲究方法，追求效率、效果和效益，方法好能事半而功倍.我很留心一些著名科学家、文学家写的心得体会和经验.我曾惊讶为什么巴尔扎克在51年短短的一生中能写出上百本书，并从他的传记中去寻找答案.文史哲和科学的海洋无边无际，先哲们的明智之光沐浴着人们的心灵，我衷心感谢他们的恩惠.

读书的另一面

以上我谈了读书的好处，现在要回过头来说说事情的另一面.

读书要选择.世上有各种各样的书：有的不值一看，有的只值看20分钟，有的可看5年，有的可保存一辈子，有的将永远不朽.即使是不朽的超级名著，由于我们的精力与时间有限，也必须加以选择.决不要看坏书，对一般书，要学会速读.

读书要多思考.应该想想，作者说得对吗？完全吗？适合今天的情况吗？从书本中迅速获得效果的好办法是有的放矢地读书，带着问题去读，或偏重某一方面去读.这时我们的思维处于主动寻找的地位，就像猎人追找猎物一样主动，很快就能找到答案，或者发现书中的问题.

有的书浏览即止，有的要读出声来，有的要心头记住，有的要笔头记录.对重要的专业书或名著，要勤做笔记，“不动笔墨不读书”.动脑加动手，手脑并用，既可加深理解，又可避忘备查，特别是自己的灵感，更要及时抓住.清代章学诚在《文史通义》中说：“札记之功必不可少，如不札记，则无穷妙绪如雨珠落大海矣.”许多大事业、大作品，都是长期积累和短期突击相结合的产物. 涓涓不息，将成江河；无此涓涓，何来江河？

爱好读书是许多伟人的共同特性，不仅学者专家如此，一些大政治家、大军事家也如此. 曹操、康熙、拿破仑、毛泽东都是手不释卷，嗜书如命的人. 他们的巨大成就与毕生刻苦自学密切相关.

王梓坤

目录

第三编　历史与进展

第一编

McCarthy 函数与 Ackermann 函数

第1章 一道竞赛题与 McCarthy 函数

在前南斯拉夫 1983 年数学奥林匹克试题中有如下试题：

试题 1　设 $n \in \mathbf{Z}$,函数 $f:\mathbf{Z} \to \mathbf{R}$ 满足

$$f(n)=\begin{cases} n-10 & (n>100) \\ f(f(n+11)) & (n \leqslant 100) \end{cases}$$

证明:对任意 $n \leqslant 100$,都有 $f(n)=91$.

证明　首先,设 $n \leqslant 100$ 与 $n+11>100$,即 $90 \leqslant n \leqslant 100$,于是

$$\begin{aligned} f(n) &= f(f(n+11)) = f(n+11-10) \\ &= f(n+1) \end{aligned}$$

因此

$$\begin{aligned} f(90) &= f(91) = \cdots = f(100) \\ &= f(101) = 91 \end{aligned}$$

现在设 $n<90$,取 $m \in \mathbf{N}$,使得 $90 \leqslant n+11m \leqslant 100$,则有

$$\begin{aligned} f(n) &= f^{[2]}(n+11) \\ &\vdots \\ &= f^{[m+1]}(n+11m) \\ &= f^{[m]}(f(n+11m)) \\ &= f^{[m]}(91) = 91 \end{aligned}$$

这就证明了,对任意的 $n \leqslant 100$,都有 $f(n)=91$.

熟悉计算机的人都知道.这个函数就是著名的 91 — 函数.它是由计算机科学的创始人之一美国数学家 McCarthy(麦卡锡)提出的.正因为有如此背景,在许多数学竞赛中都可以看到以它为原型的试题.例如 1984 年的美国数学邀请赛的第 7 题:

试题 2　函数 f 定义在整数集合上,满足

$$f(n)=\begin{cases} n-3 & (n \geqslant 1\ 000) \\ f(f(n+5)) & (n<1\ 000) \end{cases}$$

求 $f(84)$.

解　比较自然也比较烦琐的解法是根据所给函数的定义推算出来

$$\begin{aligned} f(84) &= f(f(84+5)) \\ &= f^{[3]}(84+2\times 5) \\ &= f^{[4]}(84+3\times 5) \\ &\quad \vdots \\ &= f^{[184]}(84+183\times 5) \\ &= f^{[184]}(999) \\ &= f^{[185]}(1\ 004) \\ &= f^{[184]}(1\ 001) \\ &= f^{[183]}(998) \\ &= f^{[184]}(1\ 003) \\ &= f^{[183]}(1\ 000) \\ &= f^{[182]}(997) \\ &= f^{[183]}(1\ 002) \\ &= f^{[182]}(999) \\ &\quad \vdots \\ &= f^{[2]}(99) \end{aligned}$$

$$=f^{[3]}(1\ 004)$$
$$=f^{[2]}(1\ 001)$$
$$=f(998)$$
$$=f^{[2]}(1\ 003)$$
$$=f(1\ 000)$$
$$=1\ 000-3$$
$$=997$$

由此可见,与其直接求 $f(84)$,倒不如从 $n=1\ 000$ 附近出发求 $f(n)$ 的值方便. 为了探索 $n=1\ 000$ 时的情况,我们先计算几个 1 000 附近数的函数值

$$f(999)=f(f(1\ 004))=f(1\ 001)=998$$
$$f(998)=f(f(1\ 003))=f(1\ 000)=997$$
$$f(997)=f(f(1\ 002))=f(999)=998$$
$$f(996)=f(f(1\ 001))=f(998)=997$$
$$f(995)=f(f(1\ 000))=f(997)=998$$

据此,我们可以猜测

$$f(n)=\begin{cases}997 & (\text{若 } n \text{ 是偶数且 } n<1\ 000)\\ 998 & (\text{若 } n \text{ 是奇数且 } n<1\ 000)\end{cases} \tag{1}$$

下面用数学归纳法证明式(1)(我们使用的是反向归纳法),即假定式(1) 对 $n+1,n+2,\cdots,999$ 成立. 证明式(1) 对 n 也成立.

(1) 当 $n=999,998,\cdots,995$ 时,由开始时的计算知式(1) 成立.

(2) 假设对于所有的 $m(n<m<1\ 000,n<995)$,式(1) 都成立,往证当 $n=m$ 时式(1) 也成立.

由于,当 n 是偶数时,$n+5$ 是奇数,所以

$$f(n)=f(f(n+5))=f(998)=997$$

当 n 是奇数时,$n+5$ 是偶数,所以

$$f(n)=f(f(n+5))=f(997)=998$$

从而式(1) 得证. 特别地，$f(84)=997$.

显然此证法具有一般性. 正是由于有此方法，在 1991 年的第 2 届希望杯全国数学邀请赛的高二试题中也出现了一个此形式的问题.

试题 3　在自然数集 $\mathbf{N}$ 上定义的函数为

$$f(n)=\begin{cases}n-3 & (n\geqslant 1\ 000)\\ f(f(n+7)) & (n<1\ 000)\end{cases}$$

则 $f(90)$ 的值是(　　).

A. 997　　B. 998　　C. 999　　D. 1 000

经特殊值计算后观察可猜测

$$f(n)=\begin{cases}997 & (n=4m)\\ 1\ 000 & (n=4m+1)\\ 999 & (n=4m+2)\\ 998 & (n=4m+3)\end{cases}\quad m\in\mathbf{N}$$

此结论很容易由数学归纳法证明. 故 $f(90)=f(4\times 22+2)=999$.

此外对于 McCarthy 函数来说由于它的表达式最后可以写成

$$f(n)=\begin{cases}n-10 & (n>100)\\ 91 & (n\leqslant 100)\end{cases}$$

所以它有一个不动点(满足 $f(x)=x$ 的点). 那么我们可以提出以下一般的问题：

试题 4(1990 年中国国家队模拟考试试题)　假设 a,b,c 是已知的自然数且 $a<b<c$：

(1) 证明函数 $f:\mathbf{N}\to\mathbf{N}$ 是唯一的. f 是由下列规则定义

$$f(n)=\begin{cases} n-a & (n>c) \\ f(f(n+b)) & (n\leqslant c) \end{cases}$$

(2) 找出 f 至少有一个不动点的充分必要条件.

(3) 用 a,b,c 来表示这样一个不动点.

证明　首先我们可以逐步求出 $f(x)$ 的表达式在 $n<c$ 时,$f(n)=n-a$.

在 $c\geqslant n>c-(b-a)$ 时

$$\begin{aligned} f(n) &= f(f(n+b))=f(n+b-a) \\ &= n(b-a)-a \end{aligned}$$

在 $c-(b-a)\geqslant n>c-2(b-a)$ 时

$$\begin{aligned} f(n) &= f(f(n+b)) \\ &= f(n+2(b-a)) \\ &= n+2(b-a)-a \end{aligned}$$

一般地,在 $c-k(b-a)\geqslant n>c-(k+1)(b-a)$ 时

$$f(n)=n+(k+1)(b-a)-a \quad (k=0,1,\cdots,q)$$

这里 $q\in \mathbf{N}$,满足

$$q(b-a)\leqslant c<(q+1)(b-a)$$

因此,$f(n)$ 是唯一的. 若 f 有不动点 n,则

$$n=n+k(b-a)-a$$

即

$$(b-a)\mid a \tag{2}$$

式(2)不但是必要条件,而且也是充分条件. 事实上,在这一条件成立时,设 $a=k(b-a)$,则满足 $c-(h-1)(b-a)\geqslant n>c-h(b-a)$ 的自然数 n 都是不动点.

对于 McCarthy 函数我们有以下二元形式(它是奥林匹克数学待开发的矿床.)

$$g(m,n)=\begin{cases}n-10 & (n>100,m=0)\\ g(m-1,n-10) & (n>100,m>0)\\ g(m+1,n+11) & (n\leqslant 100)\end{cases}$$

这时我们可以证明

$$g(m,n)=f^{[m+1]}(n)$$

特别的，当 $m=0$ 时，$g(0,n)=f(n)$.

利用 $g(m,n)$ 可以计算 $f(n)$，例如计算 $f(99)$ 时可这样做

$$\begin{aligned}f(99)&=g(0,99)\\&=g(1,110)\\&=g(0,100)\\&=g(1,111)\\&=g(0,101)\\&=91\end{aligned}$$

用上面的方法求 $f(88)$ 可以当作竞赛试题，因为那是一个漫长的过程.

$g(m,n)$ 的计算，可以按图 1 中的流程图进行. 例如要算 $f(99)=g(0,99)$，开始时 $m=0$，$n=99$.

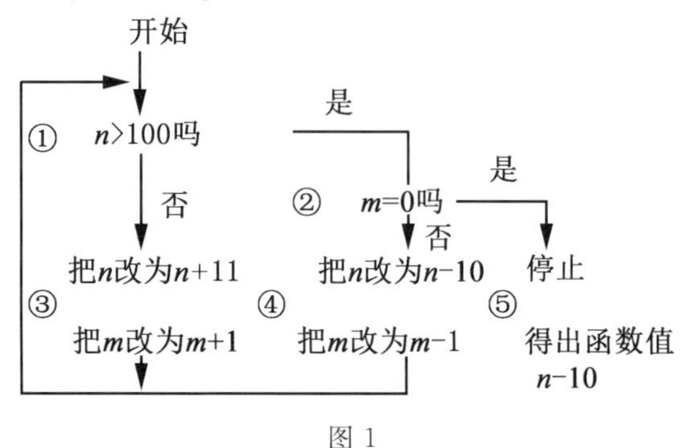

图 1

例（1994 年香港代表队选拔赛试题） 给定正整数集合上一个函数 $f(n)$ 满足下述条件：如果 $n>$

$2\,000$, $f(n)=n-12$；如果 $n\leqslant 2\,000$，$f(n)=f(f(n+16))$.

(1) 求 $f(n)$.

(2) 求方程 $f(n)=n$ 的所有解.

解　从题目条件立即可得

$$
\begin{aligned}
&f(2\,000)=f(f(2\,016))=f(2\,004)=1\,992\\
&f(1\,999)=f(f(2\,015))=f(2\,003)=1\,991\\
&f(1\,998)=f(f(2\,014))=f(2\,002)=1\,990\\
&f(1\,997)=f(f(2\,013))=f(2\,001)=1\,989\\
&f(1\,996)=f(f(2\,012))=f(2\,000)=1\,992\\
&f(1\,995)=f(f(2\,011))=f(1\,999)=1\,991\\
&f(1\,994)=f(f(2\,010))=f(1\,998)=1\,990\\
&f(1\,993)=f(f(2\,009))=f(1\,997)=1\,989\\
&f(1\,992)=f(f(2\,008))=f(1\,996)=1\,992\\
&f(1\,991)=f(f(2\,007))=f(1\,995)=1\,991\\
&f(1\,990)=f(f(2\,006))=f(1\,994)=1\,990\\
&f(1\,989)=f(f(2\,005))=f(1\,993)=1\,989\\
&f(1\,988)=f(f(2\,004))=f(1\,992)=1\,992\\
&f(1\,987)=f(f(2\,003))=f(1\,991)=1\,991\\
&f(1\,986)=f(f(2\,002))=f(1\,990)=1\,990\\
&f(1\,985)=f(f(2\,001))=f(1\,989)=1\,989
\end{aligned}
\tag{3}
$$

于是猜测，对非负整数 k，这里 $k\leqslant 499$，$m\in\{0,1,2,3\}$，有

$$f(2\,000-4k-m)=1\,992-m \tag{4}$$

对非负整数 k 用数学归纳法. 由(3)可知，当 $k=0,1,2,3$ 时，等式(4)成立. 假设当 $k\leqslant t$ 时，这里 $t\geqslant 3$，有

$$f(2\,000-4k-m)=1\,992-m$$

这里 $m\in\{0,1,2,3\}$. 考虑 $k=t+1$ 的情况，记

$$n = 2\ 000 - 4(t+1) - m \tag{6}$$

那么

$$n + 16 = 2\ 016 - 4(t+1) - m \leqslant 2\ 000 \tag{7}$$

这里利用 $t+1 \geqslant 4, m \geqslant 0$. 那么,利用(6) 和(7),有

$$\begin{aligned} f(n) &= f(f(n+16)) \\ &= f(f(2\ 000 - 4(t-3) - m)) \\ &= f(1\ 992 - m) \quad (\text{利用归纳假设}) \\ &= 1\ 992 - m \quad (\text{利用}(3)) \end{aligned} \tag{8}$$

因而利用数学归纳法,公式(4) 成立,从而有

$$f(n) = \begin{cases} n - 12 & (n > 2\ 000) \\ 1\ 992 - m & (n = 2\ 000 - 4k - m) \end{cases} \tag{9}$$

上式右端 $m \in \{0,1,2,3\}$,k 是非负整数,而且 $k \leqslant 499$. 这就解决了(3).

利用公式(9),若 $f(n) = n$,则必有 $n \leqslant 2\ 000$,且

$$2\ 000 - 4k - m = 1\ 992 - m \tag{10}$$

从而有

$$k = 2 \tag{11}$$

故所求的 $n = 1\ 992 - m$,这里 $m \in \{0,1,2,3\}$. 那么,满足 $f(n) = n$ 的全部正整数 n 是 1 992,1 991,1 990,1 989.

McCarthy 难题与集训班试题

从 1988 年,中国数学奥林匹克委员会成立后,即开始负责与 IMO 有关的各项工作. 其中包括选拔和训练准备参加 IMO 的选手.

在每年中国数学奥林匹克(CMO 也称数学冬令

营）赛后，从中选出20余名队员组成国家集训队. 集训队的训练工作由数学奥林匹克委员会的教练组负责.

训练分为两个阶段. 第一阶段从3月下旬到4月下旬，约1个月. 这一阶段的主要目的是选出6名出国比赛的队员. 为此，进行10次左右的测试，最后还要进行为期2天的选拔考试. 测试与最后考试的成绩各占50％.

选拔考试由教练组及有关专家命题. 每天一个上午（$4\frac{1}{2}$小时），做4道题. 其难度不亚于IMO. 而且每天都比IMO多1道题（时间相同），这些题目一般都有高等背景.

以下就是第三届全国数学奥林匹克集训班试题：

模态逻辑

数学老师把一个二位数 n 的因数的个数 $f(n)$ 告诉了学生B，把 n 的各位数字之和 $S(n)$ 告诉了学生A. A和B都是很聪明的学生，他们希望推导出 n 的准确数值而进行了如下的对话：

A：我不知道 n 是多少.

B：我也不知道，但我知道 n 是否为偶数.

A：现在我知道 n 是多少了.

B：现在我也知道了.

老师证实了A和B都是诚实可信的人. 他们的每一句话都是有根据的. 问 n 究竟是多少？为什么？

这个试题的背景是模态逻辑中的McCarthy难题.

模态逻辑（modal logic）是数理逻辑的一个重要分支. 研究“必然”“可能”“不可能”和“偶然”等所谓

“模态”概念的逻辑学说. 这里“模态”一词是英语词“modal”的音译, 而“modal”又来自“modes of truth”(真的方式)中的“modes”一词.

模态概念的研究可一直溯源到亚里士多德时期. 在中世纪又有人进行这种研究,但文艺复兴后大多已被遗忘. 直到 19 世纪末至 20 世纪初才有位叫 H. 麦科尔的逻辑学家迈出了近代模态逻辑研究的第一步. 但是,麦科尔没有提出任何公理. 因此,他的系统和当代的研究是迥然不同的. 这个问题的基本论述,在当代的讨论中,是由克拉伦斯·埃文·刘易斯和库帕·哈罗德·伦福特在《符号逻辑》(1932 年)中给出的. 书中提出了用来解释“如果 …… 那么 ……”的逻辑功能的一个“严格蕴涵”模态系统.

模态逻辑在哲学,计算机科学(特别是程序理论)和数理逻辑学的另一分支证明论中均有重要的应用,而且它目前仍是数理逻辑各分支学科中最活跃的领域之一. 近些年来在模态逻辑专家中流传着下面一个谜题:

S 先生与 P 先生谜题[①]

1962 年 6 月,美国飞向金星的第一个空间探测器“水手 1 号”偏离航线坠落,原因是计算机导航程序出了偏差. 虽然导致如此惊人后果的程序错误并不常见,但是程序设计的精确性日益为人们所忧虑. 最近十多

① 王元元,《自然杂志》第 7 卷(1984 年)第 6 期.

年来，计算机工作者试图用逻辑方法来证明程序的正确性，检测程序设计中的错误，甚至机械地生成程序. 同时，随着数学、语言学、哲学等学科研究的深入，人们也对逻辑学提出了新的要求. 这就使一门古老的逻辑学分支 —— 模态逻辑得到了新的发展.

那么，什么是模态逻辑呢？还是让我们从国际上著名的“S 先生与 P 先生谜题”谈起.

1. S 先生与 P 先生谜题

不久前，美国斯坦福大学的 McCarthy 提出了一个模态逻辑难题 ——S 先生与 P 先生谜题. 下面我们就来介绍这个谜题，并运用直观推理求出它的解.

S 先生与 P 先生谜题　设有两个自然数 m,n，$2\leqslant m\leqslant n\leqslant 99$. S 先生知道这两个数的和 s，P 先生知道这两个数的积 p. 他们二人进行了如下的对话：

S：我知道你不知道这两个数是什么，但我也不知道.

P：现在我知道这两个数了.

S：现在我也知道这两个数了.

由上述条件及两位先生的对话，试确定 m,n.

解　我们用 (u,v) 表示 s 的一个“分拆”（即 $s=u+v$）或 p 的一个“分解”（即 $p=uv$）. 容易明白，S 对 m,n 的每一种推测 $(m=u,n=v)$ 都是 s 的一个分拆 (u,v)，而每一个分拆又将导致 S 对 p 的一个推断 $p'=uv$，我们称这样的 p' 是分拆 (u,v) 导致的. 同样，P 对 m,n 的每一种推测也都是 p 的一个分解，而这个分解也将导致 P 对 s 的一个推断 s'.

用 F 表示我们从 S 先生与 P 先生的对话中获得的信息. 请注意，这些信息也必然被 S 先生与 P 先生在对话过程中获得.

首先,S 先生:“我知道你不知道这两个数是什么,但我也不知道.”据此我们有:

F_1:s 不可能有两个素数组成的分析.

若不然,设(u,v)是两个素数组成的 s 的一个分拆,那么(u,v)导致的 p' 只有唯一的分解,这样,P 先生就有可能立即推测出这两个数,因而 S 先生无理由断定 P 先生不知道这两个数.

F_2:s 不可能是偶数,从而 s 的分拆必定由一奇一偶的两数组成.

我们知道哥德巴赫猜想对于比 2 大而又不很大的自然数是成立的,因此 F_2 是 F_1 的明显推论.

F_3:s 的任一分拆中都没有大于 50 的素数.

否则,设(u,v)是这样的分拆,其中 v 是大于 50 的素数.那么(u,v)导致的 $p'=uv$ 除了有分解(u,v),不可能有合乎题意的其他分解.在这种情况下,S 先生也无理由断定 P 先生不知道这两个数.为什么说 $p'=uv$ 不可能有其他分解呢?因为若有其他分解则必呈(k_1,k_2v)形,$k_1k_2=u$ 且 $k_2\geqslant 2$,因而 $k_2v>100$,不合题意.

F_4:$s<54$.

F_4 是 F_2,F_3 的逻辑结果.因为 54 是偶数,与 F_2 不合;而大于 54 的数可以有分拆$(53,v)$,但 53 是大于 50 的素数,与 F_3 不合.

综合 $F_1\sim F_4$,得到 s 必须满足的条件如下:

$D_1(s)$:s 是大于 3 小于 54 的奇数,并且没有两个素数组成的分拆.

满足 $D_1(s)$ 的数只有 11 个,令它们组成的集合为 A,则

$A=\{11,17,23,27,29,35,37,41,47,51,53\}$

接着 P 先生说:"现在我知道这两个数了."请注意,P 先生从不知道到知道,获取信息的渠道与我们是一样的,这就是 $D_1(s)$. 因此我们可以推断,P 先生之所以能得出 m,n,是因为:

$D_2(p)$:p 的能导致满足 $D_1(s)$ 的 s' 的分解(u,v)是唯一的.

这是 p 必须满足的条件,所以我们把它记为 $D_2(p)$.

最后 S 先生说:"现在我也知道这两个数了."S 先生当然也是从 $D_2(p)$ 中获得了信息,因此我们又可推断,S 先生知道这两个数是因为:

$D_3(s)$:s 的能导致满足 $D_2(p)$ 的 p' 的分拆(u,v)是唯一的.

这给出了 s 必须满足的又一个条件,所以我们把它记为 $D_3(s)$. 现在我们就用条件 $D_3(s)$ 来逐个分析集合 A 中的各个数.

首先考虑 11. 11 有这样两个分拆:(4,7),(3,8),它们分别导致 $p'_1=28=2^2\times7$,$p'_2=24=2^3\times3$,但 p'_1,p'_2 都满足 $D_2(p)$,因为它们都只有唯一的分解$(2^2,7)$,$(3,2^3)$能导致满足 $D_1(s)$ 的 s',而其他分解导致的 s' 都是偶数,当然不满足 $D_1(s)$. 这就是说,11 有两个分拆能导致满足 $D_2(p)$ 的 p',因此它不满足 $D_3(s)$.

从上面的分析还可以看出,事实上一切形如 $2^k\times$ 素数的数如果有导致满足 $D_1(s)$ 的 s' 的分解,则这个分解必定是唯一的,即这种数满足 $D_2(p)$. 由这一点,并用与上面同样的分析方法,可知 $23(=2^2+19=2^4+7)$,$27(=2^2+23=2^3+19)$,$35(=2^4+19=2^2+31)$,

37($=2^3+29=2^5+5$),47($=2^4+31=2^2+43$),51($=2^2+47=2^3+43$) 都不满足 $D_3(s)$. 因此,s 只可能是 17,29,41,53 之一.

其实 $s\neq 29$. 我们知道 29 有分拆(13,16) 及(12,17),而由前述,(13,16) 导致的 $p'=2^4\times 13$ 必满足 $D_2(p)$. 我们又可证明(12,17) 导致的 $p'=12\times 17=204$ 也满足 $D_2(p)$. 为此,先列出 204 的所有分解:(3,68),(6,34),(12,17),(4,51),(2,102). 其中(6,34),(2,102) 将导致偶数的 s';(3,68) 导致 $s'=3+68=71>54$;(4,51) 导致 $s'=4+51=55>54$. 它们导致的 s' 都不满足 $D_1(s)$,这就是说 204 的分解中只有一个(12,17) 能导致满足 $D_1(s)$ 的 s',因而它满足 $D_2(p)$. 于是 29 有两个分拆可导致满足 $D_2(p)$ 的 p',因此 29 不满足 $D_3(s)$.

类似地可证明 $s\neq 41$,$s\neq 53$,因为 $41=4+37=9+32$,$53=16+37=21+32$,而(4,37) 和(9,32),(16,37) 和(21,32) 都能导致满足 $D_2(p)$ 的 p',因此 41,53 都不满足 $D_3(s)$. 剩下的只有 17,而且容易验证,17 满足 $D_3(s)$. 因此,$s=17$.

s 既已确定为 17,我们便可以用 $D_2(p)$ 来确定 p,最后可得 m,n.

考虑 17 的全部可能的分拆:

(2,15),(3,14),(4,13),(5,12),(6,11),(7,10),(8,9).

现在 p 一定是上面这 7 个分拆所导致的 p' 之一. 由(2,15) 导致的 $p'=30$. 30 的两个分解(2,15),(5,6) 导致的 s' 分别是 17 和 11,它们都满足 $D_1(s)$,所以 30 不满足 $D_2(p)$. 同理可排除(3,14),(5,12),(6,11),

(7,10),(8,9). 只有(4,13) 导致的 52 满足 $D_2(p)$,它有唯一的分解(4,13) 导致满足 $D_1(s)$ 的 17,因此 $p=52$. 不难看出 $m=4$,$n=13$,这就是本谜题的解.

2. 模态逻辑简介

"S 先生与 P 先生谜题" 作为智力难题确实是耐人寻味的,它的解决需要有较高的思维技巧和较强的推理能力. 但 McCarthy 并不是把它作为一个智力难题而是把它作为一个模态逻辑难题提出的,即要求把这个谜题的推理过程形式化并求解. 我国北京大学的马希文成功地解决了这个难题,在他自己建立的"知道"模态逻辑系统中实现了这一谜题的形式化和求解[1,2].

我们知道,对于一般的逻辑趣题,可用寻常的一阶逻辑为工具把推理形式化,通过命题演算和谓词演算求得解答. 但是,"S 先生与 P 先生谜题" 或类似的问题,在通常的逻辑演算(命题演算和谓词演算) 中恰当地形式化和求解是不可能的. 在这个谜题中,m,n 不是通过一些关于 m,n 的事实来确定的,而须先由"知道某命题真" 逻辑地导出关于 m,n 的性质后,再确定 m,n. 显然,"知道某命题真" 与"某命题真" 是不同的. 一般认为前者蕴涵后者,但反之却不然. 另一方面,"知道" 的概念不是"静态" 的,而是"动态" 的. 在同一问题中,这一时刻不知道的事实,却可能在下一时刻知道,人们要求从这种关于"知道" 的状态演变中逻辑地导出所需要的信息. 通常的逻辑演算无力表示"知道某命题真" 与"某命题真" 之间的关系,更无力从"知道" 的状态的演变出发进行演绎. 例如,从 S 先生的第一句话,无法用通常的逻辑演算得出 s 必须满足 $D_1(s)$ 的结论.

幸运的是,逻辑学家和数学家为我们准备了一种处理这类问题的特殊逻辑工具 —— 模态逻辑.前面提到的关于“知道”的模态逻辑,也称认识论模态逻辑,是模态逻辑的一种.除此之外,一般认为模态逻辑还有:关于“必然”的模态逻辑,也称真理论模态逻辑;关于“应该”的模态逻辑,也称道义论模态逻辑.模态逻辑与通常的逻辑演算的显著区别是,它们有一种表示“势态”的逻辑联结词,像“必然”“可能”“知道……真”“认可……真”“应该”“允许”,等等,这些称为模态词.模态逻辑系统就是在原有的逻辑系统之内引入这些模态词而得到的系统.当然,引入这些模态词以后,逻辑系统的内容便大大地丰富了.

关于“必然”的模态逻辑是最经典的一种模态逻辑,它在程序逻辑中应用最多,我们首先谈谈它.

从亚里士多德开始,“必然”和“可能”等概念就已被看作是逻辑概念,并且用它们作为模态词组成模态命题.例如,用 α,β 表示“命题”,则“必然 α”“不可能 β”等就是模态命题.为方便计,我们用 N 表示“必然”,用 M 表示“可能”,其他逻辑符号含义与通常命题演算和谓词演算中规定的意义相同,即“$\neg$”表示“非”,“$\wedge$”表示“且”,“$\vee$”表示“或”,“$\rightarrow$”表示“如果……则……”,“$\longleftrightarrow$”表示“……当且仅当……”.

自然语言中的“必然”“可能”的含义是不清晰的,要想有一个讨论模态命题的逻辑系统,首先要恰当地形式地规定 $N\alpha$ 与 $M\alpha$ 的语义.简单地把 $N\alpha$ 真看作 α 真,把 $\neg M\alpha$ 真看作 α 假是不行的,因为这就取消了模态词的作用,而且事实上人们常常做如下的被公认是

合乎逻辑的判断:“事情的结局是这样,但并不必然如此.”“他没有成功,但他不是不可能成功地.”因此必须另行规定模态词的形式语义.为此,我们先讨论一下日常生活中这两个模态词的意义.

日常生活中“必然”与“可能”显然有如下关系

$$N\alpha \longleftrightarrow \neg M \neg \alpha$$

$$M\alpha \longleftrightarrow \neg N \neg \alpha \tag{1}$$

即“必然 α 真当且仅当不可能非 α 真(α 假)”“可能 α 真当且仅当并非必然 α 假”.式(1)也说明,本质上只需要一个模态词就够了.另外,通常认为 $M\alpha$ 与 $M\neg\alpha$ 至少有一为真,故有

$$M\alpha \vee M\neg\alpha \tag{2}$$

但是 $N\alpha \vee N\neg\alpha$ 是不能接受的.一般还认为“来者可能是张三或李四”与“来者可能是张三或来者可能是李四”意义相同,但“可能有人在讲课且没有人在听课”与“可能有人在讲课且可能没有人在听课”则意义不同.因此有

$$M(\alpha \vee \beta) \longleftrightarrow M\alpha \vee M\beta \tag{3}$$

但 $M(\alpha \wedge \beta) \longleftrightarrow M\alpha \wedge M\beta$ 不真.

我们希望形式地规定 $N\alpha$,$M\alpha$ 的语义并使它们满足式(1)(2)(3).当我们只对 $M\alpha$ 做规定,而用式(1)来确定 $N\alpha$ 的语义时,式(1)就自然被满足.

我们知道任一 n 元(或少于 n 元的)命题公式都可以化为 n 元的主析取范式,例如 α 可化为 $(\alpha \wedge \beta) \vee (\alpha \wedge \neg\beta)$,$\alpha \vee \beta$ 可化为 $(\alpha \wedge \beta) \vee (\alpha \wedge \neg\beta) \vee (\neg\alpha \wedge \beta)$.为了满足式(3),我们需要 $M\alpha \equiv M((\alpha \wedge \beta) \vee (\alpha \wedge \neg\beta)) \equiv M(\alpha \wedge \beta) \vee M(\alpha \wedge \neg\beta)$,$M(\alpha \vee \beta) \equiv M((\alpha \wedge \beta) \vee (\alpha \wedge \neg\beta) \vee M(\neg\alpha \wedge \beta)) \equiv$

$M(\alpha \wedge \beta) \vee M(\alpha \wedge \neg\beta) \vee M(\neg\alpha \wedge \beta)$（这里“≡”表示真值相等，即逻辑等价）. 这就提示人们，可以用 $M(\alpha \wedge \beta)$，$M(\alpha \wedge \neg\beta)$，等等作为规定 $M\alpha$ 的真值的成分命题，就像规定 $\alpha \rightarrow \beta$ 的真值时以 α，β 为成分命题一样. 也就是说，通过对 $M(\alpha \wedge \beta)$，$M(\alpha \wedge \neg\beta)$，$M(\neg\alpha \wedge \beta)$，$M(\neg\alpha \wedge \neg\beta)$ 做各种可能的指派，可以确定各种二元模态命题公式的真值表（表 1）.

表 1　二元模态命题的真值表

对成分命题的各种指派			
$M(\alpha \wedge \beta)$	$M(\alpha \wedge \neg\beta)$	$M(\neg\alpha \wedge \beta)$	$M(\neg\alpha \wedge \neg\beta)$
T	T	T	T
T	T	T	F
T	T	F	T
T	T	F	F
T	F	T	T
T	F	T	F
T	F	F	T
T	F	F	F
F	T	T	T
F	T	T	F
F	T	F	T
F	T	F	F
F	F	T	T
F	F	T	F
F	F	F	T

续表 1

一些模态命题公式的真值

$M\alpha$	$M\neg\alpha$	$M(\alpha\vee\beta)$	$M(\alpha\to\beta)$	$M(\alpha\leftrightarrow\beta)$	$M(\alpha\vee\neg\alpha)$	$M(\alpha\wedge\neg\alpha)$
T	T	T	T	T	T	F
T	T	T	T	T	T	F
T	T	T	T	T	T	F
T	F	T	T	T	T	F
T	T	T	T	T	T	F
T	T	T	T	T	T	F
T	T	T	T	T	T	F
T	F	T	T	T	T	F
T	T	T	T	T	T	F
T	T	T	T	F	T	F
T	T	T	T	T	T	F
T	F	T	F	F	T	F
F	T	T	T	T	T	F
F	T	T	T	F	T	F
F	T	F	T	T	T	F

* T:真;F:假

关于这个真值表,我们要做如下两点说明.

ⅰ)$M(\alpha\wedge\neg\alpha)$ 的成分命题集是空集,没有指派能使它为真,因此我们规定:对永假公式 A,MA 为永假,从而 $M(\alpha\wedge\neg\alpha)$ 永假.

ⅱ)为保证式(3)被满足,成分命题的指派中取消

了一组(F,F,F,F). 这是因为

$\mathrm{M}(\alpha \vee \neg\alpha) \equiv \mathrm{M}(\alpha \wedge \beta) \vee \mathrm{M}(\alpha \wedge \neg\beta) \vee \mathrm{M}(\neg\alpha \wedge \beta) \vee \mathrm{M}(\neg\alpha \wedge \neg\beta)$ 在这组指派下将取值 F,这与确认 $\mathrm{M}(\alpha \vee \neg\alpha)(\equiv \mathrm{M}\alpha \vee \mathrm{M}\neg\alpha)$ 为永真的式(2) 冲突.

利用这个真值表还可验证下列模态永真式

$$\mathrm{N}\alpha \rightarrow \mathrm{M}\alpha$$

$$\mathrm{N}(\alpha \wedge \beta) \longleftrightarrow \mathrm{N}\alpha \wedge \mathrm{N}\beta$$

$$\mathrm{M}(\alpha \wedge \beta) \rightarrow \mathrm{M}\alpha \wedge \mathrm{M}\beta$$

$$\mathrm{N}\alpha \vee \mathrm{N}\beta \rightarrow \mathrm{N}(\alpha \vee \beta)$$

$$\mathrm{N}\alpha \wedge \mathrm{N}(\alpha \rightarrow \beta) \rightarrow \mathrm{N}\beta$$

$$\mathrm{M}\alpha \wedge \mathrm{N}(\alpha \rightarrow \beta) \rightarrow \mathrm{M}\beta$$

$$\mathrm{N}\alpha \rightarrow \mathrm{N}(\beta \rightarrow \alpha)$$

$$\neg\mathrm{M}\alpha \rightarrow \mathrm{N}(\alpha \rightarrow \beta)$$

等等. 它们相当贴切地反映了人们应用“必然”“可能”等模态概念进行逻辑推理的规律. 特别令人惊奇的是,它们都是以式(1)(2)(3)(4) 为公理的形式系统中的定理. 这深刻地反映了上述语义规定是适当的.

上述语义规定还有一种有趣的直观解释. 我们看表 1 中的 $\mathrm{M}\alpha$ 列. $\mathrm{M}\alpha$ 真当且仅当 $\mathrm{M}(\alpha \wedge \beta)$ 和 $\mathrm{M}(\alpha \wedge \neg\beta)$ 中至少有一个为真. 如果把 $\alpha \wedge \beta$ 和 $\alpha \wedge \neg\beta$ 看作与 α 有关的“可能世界”,把 $\mathrm{M}(\alpha \wedge \beta) \equiv T$ 和 $\mathrm{M}(\alpha \wedge \neg\beta) \equiv T$ 看作是 α 在这两个可能世界中真,那么所谓“可能 α 真” 就是指“α 至少在一个与之有关的可能世界中真”,且由式(1),$\mathrm{N}\alpha$ 真则是指 $\neg\mathrm{M}\neg\alpha$ 真,即 $\neg\alpha$ 在所有与之有关的可能世界中均为假.

注意,迄今我们并未讨论 α 与 $\mathrm{M}\alpha$,$\mathrm{N}\alpha$ 之间的关系. 由于直观上不难接受“α 真蕴涵 $\mathrm{M}\alpha$ 真”,因此可以

添加第四条公理

$$\alpha \to \mathrm{M}\alpha \tag{4}$$

这时我们又可以利用式(1)(2)(3)(4)推得下列关系

$$\mathrm{N}\alpha \to \alpha$$
$$(\alpha \to \beta) \to (\alpha \to \mathrm{M}\beta)$$
$$(\alpha \to \beta) \to (\mathrm{N}\alpha \to \beta)$$
$$(\alpha \to \beta) \to (\mathrm{N}\alpha \to \mathrm{M}\beta)$$

它们使人们的“模态逻辑推理”得到更加完全的刻画. 这些公式也可用真值表来验证，但由于同时引进了 α 与 $\mathrm{M}\alpha$，语义规定(真值表)也须略加变动. 我们用一个例子来说明这一点. 表 2 是验证 $(\alpha \to \beta) \to (\alpha \to \mathrm{M}\beta)$ 的真值表. 这里除了原有的成分命题外，还须增加成分命题 α, β. 并且由于要满足 $\alpha \to \mathrm{M}\alpha$，必须去掉与此相悖的指派，即必须去掉使 $\alpha \equiv T$ 而 $\mathrm{M}\alpha \equiv F$ 的那些指派. 例如，表 2 中去掉了 $\alpha \equiv T, \beta \equiv T, \mathrm{M}(\alpha \wedge \beta) \equiv F$ 的指派，因为这将使 $\alpha \wedge \beta \equiv T$ 而 $\mathrm{M}(\alpha \wedge \beta) \equiv F$. 基于同样的理由，去掉了 $\alpha \equiv F, \beta \equiv T$(从而 $\neg\alpha \wedge \beta \equiv T$)，$\mathrm{M}(\neg\alpha \wedge \beta) \equiv F$ 的指派. 又由于 $\mathrm{M}\beta$ 的真值与 $\mathrm{M}(\alpha \wedge \neg\beta)$, $\mathrm{M}(\neg\alpha \wedge \neg\beta)$ 的指派无关，表 2 中取消了对它们的两列指派.

表 2　$(\alpha \to \beta) \to (\alpha \to \mathrm{M}\beta)$ 的真值表

α	β	$\mathrm{M}(\alpha \wedge \beta)$	$\mathrm{M}(\neg\alpha \wedge \beta)$	$\mathrm{M}\beta$	$\alpha \to \beta$	$\alpha \to \mathrm{M}\beta$	$(\alpha \to \beta) \to (\alpha \to \mathrm{M}\beta)$
T	T	T	T	T	T	T	T
T	T	T	F	T	T	T	T
T	F	T	T	T	F	T	T
T	F	T	F	T	F	T	T

续表 2

α	β	$M(\alpha \wedge \beta)$	$M(\neg\alpha \wedge \beta)$	$M\beta$	$\alpha \to \beta$	$\alpha \to M\beta$	$(\alpha \to \beta) \to (\alpha \to M\beta)$
T	F	F	T	T	F	T	T
T	F	F	F	F	F	F	T
F	T	T	T	T	T	T	T
F	T	F	T	T	T	T	T
F	F	T	T	T	T	T	T
F	F	T	F	T	T	T	T
F	F	F	T	T	T	T	T
F	F	F	F	F	T	T	T

在"水手 1 号"事件之后蓬勃兴起的各种程序逻辑中应用的通常是所谓"模态谓词逻辑",即在 $M\alpha$ 与 $N\alpha$ 中,α 可以是谓词演算中的一个公式. 人们这样规定模态逻辑公式 W 的语义:给出种种结构,每一结构包括一个由可能世界组成的空间以及空间上的一个二元关系 R;而一个可能世界又包括一个个体域和对 W 中各函数和谓词符号所做的指派. $N\alpha$ 在这个结构中真当且仅当 $N\alpha$ 在每个可能世界中真,而 $N\alpha$ 在可能世界 S 中真是指 α 在 S 以及与 S 有 R 关系的一切可能世界中都真. $M\alpha$ 在这个结构中真当且仅当 $M\alpha$ 在每个可能世界中真,而 $M\alpha$ 在可能世界 S 中真则是指 α 至少在一个与 S 有 R 关系的可能世界中真. 当我们利用这两条规定逐层去掉 N 和 M 后,便可讨论 W 在这个结构中的真假. 而 W 永真当且仅当在一切这样的结构中 W 都真.

我们在此仅对模态谓词逻辑的真值意义（语义）做这么一点粗浅的解释. 一则说明“可能世界”的说法导致了模态逻辑的进步，二则说明动态的概念是如何引入逻辑的. 这里的“可能世界”可以看作是计算机计算过程中的各个状态，R 则可以看作是各状态之间的转换关系. 对上述内容感兴趣的读者可参阅[3].

现在来谈谈关于“知道”的模态逻辑. 我们用符号“:”表示“知道”，“$:\alpha$”表示“知道 α 真”，用符号“%”表示“认可”，“$\% \alpha$”表示“认可 α 真”.

在日常推理中，当我们并不确知 α 假时，我们将认可 α 真，反之亦然. 这是因为人们对与自己现有知识不相悖的命题总是认可的. 另一方面，当我们确知 α 真时，我们将不认可 $\neg\alpha$，反之亦然. 这就是说

$$\% \alpha \longleftrightarrow \neg : \neg \alpha,\ :\alpha \longleftrightarrow \neg \% \neg \alpha \qquad (5)$$

对于 α 与 $\neg\alpha$，任何人都至少认可一个，因此我们有

$$\% \alpha \vee \% \neg \alpha \qquad (6)$$

同时，一般认为“认可费马大定理或哥德巴赫猜想”与“认可费马大定理或认可哥德巴赫猜想”这两句话意义相同. 也就是说，在关于“知道”的模态逻辑中应有

$$\% (\alpha \vee \beta) \longleftrightarrow \% \alpha \vee \% \beta \qquad (7)$$

这样，我们可以看出，模态词:与 N，%与 M 地位大致相同，因而我们也可以用规定 N 和 M 语义的方法来规定:与%的语义. 甚至可以用式(5)(6)(7) 和

$$\alpha \rightarrow \% \alpha \qquad (8)$$

为公理，建立起一个关于“知道”的模态逻辑系统，它在形式上应与关于“必然”的模态逻辑系统毫无二致. 马希文建立的 W－JS 系统是一个关于“知道”的模态谓词逻辑系统，也就是说，它讨论的模态公式中还含有

谓词和量词. 至于如何用 W－JS 系统将“S 先生与 P 先生谜题”形式化并求解,则超出了本节的范围,读者可阅读[1,2].

在关于“应该”的模态逻辑中,与“必然”“知道”地位相同的模态词是“应该”;与“可能”“认可”地位相同的模态词是“允许”. 不难理解,允许做的事情(某个性质或某一行为的实现)正是那些不是应该不做的事情;而应该做的事情,也正是那些不是允许不做的事情. 另外,某一事情或者被允许或者不被允许,至少有一种情况成立. 最后,对于“允许有私人产业或私人财产”与“允许有私人产业或允许有私人财产”通常是不加区别的. 因此,我们也可以用前面的方法建立关于“应该”的模态逻辑的语义和形式系统. 但有一点不同之处是须十分注意的:由于模态词“应该”和“允许”之后可以跟着一个表示实现某个行为的命题,因此讨论类似于 $\alpha \rightarrow M\alpha$, $\alpha \rightarrow$ % α 的公式“$\alpha \rightarrow$ 允许 α”是没有意义的. 这是因为,在日常推理中,一个行为的实现并不意味着这个行为是被允许的. 一个盗贼所做的事情,往往是道义上不允许的.

上述三种模态逻辑中的模态词还可以复合而成新的模态词,像“必然知道”“可能应该”,等等,从而发展出新的模态逻辑系统. 这方面的知识,不少文献均有介绍,有兴趣的读者可参阅[4,5],这里不一一做介绍了.

参考资料

[1] 马希文. 有关“知道”的逻辑问题的形式化[J]. 哲

学研究,1981(5):30-38.

[2] 马希文,郭维德. W－JS有关"知道"的模态逻辑[J]. 计算机研究与发展,1982(12):1-12.

[3] MANNA Z,孙永强. 程序逻辑[J]. 计算机科学,1982(3):9-18.

[4] GEORG H V W. *An essay in Modal Logic*[M]. Amsterdan:North-Holland Publishing Company,1951.

[5] 莫绍揆. 数理逻辑导论[M]. 上海:上海科学技术出版社,1965.

第2章 Ackermann 函数

McCarthy函数是递归函数.它在计算机的基础研究中非常重要.另一个重要的递归函数是由德国大数学家希尔伯特(Hilbert)的高足 Ackermann 提出的. Ackermann(1896—1962)生于德国的苏涅贝克,曾在闵斯特尔任教授.主要研究数理逻辑,与希尔伯特合作写了专著《理论逻辑基础》被译成多种文字.他还和希尔伯特一起在1920年至1930年间研究了希尔伯特的证明论.他提出的函数 $A(x,y)$,定义为

$$A(0,y)=y+1 \qquad R_1$$

$$A(x+1,0)=A(x,1) \qquad R_2$$

$$A(x+1,y+1)=A(x,A(x+1,y)) \qquad R_3$$

称为 Ackermann 函数

$$A(k,n)=\begin{cases} n+1 & (k=0) \\ A(k-1,1) & (k>0,n=0) \\ A(k-1,A(k,n-17)) & (k>0,n>0) \end{cases}$$

如要计算 $A(2,1)$,应该按下面的方法进行

$$\begin{aligned}A(2,1)&=A(1,A(2,0))\\&=A(1,A(1,1))\\&=A(1,A(0,A(1,0)))\\&=A(1,A(0,A(0,1)))\\&=A(1,A(0,2))\quad(\text{因 }A(0,1)=1+1=2)\\&=A(1,3)\quad(\text{因 }A(0,2)=2+1=3)\\&=A(0,A(1,2))\\&=A(0,A(0,(1,1)))\\&=A(0,A(0,A(0,A(1,0))))\\&=A(0,A(0,A(0,A(0,1))))\\&=A(0,A(0,A(0,2)))\\&=A(0,A(0,3))\\&=A(0,4)\\&=5\end{aligned}$$

现在我们用已知函数来计算 $A(k,n)$ 的直接计算公式.

对 $k=0$,从定义可写出

$$A(0,n)=n+1$$

对 $k=1$ 有

$$A(1,n)=\begin{cases}A(0,1) & (n=0)\\ A(0,A(1,n-1)) & (n>0)\end{cases}$$

所以 $A(1,0)=A(0,1)=1+1=2$. 而当 $n>0$ 时

$$\begin{aligned}A(1,n)&=A(0,A(1,n-1))\\&=A(1,n-1)+1\end{aligned}$$

由此可得

$$A(1,n)=n+2\quad(n=0,1,\cdots)$$

对 $k=2$, $A(2,0)=A(1,1)=3$,而当 $n>0$ 时

$$A(2,n)=A(1,A(2,n-1))$$

$$=A(2,n-1)+2$$

因此

$$A(2,n)=\begin{cases}3 & (n=0)\\ A(2,n-1)+2 & (n>0)\end{cases}$$

由此,又可求出 $A(2,n)=2n+3$.

再看 $k=3$ 的情况,仿照上面的办法可以求出

$$A(3,n)=\begin{cases}5 & (n=0)\\ 2A(3,n-1)+3 & (n>0)\end{cases}$$

从而

$$\begin{aligned}A(3,n)+3&=2[A(3,n-1)+3]\\&=2^2[A(3,n-2)+3]\\&\ \ \vdots\\&=2^n[A(3,0)+3]\\&=2^n\cdot 8=2^{n+3}\end{aligned}$$

所以 $A(3,n)=2^{n+3}-3$.

这个函数是双重递归定义的. Ackermann 证明了这个函数比任何单变量递归函数增长得都快,计算机专家对此很感兴趣,因为它比任何简单循环程序都增长得快. 为了看清这点,我们取 x 作为函数的下标,则可将 Ackermann 函数看作一函数序列,即 $A(x,y)=f_x(y)$. 则定义式变为

$$\begin{cases}f_0(x)=x+1\\ f_n(0)=f_{n-1}(1)\\ f_n(x+1)=f_{n-1}(f_n(x_1)) & (n=1,2,\cdots)\end{cases}$$

显然

$$f_1(x)=x+2$$

$$f_2(x)=2x+3$$

$$f_3(x)=4\cdot 2^{n+1}-3$$

$$\vdots$$

令 $x=0$,可得

$$f_1(0)=2$$

$$f_2(0)=3$$

$$f_3(0)=5$$

$$f_4(0)=13$$

$$f_5(0)=4\cdot 2^{14}-3$$

可见其函数值增长极快.

1981年在美国举行的第22届IMO上,芬兰提供了一个计算Ackermann函数的试题:

试题1 函数 $f(x,y)$ 对所有非负整数 x,y 满足:

(1) $f(0,y)=y+1$;

(2) $f(x+1,0)=f(x,1)$;

(3) $f(x+1,y+1)=f(x,f(x+1,y))$.

试确定 $f(4,1\,981)$.

解 由 $f(1,n)=f(0,f(1,n-1))=f(1,n-1)+1$ 及 $f(1,0)=f(0,1)=2$,得

$$f(1,n)=n+f(1,0)=n+2$$

又由

$$\begin{aligned}f(2,n)&=f(1,f(2,n-1))\\&=f(2,n-1)+2\\&=2n+f(2,0)\end{aligned}$$

$$f(2,0)=f(1,1)=3$$

所以
$$f(2,n)=2n+3$$

再由

$$\begin{aligned}f(3,n)&=f(2,f(3,n-1))\\&=2f(3,n-1)+3\\&=2[f(3,n-1)+3]-3\end{aligned}$$

即有

$$\frac{f(3,n)+3}{f(3,n-1)+3}=2$$

从而有

$$f(3,n)+3=2^n[f(3,0)+3]$$

因为

$$f(3,n)=f(2,1)=5$$

所以

$$f(3,n)=2^{n+3}-3$$

最后我们计算 $f(4,n)$. 由

$$\begin{aligned}f(4,n)&=f(3,f(4,n-1))\\&=2^{f(4,n-1)+3}-3\end{aligned}$$

即

$$f(4,n)+3=2^{f(4,n-1)+3}$$

令 $t_n=f(4,n)+3,\varphi(x)=2^x$,则有 $t_n=\varphi(t_{n-1})$,于是

$$t_n=\varphi^{[n]}(t_0)=\underbrace{\varphi(\varphi\cdots(\varphi(t_0)))}_{n\text{重迭代}}$$

由于

$$\begin{aligned}t_0&=f(4,0)+3\\&=f(3,1)+3=2^4\end{aligned}$$

所以

$$f(4,n)=\varphi^{[n]}(16)-3$$

故

$$f(4,1\ 981)=\varphi^{[1\ 981]}(16)-3=2^{2^{\cdot^{\cdot^{\cdot^{2}}}}}-3$$

其中指数的重数为 1 984.

如要进一步了解 Ackermann 函数与递归函数. 可以参看 Z. A. Melzac 的《数学之件》(第 Ⅰ 集，纽约：Wileg 出版社，1993:76-78) 和 A. Grzegorczyk 在《数理逻辑论文选》(*Some classes of recursive functions*) 中的论述.

递归函数的历史与应用

第3章

1. 递归函数的历史是与数学基础探讨的历史有密切关系的

“循环级数”可当作递归函数的前驱(例如,斐波那契级数;欧拉已经把循环级数用于代数方程式的近似解法上;但阿基米德已经把数π当作一个循环级数的极限而计算了).递归函数的其余历史便和数学基础的探讨历史有密切的关系.

2. 递归数论无须用到无穷集来构成

集论之矛盾的出现便结束了下面的趋向:把数学中无害的部门(例如数论)建基于集论之上,而出现了恰恰相反的倾向:斯柯林指出,初等数论中所用到的概念与推论可以不必用到无穷总合而建基起来.这里,递归式起了一个重要的作用,它可作为一个能够在有穷次步骤内计算函数值的数论函数的定义.

3. 证明论的计划;递归数论在元数学上的可用性

借助于限制"朴素"的集概念以后,集论的矛盾的确可以得到消除,但却不能保证在这样限制的集论系统内或者在数学的其他领域内不会产生新的矛盾.对于数学的可靠基础希尔伯特会提出下面的计划:把数学的各个分支与其中的证明加以塑述,使得这些证明亦能作为数学探讨的对象,正如数与函数一样(其第一步骤是公理化:把无须再证明的根本命题当作所处理的理论的公理而预先指定;各个允许的推理式的步骤亦然.基础概念(即由它可以定义出该理论的其他一切概念)当作被这些公理而隐定义的,对于基础概念,只用到公理中所说出的那些性质).然后我们便用纯粹数学方法来证明,在所处理的形式系统中,不可能引导出彼此相反的论断的两个公式来.当然,要证明出一个形式系统没有矛盾性,则证明的方法内不能够再包含有可疑的元素.在这个(把形式数学如上处理的)"元数学"的探讨中,不用到无穷总合的递归论便是很好的工具了.

此外,数论已经很早由皮亚诺(Peano)归结到几条公理去(当然并未把所用的推理式完全指定出来).一函数可由递归式定义,皮亚诺并没有作为公理;他认为当然包括在递归证法的公理之内.戴德金(Dedekind)指出,事实上这需要一证明;他以及以后许多人给出了各种的、逐渐高明的证明.

4. 希尔伯特对证明的连续统假设的计划:用永远"更高"类的递归式来做出数论函数

希尔伯特想借下法而证实他的证明论的功效,他想把有名的集论中未解决的问题,连续统问题,借助于

他的证明论的方法来处理. 这个问题亦可以如下塑述：实数集是共知的不可数的；但它能不能借助于第二数类的超穷序数而“数出”呢？数论函数集与实数集是同势的；希尔伯特便想用第二数类的数如下地“数出”数论函数：把永远更大的超穷数与永远“更高类”的递归式相对应，因而证明下面的假设：用永远更高的递归式所定义的数论函数取尽了一切数论函数，是不会引起矛盾的.

这个计划直到今天尚未做出（但哥德尔（Gödel）已经用同样的想法来证明，连续统假设并没有把矛盾带到集论的已知的公理系统去）. 但是递归函数的基本探讨却已推进了. 因为如果我们想把数论函数集用永远更高类的递归式所定义的函数来取尽，我们必须明白哪些递归式定义了相同的函数类，而哪些定义了不同的函数类（因为，我们当然可以设想，由更高类递归式所定义的函数亦可由较低类递归式来定义，因此，新递归方式的引入不过是一个似乎推得更远的步骤罢了）.

5. 哥德尔命题，用所讨论的系统的工具不能证明不矛盾性；算术化方法

哥德尔的有名结果，会有一时很使人相信，希尔伯特的对数学不矛盾地奠基的程度是不能贯彻的. 哥德尔证明，每一个有充分表达力的公理系统，其中推理式又是借有充分明显的限制的方法而进行的 —— 如果它（在某种加强的意义上）是不矛盾的 —— 必然含有一个不能判定的问题. 一系统的不矛盾性自身是一个可以在这系统内塑述的，但却不能判定的问题：它与它的否定都不能借助于系统内所允许的推理式来证明.

在哥德尔的证明过程中,原始递归函数起着一个重要的作用.他构造了一个字典,其中把公理系统的记号对应于数,因而把系统内的证明来“算术化”.公式是一个记号序列;这可借已知的方法而对应于一数.形式地处理时,证明亦是一个公式的序列(其中每个公式或者是一个公理,或者是由序列中前面的公式经过一个允许的推理式而做出,并且最后一公式是所证明的命题).如果在证明中所出现的公式依次地对应于下列各数

$$a_1, a_2, \cdots, a_r$$

则证明本身便对应于数

$$n = p_1^{a_1} p_2^{a_2} \cdots p_r^{a_r}$$

因此公理系统中关于公式与证明模式的命题便相应于关于自然数的命题.因此,如果一系统的推论式有足够明确的限制的方法,那么一大批这样的命题便对应于原始递归关系.例如命题:“以 m 为哥德尔数的公式是以 n 为哥德尔数的证明的最后一公式”便是这样.另一方面,如果这个系统有足够的表达力,则原始递归关系可以在其中塑述.这样便使得某些只是当作记号序列而处理的系统中的公式同时有了一个“意义”.例如,说可以把一关系 $m < n$ 在一系统中形式化,是意指在这系统中有一个含有两个变元的公式,当把其变元代以在系统中相应于任意的数 m,n 的表达式时,如果 $m < n$,它便变成一个可证公式,反之,则变成一个可以反证的公式(即其否定是可证明的).这时,我们便可以说:系统中这个公式,“意指”或“说出了”它的第一

个变元是小于第二个变元的.

现在,如果把关于这系统的证明的命题借助于字典而译成原始递归关系,然后再找该系统中的一公式,相应于这个原始递归关系的,则我们亦可以达到一些其“意义”是悖论的命题:例如,哥德尔指出,有一个命题,可以用有效的构造法来给出,这个命题“说”,它自己不能在这系统内证明.我们可以精确地证明,这个公式的判定会引到一个矛盾.但由这系统的无矛盾性可以推出,所讨论的公式是真的(它确是不能在系统内证明的),因此该系统的不矛盾性便不能在系统内证明.

这个结果对于证明论是很有关系的,因为我们正是想把一公理系统的不矛盾性用较所处理的系统中的方法更无疑义的工具来证明;由哥德尔的命题,甚至于用所处理的系统的方法亦不能证明它自身的不矛盾性.

6. 在数论系统内不能塑述的一个方法:超穷递归式

在这种情况下,我们找一出路,暂时还只能限于“大全数论”.在大全数论内是容许那些利用无穷总合的命题与定义的.例如,我们允许不给出一个关于数 n 的上界而说及最小的有下面性质的自然数 n,它使一个递归函数 $a(n)$ 为 0.因此,大全数论的不矛盾性是有问题的.为了要证明它,我们要找出一个方法,在所处理的数论的公理系统中不能塑述的但是可以一般地容易接受的.

作为这种方法 Ackermann[①] 应用了超穷递归式，这里递归变元的变域是按第一个“ε 数”型而良序的自然数

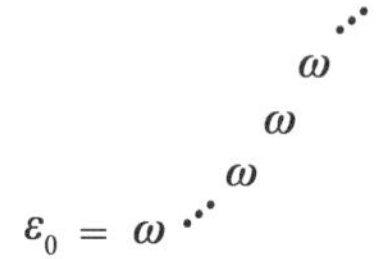

7. 最一般的可计算函数与一般递归函数之等同

在数学的很多部门中，“可计算性”“可构造性”“有效性”这些模糊概念起了一定的作用；我们很乐意把这些概念赋以一个明确的意义. 丘奇(Church)提议，在最广泛的意义下，“可计算”函数等同于一般递归函数.

其论据已在前章说出. 一个不是从自由意志推出的、处处而且时时都可以重复的计算过程必须是机械的；又已证明，图灵的可机械计算的函数与一般递归函数是等同的. 我们还可以设想，每一个计算过程都有一定的工具，因而出现于一个封闭的系统内，而这系统又可以公理化的. 例如，设有一个公理系统，其中可以塑述相等性与数，则在它之内 $\varphi(n)$ 的可计算性便意指着，在该系统内有一个含一自由变元的表达式，当把其中的变元代以在该系统中表示任意一数 n 的表达式

---

① 又可见 G. Gentzen, Die Widerspruchsfreiheit der reinen Zahlentheorie, Math. Ann., 1936, 112: 493-565；又 Neue Fassung des Widerspruchsfreiheitsbeweises für die reine zahlentheorie. Forschungen zur Logik und zur Grundlegung der exakten Wissenschaften, Neve Folge, 1938(4): 19-44. Gentzen 是第一个证明大全数论的不矛盾性，但也不是用递归式，而是用 ε_0 型的超穷递归证法的.

时，便得出一个表达式，它与表示数 m 的表达式之相等性能够在系统中推出，当且只当 m 等于在值位 n 时的 φ 值. 现在我们可证，若在任意一个有足够表达力的而且用足够明确限制的推理法来进行的、无矛盾的公理系统中，一个函数是可计算的，则它亦是一般递归的.

如果我们承认，最一般的“可计算的”函数的概念与一般递归函数的概念相等同的话，那么对应用的可能性便开辟了一个广大的领域了.

8. 在概率论上应用

例如，米斯(R. Mises) 在概率计算的基础上便提出：如果不处理每一个试验而只处理“由某一个数学规定”所选出来的一序列试验，其挑选只与以前试验的结果有关，那么一结果出现的相对频率将不变. 这个要求意指着，我们不能够构造一个其相对频率会更改的“游戏系”. 所谓“游戏系”可用算术化加以明确，设把试验的结果对应于数(例如，设做一“面背”游戏；把一铜圆永远向上掷，而注意以哪一面在上而落下来. 因此，例如，可把“面”的结果对应于数 2，“背”的结果对应于数 3，而比如说，序列

面，背，面，面

便对应于数 $p_1^2 p_2^3 p_3^2 p_4^2$). 则一个游戏系可借助于如下所定义的函数来刻画

$$\varphi(m)=\begin{cases}1 & \text{(如果 } m \text{ 是一个试验序列的哥德尔数，其中最后的试验是处理的)}\\ 0 & \text{(如果 } m \text{ 是一个试验序列的哥德尔数，其中最后的试验是不被处理的)}\\ 2 & \text{(如果 } m \text{ 不是一个试验序列的哥德尔数)}\end{cases}$$

借助于 $\varphi(m)$ 可以由一试验序列中选出一个部分序列，第 n 个试验放在这部分序列之中与否，须视对于前面试验序列的哥德尔数 m 而言，$\varphi(m)$ 的值为 1 或 0 而定.

如果一个游戏系统可以叫作真的"系统"，即是说，它不是由一时的自由意志所导引，而是一个可信托于他人的、可以重复的系统，那么，$\varphi(m)$ 必须是可机械地计算的，因而是一般递归的函数.

米斯的要求亦可如下加以明确：所处理的结果的发生的相对频率将不受到影响，如果不用整个试验序列，而只用由任意一个一般递归的"特征函数"所选出的部分序列来处理的话.

9. 在直觉主义逻辑上

在为了避免一切矛盾而做出的布劳威尔(Brouwer)数学系统，所谓直觉主义[①]中，"可构造性"的概念起了一个特别重要的作用. 直觉主义的确只当被肯定其存在的东西亦能够有效地构作时才把该存在的命题当作真的.

因此，在他们的处理中，比如说，有一断定："对于每一个 x 都有一个 y 使得 $\alpha(x,y)=0$"，其中 $\alpha(x,y)$ 为一个确定的数论函数，只当给出了一个有效的过程，使得对于每一个 m 都可做出一个 n 使得有 $\alpha(m,n)=0$ 时，才被当作真的.

现在，可以把在直觉主义意义上来说是真的数论命题与数相对应(我们说，这个数"实现了"所处理的

① 注，见 A. Heyting. Mathematische Grundlagenforschung. Ergebnisse der Math, 1934(3): 375-449.

命题).在这样的对应中,例如,命题

$$(x)(Ey)[\alpha(x,y)=0]$$

对应于一个数,只当有一个有效的过程,使得对于每一个给出的 m 都可作一个 n 使得命题

$$\alpha(m,n)=0$$

亦对应于一个数.而"有效过程"则如下明确之:有一个一般递归函数 $\varphi(m)$,对于任意一个 m 都取值 $\varphi(m)=n$,使得 $\alpha(m,n)=0$ 亦对应于一个数.

因此,在直觉意义上一个数论命题之正确性可如下明确之:这命题是可"实现"的(即是说,它对应于一数,即使不是唯一地对应).

海丁(Heyting)已对直觉主义逻辑引入一个形式演算[①].克利尼(Kleene)与纳尔逊(Nelson)会探究建基于其上的数论公理系统(S).他们表明了,在这个系统中,一个下面形式的公式

$$(x_1)(x_2)\cdots(x_k)(Ey)F(x_1,\cdots,x_k,y)$$

能够推出,当且仅当有一个一般递归函数 $\psi(x_1,\cdots,x_k)$,使得每一次当 $n_1,\cdots,n_k,m$ 为非负整数,而且有

$$\psi(n_1,\cdots,n_k)=m$$

时,$F(n_1,\cdots,n_k,m)$ 永远是可实现的公式.在这个意义下,在直觉主义数论中,只能证明一般递归函数的存在.

可以证明,在(S)中所推出的公式都是可实现的.因此由直觉主义逻辑演算中经过代入而得出的数论公

---

① A. Heyting, Die formalen Regeln der intuitionistischen Logik, Sitzungsberichte der Preussischen Akademie der Wiss.,物理数学门,1930:42-56.

式亦全是可实现的;但此外却有某些形式数论公式不是可实现的,因此可以推得,一些(在古典意义上是真的)公式在直觉主义意义上是不能够证明的.

因此,借助于一般递归函数的应用,便把一些直觉主义的问题弄清楚了.

10. **在递归函数分支上的一例表明了:为什么直觉主义的慎重是必要的**

直觉主义的慎重并非只是一个微不足道的争执,这点可由在原始递归函数范围内的一例来弄明白.

我们知道,对于一个正有理数 τ,函数$[\tau \cdot n]$是原始递归的,对于正无理数 τ,则

$$[\tau n]$$

为原始递归,其必要与充分条件是,在以下阶乘展开式之中

$$\tau = a_0 + \frac{a_1}{1!} + \frac{a_2}{2!} + \cdots + \frac{a_n}{n!} + \cdots$$

$$(a_n \leqslant n-1, \text{当 } n = 1,2,3,\cdots \text{ 时})$$

其系数 a_n(当作 n 的函数)是原始递归的.

这里必须把无理数 τ 分别探究. 因为我们只能够对于一无理数 τ 才能保证地说,在它的阶乘展式中超过每一个界限都有

$$a_n < n-1$$

而这点在证明中是有判定性的. 这断定:“超出每一个界限都有一个 n 使得 $a_n < n-1$”是一个存在命题,如果不给以有效过程来确定这个 n 的话,在直觉主义中便不能当作有意义的. 这里,我们来看一个例子,其中直觉主义的要求是主要的.

直到今日数论内有很多未解决的问题. 今论其一,

即奇完全数的问题：是否有一个奇数，它等于它的“真”因子的和(数自身不算在它的真因子之内).

今以 $\sigma(n)$ 表示 n 的所有因子之和；如果 n 是 n 的真因子的和，则把完全数 n 自身亦加到因子中去后，使得到 $\sigma(n)=2\cdot n$.

以前所知道的完全数都是偶数的，例如

$$\sigma(6)=1+2+3+6=12=2\cdot 6$$

今把这条件施于奇数 $2n+1$ 上而且用于下列的 a_n 的定义中

$$a_n=\begin{cases}0 & (\text{当 } \sigma(2n+1)=2(2n+1) \text{ 时})\\ n-1 & (\text{当其他情形时})\end{cases}$$

显然，a_n 是 n 的一个原始递归函数，而且对于 $n=1,2,3,\cdots$ 有

$$a_n\leqslant n-1$$

但因我们不知道是否有一个奇完全数，所以我们不知道是否有一个 n 使得

$$a_n<n-1$$

级数

$$a_0+\frac{a_1}{1!}+\frac{a_2}{2!}+\cdots+\frac{a_n}{n!}+\cdots$$

它由刚刚定义的原始递归系数序列而作成的，收敛于一个非负实数 ξ. 如果这数是有理数，则 $[\xi\cdot n]$ 是原始递归. 如 ξ 是无理数，则 $[\xi\cdot n]$ 仍是原始递归. 但我们不能够推得那么远而断定：因此 $[\xi\cdot n]$ 永远是原始递归. 因为由我们今日的知识，我们不能够判定，ξ 是有理抑无理，因此甚至于我们不能计算 $[\xi\cdot n]$ 在值位 $n=1$ 的值. 假使没有奇完全数，则有

$$\xi=0+\frac{1-1}{1!}+\frac{2-1}{2!}+\cdots=$$

$$1-\frac{1}{1!}+\frac{1}{1!}-\frac{1}{2!}+\cdots=1$$

因而

$$[\xi\cdot 1]=1$$

但如果亦有奇完全数，则至少有一个正项须代以 0，因而有 $\xi<1$，故 $[\xi\cdot 1]=0$.

我们不知道奇完全数的存在问题是否可判定的，亦不知道 $[\xi\cdot 1]$ 的值是否可以计算的(为了使得对每一个值位的 $[\xi\cdot n]$ 的值都可以计算，我们必须知道，是不是在超出每一界限之后都有奇完全数，或者必须知道这种数的一个上界).

当然，其他的未判定的数论问题亦可以应用来做出相似的例子；且可猜想到，在每一个时代都有未判定的问题存在.

11. 在集合论上

在集论中很早就有一个愿望，就是把模糊的概念明确起来.

设我们限于自然数集，则“朴素”的集概念可如下明确之：一自然数集可以当作给定的，如果我们对于每一个自然数都可以判定，它属于该集或否. 我们说，这是有效的可判定，如果我们可以给出一个一般递归函数 $\varphi(n)$，它对于亦只对于属于该集的 n 才为 0(有时我们可改用另一个等价的塑述，即该集的特征函数 $\varphi(n)$ 是一般递归的，它对于任意的 n 取值 1 或 0，视 n 属于该集与否而定).

计数的概念亦可相似地明确之. 自然数的一个部分集是“可有效地计数的”，将意指有一个“有效的过程”，它把所处理的部分集的元素按某一级数依次地给

出.而“有效过程”则如下明确之,有一个一般递归函数 $\varphi(n)$,当 $n=0,1,2,\cdots$ 时取不同的值,而这些值是这个被处理的集的元素.

我们可以证明,有一个自然数集,按前面的明确意义说来,不是有效地给出,但却是可有效地计数的(当 $n=0,1,2,3,\cdots$ 时,这个一般递归的计数函数 $\varphi(n)$ 并不是由自然数中依大小次序而抽出所处理的集的元素的).而一自然数集可以有效地给出,当且仅当它与它的补集都可有效地计数时.

12.**在特征超穷序数上**

甚至于超穷数的有效表示这个模糊概念亦可应用递归函数的概念而加以明确.

为了这个目的,克利尼引入了部分递归函数的概念.它与一般递归函数的区别在于,它除去了处处可计算的要求,因此它只要求所处理的函数在某一值位时的函数值,如果能够由定义等式系经过可允许的步骤而计算的话,则需要唯一地确定其值.两个部分递归函数的全等,表示为

$$\varphi(n_1,\cdots,n_r)\simeq\psi(n_1,\cdots,n_r)$$

这意指,在 φ 有定义的每一值位处,ψ 亦有定义,以及反之.而且当这两函数都有定义时,它们有相同的值.部分递归函数亦可以表成显形

$$\varphi(a_1,\cdots,a_r)\simeq\psi(\mu_m[\tau(a_1,\cdots,a_r,m)=0])$$

其中 ψ 与 τ 是原始递归的;函数 φ 只在下列值位 $(a_1,\cdots,a_r)$ 处有定义(否则作为无定义理解),即当有一 m 使得

$$\tau(a_1,\cdots,a_r,m)=0$$

为了要有效地表示第一与第二数类的序数,我们

必须有效地判定，一个已给的序数到底是 0，抑是一个序数的后继者，抑是一上升序数序列的极限值. 在第二个情形，我们要刻画它的先行序数；在第三情形，要刻画一个上升的 ω 型序数序列，它以所处理的序数为极限值. 因为用以表示的表达式可以当作记号序列而代以它们的哥德尔数，所以序数之刻画可以如下地得出：把序数对应于自然数，其中我们做下列的要求.

(1) 没有一个自然数可对应于不同的序数(但一个序数可对应于多个自然数).

(2) 函数 $\kappa(x)$ 须是部分递归的，它取值 0，1 或 2，须视 x 对应于 0 或对应于一序数的后继数或对应于一上升序数序列之极限而定.

(3) 有一个部分递归函数 $\upsilon(x)$，使得当序数 X,Y 分别对应于自然数 x,y；而且当 X 为 Y 的后继数时，有 $\upsilon(x)=y$.

(4) 有一个部分递归函数 $\mu(x,n)$ 使得当序数 X，$Y_1,Y_2,\cdots,Y_n,\cdots$ 分别地对应于自然数 $x,y_1,y_2,\cdots,y_n,\cdots$；而且当 X 为 ω 型序数序列 Y_n 的极限值时有 $\mu(x,n)=y_n$.

这里我们限于部分定义，因为对于那些值位，按算术化法对应于一些不表示序数的记号序列，则 (2)(3)(4) 中的 $\kappa(x)$，$\upsilon(x)$ 与 $\mu(x,n)$ 的值便全无作用，因此，如果要求函数在这些值位时亦做一些递归定义，将是一个无谓的限制.

对于每一个适合条件(1)(2)(3)(4) 的对应，都有一个序数 ξ，它不对应于任何自然数，比它更大的序数亦否，但一切较小的序数都对应于一自然数.

可以给出一个适合条件的对应，对于它 ξ 是最大

的. 这个最大的 ξ 便是一个不能有效地表示的第二数类的序数.

13. 在证明某些问题的不能有效判定上(例如,判定问题,半群的“字的问题”)

有效性的明确化的重要应用是,证明某些问题是不能有效地判定的.

这里是指处理下列种类的问题,例如,如下塑述的费马(Fermat)问题:找出一个有效的过程来判定,对于哪一个指数 n,有三个正整数 x,y,z 使得

$$x^n+y^n=z^n$$

“有效的过程”这里是明确地指有效地给出一个有所说的性质的 n 的集,即是说,给出一个一般递归函数 $\varphi(n)$,它对于亦只对于那些 n 为 0,当对于这些 n 有适合条件的数 x,y,z 存在时.

我们有种种的这类的问题,都是不能有效地判定的. 例如逻辑中狭义谓词演算的“判定问题”,以及某些结合系统的“字的问题”,后者可如下叙述.

有元素 $a,b,c,\cdots$ 的集(H)叫作一个结合系统,如果它适合下面两个条件:

(1) 对于(H)的任意两个元素 a,b 在(H)内都有一个确定的元素叫作它们之积,而且记为 ab.

(2) 乘法是结合的

$$(ab)c=a(bc)$$

这里我们处理一个结合系统,可由有穷多个“生成元”$x_1,\cdots,x_n$ 所构成的,即使得(H)中每一个元素或者是1(这是指下列的元素,即对于(H)中一切元素 a,都有 $1a=a1=a$),或者都是一些元素 $a_1,\cdots,a_t$ 的积,其中每一个 a_i 都是一个 x_j,此外还给出有穷多个生成

元积偶之间的等式.

字的问题便是:是否有一个有效过程可以判定任意给定的生成元之间的两个积是相等的?

把有效性概念明确为一般递归性的概念后,波斯特(Post)以及(同时独立地)马尔柯夫都证明了不能有效地判定结合系统中的字的问题.后者还证明了这部门内其他问题的不能有效判定性(卡尔马曾在他的匈牙利科学院就职演说辞中对马尔柯夫的结果给了一个更简单的证明).

至于在这里明确的意义上必有不能有效判定的问题亦可以从哥德尔命题推出,它说,在某种结构的公理系统内,必有不能判定的问题.我们可以构造一个原始递归(甚至于初等的)函数 $\varphi(m,n)$,使得可直接地当作哥德尔命题的特例而证出下述的简单问题的不能有效判定性:"对于任意一个 m,哪一个自然数 n 是使得 $\varphi(m,n)=0$ 的?"

通常把不能有效地判定的问题,其中有效性是用一般递归性的概念来明确的,叫作"绝对不可判定性".以区别于哥德尔的在某些公理系统内的不能判定的问题.但是无论如何,一个命题不能比以它为特例的命题具有更广的意义.因此,由前所述,不能有效判定的问题之存在这事,并非指在数学上有"绝对不能判定的问题",而是指:对有效性概念做明确的塑述而得的,这塑述虽则是非常广泛的,但究竟有一限制.而数学的现实尚有很多的生气与发展来冲破这个古板的限制.

波斯特甚至于引入"低级或高级的不能有效地判定性"的概念.直到现在他尚未能提出,是否有在这意义上不同级的不能有效判定的问题存在.

第4章 非原始递归函数一例

本节将证明，即使只是一层强嵌套，一般说来，都不能够化为没有嵌套的递归式. 亦即不能化归为原始递归及迭置. 为此，下面来证明：有一些用强嵌套二重递归式所定义的函数，不可能是原始递归函数.

这个例子首先由Ackermann做出（他第一个找出非原始递归函数的例子）

$$\begin{cases} f(u,0,n) = u + n \\ f(u,m+1,0) = N(m \dot{-} 1) + u \cdot N^2(m \dot{-} 1) \\ f(u,m+1,n+1) = f(n,m,f(u,m+1,n)) \end{cases}$$

这里用到三元函数. 后来彼特把它改进，只用二元函数（不再用参数 u）

$$\begin{cases} f(0,n) = n + 1 \\ f(m+1,0) = f(m,1) \\ f(m+1,n+1) = f(m,f(m+1,n)) \end{cases}$$

（彼特的原定义是：$f(0,n) = 2n + 1$，这里的是经罗宾逊（A. Robinson）改简了的）.

为证明这个函数不是原始递归函数，先来探讨关于这个函数的性质.

引理 4.1　$f(m,n)>n$,即:$f(m,n)\geqslant n+1$.

证明　奠基:当 $m=0$ 时本断言成立.

归纳:今讨论情形 $m+1$. 再用归纳法证明(可以叫作小归纳).

小奠基:当 $n=0$ 时有

$$f(m+1,0)=f(m,1)\geqslant 1+1>0+1$$

小归纳:对于情形 $n+1$ 来说

$$\begin{aligned} f(m+1,n+1) &= f(m,f(m+1,n)) \\ &\geqslant f(m+1,n)+1 \quad (\text{由大归纳假设}) \\ &\geqslant (n+1)+1 \quad (\text{由小归纳假设}) \end{aligned}$$

故小归纳步骤得证. 依数学归纳法,大归纳步骤得证. 再由数学归纳法,本引理得证.

引理 4.2　$f(m,n+1)>f(m,n)$,即当 m 固定时,$f(m,n)$ 是 n 的严格增函数.

证明　当 $m=0$ 时,$f(0,n)=n+1$ 是 n 的严格增函数.

设 $m\neq 0$,它可写成 $m+1$ 形,由引理 4.1 得

$$f(m+1,n+1)=f(m,f(m+1,n))>f(m+1,n)$$

所以 $f(m+1,n)$ 也是 n 的严格增函数. 引理得证.

推论　当 $m_1>m,n_1\geqslant n$ 时,$f(m_1,n_1)>f(m,n)$.

有了这些引理后,便可以证明 $f(m,n)$ 不是原始递归函数了.

定理 4.1　任给一个原始递归函数 $g(x_1,x_2,\cdots,x_r)$. 设 $u=\max(x_1,x_2,\cdots,x_r)$,则恒可找出一数 m,使得

$$g(x_1,x_2,\cdots,x_r)<f(m,u)$$

证明　我们知道,任意一个原始递归函数,均可由本原函数及 $x \dot{-} y$, $NEx(=N(\dot{-}[\sqrt{x}]^2))$ 出发,经过有限次的迭置及无参数弱原始复迭式而做成.

如果 g 为本原函数或开始函数,则 m 可如下找出

$$I_{nm}(x_1,\cdots,x_n) \leqslant x_n \leqslant u < u+1 = f(0,u)$$

$$O(x_1,\cdots,x_r) = 0 < 1 \leqslant u+1 = f(0,u)$$

$$Sx = x+1 = f(0,x) < f(1,x)$$

$$x \dot{-} y \leqslant \max(x,y) = u < u+1 = f(0,u)$$

$$NEx \leqslant 1 \leqslant u+1 = f(0,u) < f(1,u)$$

如果 g 由迭置做成,即设

$$g(x_1,\cdots,x_r) = A(B_1(x_1,\cdots,x_r),\cdots,B_h(x_1,\cdots,x_r))$$

而

$$A(a_1,\cdots,a_h) < f(m_0,\max(a_1,\cdots,a_h))$$

$$B_i(x_1,\cdots,x_r) < f(m_i,u) \quad (i=1,2,\cdots,h)$$

若令 $\widetilde{m} = \max(m_0,m_1,\cdots,m_h)$,则

$$\begin{aligned} g(x_1,\cdots,x_r) &< f(m_0,\max(f(m_1,u),\cdots, \\ &\qquad f(m_h,u))) \\ &\leqslant f(\widetilde{m},f(\widetilde{m},u)) \\ &< f(\widetilde{m},f(\widetilde{m}+1,u)) \\ &= f(\widetilde{m}+1,u+1) \\ &< f(\widetilde{m}+2,u) \end{aligned}$$

故可取 $\max(m_0,m_1,\cdots,m_h)+2$ 为所求之 m.

如果 g 由无参数弱复迭式做成,即设

$$\begin{cases} g(0) = 0 \\ g(x+1) = Bg(x) \end{cases}$$

而有 m_1 使得 $B(x) < f(m_1,x)$. 今证可取 $m=m_1+1$,即有

$$g(x) < f(m_1+1,x) \tag{1}$$

奠基：当 $x=0$ 时显然成立，这是因为 $g(0)=0<f(m_1+1,0)$.

归纳：试讨论情形 $x+1$，则

$$\begin{aligned}g(x+1)=Bg(x)&<f(m_1,g(x))\\&<f(m_1,f(m_1+1,x))\quad\text{（归纳假设）}\\&=f(m_1+1,x+1)\end{aligned}$$

故归纳步骤得证. 依数学归纳法，式(1) 永真. 故可取 m_1+1 为相应于 $g(x)$ 的 m.

综上讨论，可知定理 4.1 成立.

定理 4.2 $f(m,n)$ 不可能是原始递归函数. 亦即，用以定义 $f(m,n)$ 的强嵌套二重递归式不可能化归为原始递归式及迭置.

证明 如果 $f(m,n)$ 为原始递归函数，应可找出一数 m_0，使得

$$f(m,n)<f(m_0,\max(m,n))$$

取 $m=n=m_0$，即得：$f(m_0,m_0)<f(m_0,m_0)$，从这个矛盾结果即知定理成立.

三个思考问题

1. 试讨论彼特所定义的 $f(m,n)$，计算

$$f(1,n),f(2,n),f(3,n),f(4,4)$$

2. 试对 Ackermann 所定义的 $f(u,m,n)$ 而计算

$$f(u,0,n),f(u,1,n),f(u,2,n),f(3,3,3)$$

3. 在彼特所定义的 $f(m,n)$ 中，如果做下列更改，结果将如何？

(1) $f(0,n)=n$；

(2) $f(0,n)=2n$.

第5章 一类完全递归函数的分层[①]

A. Grzegorczyk 将原始递归函数类分成递增的无穷层原始递归函数子类，Ritchie 又将其中一个子类——初等函数类分层，完全递归函数类能否分成递增的无穷层呢？本章用 Grzegorczyk 的方法构造出一列递增的完全递归函数子类 $\mathscr{X}_0 \subsetneq \mathscr{X}_1 \subsetneq \cdots$，其中 $\mathscr{X}_0$ 是原始递归函数类，$\mathscr{X}_1$ 包含 Ackermann 函数和 $\mathscr{X}_0$ 的通用函数. $\bigcup_{n=0}^{\infty} \mathscr{X}_n$ 是完全递归函数的一个子类.

定义 5.1 构造函数列 $\{A_n(x, y)\}$ 如下

$$A_0(x, y) = y + x$$

$$\begin{cases} A_1(0,y) = y+1 \\ A_1(x+1,0) = A_1(x,1) \quad (\text{Ackermann 函数}) \\ A_1(x+1,y+1) = A_1(x, A_1(x+1,y)) \end{cases}$$

$n \geqslant 1$ 时

① 本章结果属于乔海燕，徐书润(南开大学数学所).

$$\begin{cases} A_{n+1}(0,y)=A_n(y+1,y+1) \\ A_{n+1}(x+1,y)=A_{n+1}(x,A_{n+1}(x,y)) \end{cases}$$

定理 5.1　对 $n\geqslant 1$,函数列 $\{A_n(x,y)\}$ 有下列性质:

(1) $y<A_n(x,y)$;

(2) $A_n(x+1,y)>A_n(x,y)$;

(3) $A_n(x,y+1)>A_n(x,y)$;

(4) $A_n(x+1,y)\geqslant A_n(x,y+1)$;

(5) $A_n(2,y)\geqslant 2y$;

(6) 对任意 $c_1,\cdots,c_r$,存在 c 使得

$$\sum_{i=1}^{r}A_n(c_i,x)\leqslant A_{n+1}(c,x)$$

(7) $A_n(x,y)<A_{n+1}(x,y)$;

(8) $A_n(x,y)<A_{n+1}(1,x+y)$;

(9) $A_n(x,y)$ 是完全递归函数,但不是原始递归函数.

本章所考虑的函数和常数都限于非负整数,完全递归函数指处处定义的递归函数.

证明　当 $n=1$ 时,(1)～(6) 均成立,下面对这几条归纳于 n 时,均省去基始.

(1) 假设 $y<A_n(x,y)$,对 $n+1$ 归纳于 x,则

$A_{n+1}(0,y)=A_n(y+1,y+1)>y$　(对任意 y)

假设对任意 y 有

$$y<A_{n+1}(x,y)$$

则

$$\begin{aligned} A_{n+1}(x+1,y) &= A_{n+1}(x,A_{n+1}(x,y)) \\ &> A_{n+1}(x,y)>y \quad \text{(使用二次假设)} \end{aligned}$$

这就证明了(1) 成立.

(2) 假设对 n 成立,即

$$A_n(x+1,y)>A_n(x,y)$$

则

$$\begin{aligned}A_{n+1}(x+1,y)&=A_{n+1}(x,A_{n+1}(x,y))\\&>A_{n+1}(x,y)\quad (\text{由}(1))\end{aligned}$$

故(2) 成立.

(3) 假设对 n 成立,即

$$A_n(x,y+1)>A_n(x,y)$$

对 $n+1$ 归纳于 x,则

$$\begin{aligned}A_{n+1}(0,y+1)&=A_n(y+2,y+2)\\&>A_n(y+1,y+1)\\&=A_{n+1}(0,y)\quad (\text{对任意 } y)\end{aligned}$$

设对任意 y 有

$$A_{n+1}(x,y+1)>A_{n+1}(x,y)$$

由定义和假设

$$\begin{aligned}A_{n+1}(x+1,y+1)&=A_{n+1}(x,A_{n+1}(x,y+1))\\&>A_{n+1}(x,A_{n+1}(x,y))\\&=A_{n+1}(x+1,y)\end{aligned}$$

故(3) 成立.

(4) 由(1) 知

$$A_n(x,y)\geqslant y+1$$

再由定义和(3),知

$$\begin{aligned}A_{n+1}(x+1,y)&=A_{n+1}(x,A_{n+1}(x,y))\\&\geqslant A_{n+1}(x,y+1)\end{aligned}$$

故(4) 成立.

(5) 对 $n=1$ 已成立. 对 $n\geqslant 1$

$$\begin{aligned}A_{n+1}(2,y)&=A_{n+1}(1,A_{n+1}(1,y))\\&>A_{n+1}(1,y)\quad ((1))\end{aligned}$$

$$> A_{n+1}(0,y) = A_n(y+1,y+1) \quad ((2))$$

$$\geqslant A_n(y,y+2) \quad ((4))$$

$$\geqslant A_n(0,2y+2) \quad ((4))$$

$$> 2y \quad ((1))$$

故(5)成立.

(6) 对 $n=1$ 已成立.

对 $n\geqslant 1$,先证 $r=2$ 的情况,令 $d=\max\{c_1,c_2\}$

$$\begin{aligned}
&A_{n+1}(c_1,y)+A_{n+1}(c_2,y)\\
&\leqslant 2A_{n+1}(d,y)\\
&< A_{n+1}(2,A_{n+1}(d,y)) \quad ((5))\\
&< A_{n+1}(d+2,A_{n+1}(d+2,y)) \quad ((2)(3))\\
&= A_{n+1}(d+3,y)
\end{aligned}$$

对一般的 r 有

$$\begin{aligned}
\sum_{i=1}^{r+1} A_{n+1}(c_i,y) &= \sum_{i=1}^{r} A_{n+1}(c_i,y) + A_{n+1}(c_{r+1},y)\\
&\leqslant A_{n+1}(c,y) + A_{n+1}(c_{r+1},y)\\
&\leqslant A_{n+1}(d',y)
\end{aligned}$$

其中,$c=\max(c_1,\cdots,c_r)+3r$,$d'=\max(c_1,\cdots,c_r,c_{r+1})+3(r+1)$,故(6)成立.

(7) 归纳于 x,则

$$\begin{aligned}
A_{n+1}(0,y) &= A_n(y+1,y+1)\\
&> A_n(0,y) \quad (\text{对任意 } y)
\end{aligned}$$

设对任意 y,$A_n(x,y) < A_{n+1}(x,y)$.则

$$\begin{aligned}
A_{n+1}(x+1,y) &= A_{n+1}(x,A_{n+1}(x,y))\\
&> A_{n+1}(x,A_n(x,y)) \quad (\text{假设}(3))\\
&> A_n(x,A_n(x,y))\\
&= A_n(x+1,y)
\end{aligned}$$

故(7) 成立.

(8)$A_{n+1}(1,x+y)>A_{n+1}(0,x+y)=A_n(x+y+1,x+y+1)>A_n(x,y)$.

(9) 由定义知,$A_n(x,y)$ 是完全递归函数.

对任意原始递归函数 $f(x_1,\cdots,x_m)$ 存在常数 c,使得

$$f(x_1,\cdots,x_m)<A_1(c,x_1+\cdots+x_m)$$

若 $A_n(x,y)(n\geqslant 1)$ 是原始递归函数,则对 $f_n(x)=A_n(x,x)$ 存在常数 c 使

$$f_n(x)<A_1(c,x)$$

令 $x=c$ 得 $A_n(c,c)<A_1(c,c)(n\geqslant 1)$.

这与(7) 矛盾! 故 $A_n(x,y)(n\geqslant 1)$ 不是原始递归函数.

定义 5.2　ε_n 是满足下列条件的最小函数类:

(1) 包含初始函数

$$O(x)=0,S(x)=x+1$$

$$O_i(x_1,\cdots,x_i,\cdots,x_m)=x_i \text{ 和 } A_n(x,y)$$

(2) 对代入、递归和有界 μ 运算封闭.

显然,ε_0 便是原始递归函数类.

引理 5.1　对任意 $n\geqslant 0,A_n(x,y)\in\varepsilon_{n+1}$.

证明　用归纳法证明:对 $n\geqslant 1$,函数 $A_i(i<n)$ 均可按定义 5.2 在 ε_n 中定义.

显然,$A_0(x,y)\in\varepsilon_n$.

以下先证 $A_1(x,y)$ 可在 ε_n 中定义.

用 $F(x,y)$ 记计算 $A_1(x,y)$ 所需的步数(这里一步指使用一次定义 5.1 中的递归式,规定自里向外计算),则有:

(10)$F(0,y)\leqslant 1,F(1,y)\leqslant 2y+2$;

(11)$F(x+1,y)\leqslant y+1+F(x,1)+yF(x,A_n(x+1,y))$;

(12)$F(x,y)\leqslant y+2xA_n(x,1)^x+2xyA_n(x+1,y)^x$,$(x,y\geqslant 1)$.

其中(10)是明显的.下证(11)(12)成立.

因

$$
\begin{aligned}
A_1(x+1,y) &= A_1(x,A_1(x+1,y-1)) \\
&= A_1(x,A_1(x,\cdots,A_1(x+1,0)\cdots)) \\
&= A_1(x,A_1(x,\cdots,A_1(x,1)\cdots))
\end{aligned}
$$

每层 A_1 的第二个变元均小于 $A_n(x+1,y)$,故有(11).

对(12),归纳于 x 证明.令

$$G(x,y)=y+2xA_n(x,1)^x+2xyA_n(x+1,y)^x$$

$$F(1,y)\leqslant 2y+2\leqslant G(1,y)\quad(\text{对任意 } y)$$

设对任意 y,$F(x,y)\leqslant G(x,y)$,由(11)和假设及定理 5.1,有

$$
\begin{aligned}
& F(x+1,y) \\
\leqslant\ & y+1+F(x,1)+yF(x,A_n(x+1,y)) \\
\leqslant\ & y+1+(1+2xA_n(x,1)^x+2xA_n(x+1,1)^x)+ \\
& \quad y[A_n(x+1,y)+2xA_n(x,1)^x+ \\
& \quad 2xA_n(x+1,y)A_n(x+1,A_n(x+1,y))^x] \\
\leqslant\ & y+4xA_n(x+1,1)^x+2+yA_n(x+1,y)+ \\
& \quad 2xyA_n(x,1)^x+2xyA_n(x+2,y)^{x+1} \\
\leqslant\ & y+(4x+4)A_n(x+1,1)^x+ \\
& \quad 2yA_n(x+1,y)(1+A_n(x,1)^x)+ \\
& \quad 2xyA_n(x+2,y)^{x+1}
\end{aligned}
$$

因

$$1+A_n(x,1)^x\leqslant A_n(x+2,1)^x$$

$$2\leqslant A_n(x+1,1)$$

故有

$$F(x+1,y) \leqslant y+2(x+1)A_n(x+1,1)^{x+1}+ 2y(x+1)A_n(x+2,y)^{x+1} = G(x+1,y)$$

这就证明了(12)成立.

令 $f(x,y,z)$ 是计算 $A_1(x,y)$ 的第 z 步结果对应的哥德尔数,则 $f(x,y,z)$ 是原始递归函数.

令 $\tau(x,y)=\mu z(f(x,y,z+1)=f(x,y,z))$,则由(12)知

$$\tau(x,y)=\mu z \leqslant G(x,y) \quad (f(x,y,z+1)=f(x,y,z))$$

由此得 $\tau(x,y)\in \varepsilon_n$. 又

$$A_1(x,y)=ex(0,f(x,y,\tau(x,y))) \dot{-} 1$$

故 $A_1(x,y)\in \varepsilon_n$.

假设 $A_i(x,y)\in \varepsilon_n (i<n)$,则由定义

$$A_{i+1}(0,y)=A_i(y+1,y+1)$$

$$A_{i+1}(x+1,y)=A_{i+1}(x,A_{i+1}(x,y))$$

且

$$A_{i+1}(x,y) \leqslant A_n(x,y)$$

设 p_n 是第 $n+1$ 个素数,$\theta(x,y)$ 是一个配对函数. 令

$$P(x,y)=p_{\theta(x,y)}, K(x,y)=P(x,A_n(x,y))^{2^{x+1}A_n(x,y)}$$

则

$$A_{i+1}(x,y)=\mu z \leqslant A_n(x,y)$$

$$[\exists m \leqslant K(x,y)\{z+1 = ex(\theta(x,y),m) \wedge \forall v \leqslant m\{ex(\theta(0,v),m)\neq 0 \rightarrow ex(\theta(0,v),m) = A_i(v+1,v+1)+1\} \wedge \forall t,v,w \leqslant m\{t\neq 0 \wedge t=ex(\theta(w+1,v),m) \rightarrow t = ex(\theta(w,ex(\theta(w,v),m)\dot{-}1,m) \wedge ex(\theta(w,v),m)\neq 0\}\}]$$

由此可见，若 $ex(\theta(w,u))\neq 0$，则

$$ex(\theta(w,u),m)=A_{i+1}(w,u)+1$$

因此，若 $A_i(x,y)\in\varepsilon_n$，则 $A_{i+1}(x,y)\in\varepsilon_n$. 这表明 ε_n 包含其前面各层的初始函数，故有：

定理 5.2　对任意 $n\geqslant 0$，$\varepsilon_n\subset\varepsilon_{n+1}$.

引理 5.2　对任意 $f(x_1,\cdots,x_m)\in\varepsilon_n$，存在 c 使

$$f(x_1,\cdots,x_m)<A_{n+1}(c,x_1+\cdots+x_m)$$

证明　对 $n=0$ 结论已有证明，下设 $n\geqslant 1$，先看 ε_n 的初始函数：

显然有

$$O(x)<A_{n+1}(1,x)$$
$$S(x)<A_{n+1}(2,x)$$
$$U_i(x_1,\cdots,x_m)<A_{n+1}(1,x_1+\cdots+x_m)$$
$$A_n(x,y)<A_{n+1}(1,x+y)$$

设 $f(x_1,\cdots,x_m),g_1(x_1,\cdots,x_s),\cdots,g_m(x_1,\cdots,x_s)$ 均属于 ε_n，且

$$f(x_1,\cdots,x_m)<A_{n+1}(c,x_1+\cdots+x_m)$$
$$g_i(x_1,\cdots,x_s)<A_{n+1}(c_i,x_1+\cdots+x_s)\quad(i=1,\cdots,m)$$

则由定理 5.1，存在 c' 使

$$\begin{aligned}&f(g_1(x_1,\cdots,x_s),\cdots,g_m(x_1,\cdots,x_s))\\&<A_{n+1}(c,\sum_{i=1}^{m}g_i(x_1,\cdots,x_s))\\&\leqslant A_{n+1}(c,\sum_{i=1}^{m}A_{n+1}(c_i,x_1+\cdots+x_s))\\&\leqslant A_{n+1}(c,A_{n+1}(c',x_1+\cdots+x_s))\\&\leqslant A_{n+1}(\bar{c},x_1+\cdots+x_s)\end{aligned}$$

其中 $\bar{c}=c+c'+1$. 又设

$$f(x_1,\cdots,x_m,0)=g(x_1,\cdots,x_m)$$
$$f(x_1,\cdots,x_m,y+1)=h(x_1,\cdots,x_m,y,f(x_1,\cdots,x_m,y))$$

其中

$$g(x_1,\cdots,x_m),h(x_1,\cdots,x_{m+2})\in\varepsilon_n$$
$$g(x_1,\cdots,x_m)<A_{n+1}(c_1,x_1+\cdots+x_m)$$
$$h(x_1,\cdots,x_{m+2})<A_{n+1}(c_2,x_1+\cdots+x_{m+2})$$

为证

$$f(x_1,\cdots,x_m,x)<A_{n+1}(c,x_1+\cdots+x_m+x)$$

只要证

$$f(x_1,\cdots,x_m,y)+x_1+\cdots+x_m+y$$
$$<A_{n+1}(c,x_1+\cdots+x_m+y)$$

对 y 用归纳法

$$\begin{aligned}&f(x_1,\cdots,x_m,0)+x_1+\cdots+x_m\\=&g(x_1,\cdots,x_m)+x_1+\cdots+x_m\\<&A_{n+1}(c_1,x_1+\cdots+x_m)+A_{n+1}(0,x_1+\cdots+x_m)\\<&A_{n+1}(c_3,x_1+\cdots+x_m)\end{aligned}$$

其中 c_3 只与 c_1 有关.

假设 $f(x_1,\cdots,x_m,y)+x_1+\cdots+x_m+y<A_{n+1}(c'_3,x_1+\cdots+x_m+y)$ 对一般情况,首先有

$$h(x_1,\cdots,x_m,y,z)+x_1+\cdots+x_m+y+z$$
$$<A_{n+1}(c_4,x_1+\cdots+x_m+y+z)$$

其中 c_4 与 m 无关,只与 c_2 有关. 令

$$c=\max(c'_3,c_4)$$

则

$$\begin{aligned}&f(x_1,\cdots,x_m,y+1)+x_1+\cdots+x_m+y+1\\=&h(x_1,\cdots,x_m,y,f(x_1,\cdots,x_m,y))+\\&x_1+\cdots+x_m+y+1\\<&A_{n+1}(c_4,x_1+\cdots+x_m+y+f(x_1,\cdots,x_m,y))+1\\<&A_{n+1}(c_4,A_{n+1}(c,x_1+\cdots+x_m+y))+1\\\leqslant&A_{n+1}(c'_3,A_{n+1}(c,x_1+\cdots+x_m+y))+1\\\leqslant&A_{n+1}(c+1,x_1+\cdots+x_m+y+1)+1\end{aligned}$$

最后看有界 μ 运算：

设 $f(x_1,\cdots,x_m) = \mu y \leqslant F(x_1,\cdots,x_m)\{h(x_1,\cdots,x_m,y)=0\}$，其中，$F(x_1,\cdots,x_m)$，$h(x_1,\cdots,x_m,y) \in \varepsilon_n$，则

$$F(x_1,\cdots,x_m) < A_{n+1}(c,x_1+\cdots+x_m)$$

显然

$$f(x_1,\cdots,x_m) \leqslant F(x_1,\cdots,x_m) < A_{n+1}(c,x_1+\cdots+x_m)$$

引理证毕.

定理 5.3　对任意 $n \geqslant 0$，$\mathscr{X}_n \neq \mathscr{X}_{n+1}$.

证明　若 $\mathscr{X}_n = \mathscr{X}_{n+1}$，则 $f(x)=A_{n+1}(x,x) \in \mathscr{X}_n$，故有常数 c 使

$$f(x) < A_{n+1}(c,x)$$

令 $x=c$，得出矛盾式子

$$A_{n+1}(c,c) < A_{n+1}(c,c)$$

故有 $\mathscr{X}_n \subsetneq \mathscr{X}_{n+1}$.

由此得到一类完全递归函数 $\bigcup\limits_{n=0}^{\infty} \mathscr{X}_n$，则

$$\mathscr{X}_0 \subsetneq \mathscr{X}_1 \subsetneq \cdots$$

$\mathscr{X}_0$ 是原始递归函数类，$\mathscr{X}_n$ 是一个完全递归函数子类. 但是，$\bigcup\limits_{n=0}^{\infty} \mathscr{X}_n$ 并未包含所有的完全递归函数.

如下定义 $R(n,x,y)$，则

$$R(0,x,y)=A_0(x,y)$$

$$R(1,x,y)=A_1(x,y)$$

$$R(n+1,0,y)=R(n,y+1,y+1)$$

$$R(n+1,x+1,y)=R(n+1,x,R(n+1,x,y))$$

可见 $R(n,x,y)$ 是完全递归函数，且 $R(n,x,y)=A_n(x,y)$.

但是 $R(n,x,y) \notin \bigcup\limits_{i=1}^{\infty} \mathscr{X}_i$.

令 $f(x)=R(x,x,x)=A_x(x,x)$. 若 $f(x)\in\bigcup_{n=1}^{\infty}\mathscr{X}_n$,比如 $f(x)\in\mathscr{X}_n$,则有 c,使

$$f(x)=A_x(x,x)<A_{n+1}(c,x)$$

取适当大的 d,如 $d>n+1+c$,则

$$A_x(x,x)<A_d(d,x)$$

再令 $x=d$,得出矛盾的式子.

下面证明 $\mathscr{X}_1$ 包含 $\mathscr{X}_0$ 的通用函数.

罗宾逊定理,由初始函数 $S(x)=x+1$,$e(x)=x-[\sqrt{x}]^2$ 和加法、代入、简单迭代三种运算可生成全部一元原始递归函数.

所谓简单迭代指

$$\begin{cases}f(0)=0\\f(x+1)=h(f(x))\end{cases}$$

设 $f(x)$ 是原始递归函数,n 是由上述定理生成 $f(x)$ 所使用运算的最小次数,则称 n 为 $f(x)$ 的阶.

定理 5.4　设 $f(x)$ 是 n 阶原始递归函数,则

$$f(x)\leqslant A_1(4n+1,x)$$

证明　(ⅰ) 初始函数

$$S(x)\leqslant A_1(1,x)$$

$$e(x)\leqslant A_1(1,x)$$

因 $S(x)$,$e(x)$ 的阶均为 0,故对 $n=0$ 成立.

设 $f_1(x)\leqslant A_1(c_1,x)$,$f_2(x)\leqslant A_1(c_2,x)$.

(ⅱ) 对加法运算有

$$\begin{aligned}f_1(x)+f_2(x)&\leqslant A_1(c_1,x)+A_1(c_2,x)\\&\leqslant A_1(\max(c_1,c_2)+4,x)\end{aligned}$$

(ⅲ) 对代入运算有

$$\begin{aligned}f_2(f_1(x))&\leqslant A_1(c_2,A_1(c_1,x))\\&\leqslant A_1(\max(c_1,c_2),\end{aligned}$$

$$
\begin{aligned}
&A_1(\max(c_1,c_2)+1,x-1))\\
&\leqslant A_1(\max(c_1,c_2)+1,x)\\
&\leqslant A_1(\max(c_1,c_2)+4,x)
\end{aligned}
$$

（ⅳ）对简单迭代，设 $h(x)\leqslant A_1(c,x)$，则

$$f(0)=0\leqslant A_1(c+4,0)$$

假设 $f(x)\leqslant A_1(c+4,x)$，则

$$
\begin{aligned}
f(x+1)=h(f(x))&\leqslant A_1(c,f(x))\\
&\leqslant A_1(c,A_1(c+4,x))\\
&\leqslant A_1(c+4,x+1)
\end{aligned}
$$

故有 $f(x)\leqslant A_1(c+4,x)$.

设定理对阶不大于 n 的函数成立，对 $n+1$ 阶的函数 $f(x)$，则有阶不大于 n 的函数 $f_1(x)$ 和 $f_2(x)$ 使 $f(x)=f_1(x)+f_2(x)$ 或 $f(x)=f_2(f_1(x))$ 或存在 n 阶函数 $h(x)$ 使 $f(x)$ 是由 h 简单迭代定义的，由以上（ⅱ）～（ⅳ）知 $f(x)\leqslant A_1(4(n+1)+1,x)$ 定理5.4证毕.

定义 5.3　如下定义 $D(n,x)$，则

$$D(0,x)=0$$

$$
D(n+1,x)=\begin{cases}
D(ex(1,n+1),x)+D(ex(2,n+1),x) & (\text{若 } ex(0,n+1)=1)\\
D(ex(1,n+1),D(ex(2,n+1),x)) & (\text{若 } ex(0,n+1)=2)\\
0 & (\text{若 } ex(0,n+1)=3\wedge x=0)\\
D(ex(1,n+1),D(n+1,x\dot{-}1)) & (\text{若 } ex(0,n+1)=3\wedge x\neq 0)\\
Q(n+1,x) & (\text{其他情况})
\end{cases}
$$

其中

$$Q(n,x)=S(x)\,\overline{sg}(|n-1|)+e(x)\,\overline{sg}(|n-3|)$$

$$\overline{sg}(n)=\begin{cases}0 & (n>0)\\ 1 & (n=0)\end{cases}$$

$D(n,x)$ 是一元原始递归函数的通用函数.

定理 5.5　$D(n,x)\leqslant A_1(4n+1,x)$.

证明　对 $n=0$ 显然成立.假设对任意 $m\leqslant n$,则

$$D(m,x)\leqslant A_1(4m+1,x)$$

下证 $D(n+1,x)\leqslant A_1(4(n+1)+1,x)$.先指出几个不等式:

(1)$A_1(c_1,x)+A_1(c_2,x)\leqslant A_1(\max(c_1,c_2)+4,x)$.

(2)$ex(1,n+1)\leqslant n$.

(3)$ex(2,n+1)\leqslant n$.

证(2):$n+1\geqslant 3^{ex(1,n+1)}\geqslant ex(1,n+1)+1$,故有

$$ex(1,n+1)\leqslant n$$

接着证明定理:

(1)$ex(0,n+1)=1$.

由(2)(3)和假设

$$\begin{aligned}D(n+1,x)=&\ D(ex(1,n+1),x)+D(ex(2,n+1),x)\\ &\leqslant A_1(4ex(1,n+1)+1,x)+\\ &\quad A_1(4ex(2,n+1)+1,x)\\ &\leqslant A_1(4n+1,x)+A_1(4n+1,x)\\ &\leqslant A_1(4n+5,x)\\ &=A_1(4(n+1)+1,x)\end{aligned}$$

(2)$ex(0,n+1)=2$.

则有

$$\begin{aligned}D(n+1,x)=&D(ex(1,n+1),D(ex(2,n+1),x))\\ &\leqslant A_1(4ex(1,n+1)+1,\\ &\quad A_1(4ex(2,n+1)+1,x))\end{aligned}$$

$$\begin{aligned}&\leqslant A_1(4n+1,A_1(4n+1,x))\\&\leqslant A_1(4n+2,x+1)\\&\leqslant A_1(4n+3,x)\\&\leqslant A_1(4(n+1)+1,x)\end{aligned}$$

(3) $ex(0,n+1)=3$.

则有

$$D(n+1,0)\leqslant A_1(4(n+1)+1,0)$$

设 $D(n+1,x)\leqslant A_1(4(n+1)+1,x)$

则

$$\begin{aligned}D(n+1,x+1)&=D(ex(1,n+1),D(n+1,x))\\&\leqslant A_1(4ex(1,n+1)+1,\\&\quad A_1(4(n+1)+1,x))\\&\leqslant A_1(4n+1,A_1(4(n+1)+1,x))\\&\leqslant A_1(4(n+1)+1,x+1)\end{aligned}$$

(4) 对最后一种情形,显然有

$$D(n+1,x)=Q(n+1,x)\leqslant A_1(4(n+1)+1,x)$$

定理证毕.

定理 5.6 $D(n,x)\in\mathscr{X}_1$.

证明 仍然通过有界 μ 运算和素数列 P_n 来表示 $D(n,x)$.

设 θ 是一个配对函数 $P(x,y)=P_{\theta(x,y)}$,令

$$F(n,x)=P(n,A_1(4n+1,x))^{2n5^{A_1(4n+1,x)+n+1}}$$

$F(n,x)$ 同引理中 $K(x,y)$ 意义相同,用作下边 m 的界.估计 $F(n,x)$ 在于估计 m 分解式中素因子的个数,即计算 $D(n,x)$ 时所用到的 $D(n_1,x_1)$ 的个数.按 $D(n,x)$ 的定义容易估算出上面的 $F(n,x)$.则

$$D(n,x)=\mu z\leqslant A_1(4n+1,x)$$

$$
\begin{aligned}
&[\exists m \leqslant F(n,x)\{z+1 \\
&= ex(\theta(n,x),m) \wedge \forall v \\
&\leqslant A_1(4n+1,x)\{ex(\theta(0,v),m) \neq 0 \\
&\rightarrow ex(\theta(0,v),m)=1\} \wedge \forall v<n, \forall t,t_1,t_2 \\
&\leqslant A_1(4n+1,x)\{t=ex(\theta(v+1,0),m) \wedge t \\
&\neq 0 \rightarrow \{ex(0,v+1) \\
&=1 \rightarrow t=t_1+t_2 \dot{-} 1 \wedge t_1 \\
&\neq 0 \wedge t_2 \neq 0 \wedge t_1 \\
&= ex(\theta(ex(1,v+1),0),m) \wedge t_2 \\
&=ex(\theta(ex(2,v+1),0),m)) \\
&\vee (ex(0,v+1)=2 \rightarrow t \\
&=ex(\theta(ex(1,v+1), \\
&\quad ex(\theta(ex(2,v+1),0),m) \dot{-} 1),m) \\
&\wedge ex(\theta(ex(2,v+1),0),m) \\
&\neq 0) \vee (ex(0,v+1) \neq 1 \wedge ex(0,v+1) \\
&\neq 2 \rightarrow t=1)\}\} \wedge \forall v<n, \forall w,t,t_1,t_2 \\
&\leqslant A_1(4n+1,x)\{t=ex(\theta(v+1,w+1),m) \\
&\wedge t \neq 0 \rightarrow \{(ex(0,v+1)=1 \rightarrow t \\
&=t_1+t_2-1 \\
&\wedge t_1 \neq 0 \wedge t_2 \neq 0 \wedge t_1 \\
&=ex(\theta(ex(1,v+1),w+1),m) \wedge t_2 \\
&=ex(\theta(ex(2,v+1),w+1),m)) \\
&\vee (ex(0,v+1)=2 \rightarrow t \\
&=ex(\theta(ex(1,v+1), \\
&\quad ex(\theta(ex(2,v+1),w+1),m)-1),m) \\
&\wedge ex(\theta(ex(2,v+1),w+1),m) \\
&\neq 0) \vee (ex(0,v+1)=3 \rightarrow t \\
&=ex(\theta(ex(1,v+1),ex(\theta(v+1,w),m)-1),m)
\end{aligned}
$$

$\wedge\ ex(\theta(v+1,w),m)\neq 0)\ \vee\ (ex(0,v+1)$
$\neq 1\ \wedge\ ex(0,v+1)$
$\neq 2\ \wedge\ ex(0,v+1)\neq 3\rightarrow t$
$=Q(n+1,x+1))\}\}]$

由此可知 $D(n,x)\in\mathscr{X}_1$.

讨论：

(1) 对于一般的 $\mathscr{X}_n$，可以证明类似于定理5.6的结论，即 $\mathscr{X}_n$ 有通用函数，并且这个通用函数属于上一层 $\mathscr{X}_{n+1}$.

(2) 使用本章的分层法，只要产生每层 $\mathscr{X}_n$ 的初始函数和运算是有穷的，所有这些初始函数不构成完全递归函数类，且给出这些初始函数的方法是递归的，则这种分层不能达到完全递归函数类.

(3) 下面两个命题等价：

P_1：完全递归函数类不能由有穷个初始函数和运算 $O_1,\cdots,O_s$ 生成；

P_2：完全递归函数类能分成递增的无穷层 $\mathscr{X}_0\not\subseteq\mathscr{X}_1\not\subseteq\cdots$，每个 $\mathscr{X}_n$ 对运算 $O_1,\cdots,O_s$ 封闭.

胡世华论递归结构理论

第6章

希尔伯特说，判定问题是“数理逻辑中的基本问题”. 在ML(数理逻辑)中对可判定性和不可判定性的研究都有很多成果. 但是在可判定性研究成果中却没有包括公开的尚未解决的数学问题. 这样就显得，这种ML研究似乎对于数学“没有多大意义”.

本章将提出一类代数结构称为RS，即递归结构(Recursive Structure). 提出RS是算法理论发展的需要，也是研究可解决性问题的需要.

§1 可数代数结构中的显定义

本节考虑一种可数代数结构 **A**. **A** 可以表作一个3元组

$$\mathbf{A}=\langle A,\{f_i\}_{i\in I},\{a_j\}_{j\in J}\rangle=\langle A,F,C\rangle.$$

其中 A 是一可数无穷集，称为 **A** 的论域(domain). F 是一函数集，称为 A 的原始函数集：任何 $f\in F$ 都是一 $n\in\mathbf{N}_+$ (非0自然数集，即 $\mathbf{N}-\{0\}$) 元函数

$$f:A^n \rightarrow A$$

即每一 $f_i \in F$ 都是一固定的 $n_i \in \mathbf{N}_+$ 元的函数

$$f^n:A^{n_i} \rightarrow A$$

$C \subset A$ 是 A 的一个固定的常元集. 一般可以假定 $I \subseteq N, J \subseteq N, J$ 不空.

涉及的形式语言是带等词的,等词写作"≡",把"="用以表示直观的相等.

"显定义"一词可能引起混淆,今使用形式化方法对之做严格的定义. 设一结构 **A** 中有原始的或在其中定义的全函数 $f_1,\cdots,f_m$ 和常元集 $a_1,\cdots,a_n \in A$ 给定. 对这给定函数和常元

$$\{f_1,\cdots,f_m;a_1,\cdots,a_n\}$$

令

$$\mathfrak{L}=\{f_1^L,\cdots,f_m^L;a_1^L,\cdots,a_n^L\}$$

是这样一个语言,函数词 f_i^L 以给定的函数 $f_i(i=1,\cdots,m)$ 为预定解释,$a_i^L(i=1,\cdots,n)$ 是常个体词以给定的 $a_i(i=1,\cdots,n)$ 为预定解释. 令 $t=t(v_1,\cdots,v_k)$ 是语言$\mathfrak{L}$中的项 $t \in \mathrm{Term}(\mathfrak{L}), v_1,\cdots,v_k$ 是互异的 $k(k \in \mathbf{N}_+)$ 个自由变元符,所有在 t 中出现的自由变元符不超出这 k 个(可以不全在以至全不在 t 中出现). 设 f^L 是不在$\mathfrak{L}$中的函数词,f 是满足以下语句中 f^L 的预定解释的 A 的论域上的 k 元函数

$$\forall x_1\cdots x_k[f^L(x_1,\cdots,x_k) \equiv t(x_1,\cdots,x_k)]$$

其中 x_i 是约束变元符(自由变元符和约束变元符采用两种不同符号). 当 f 和 $f_1,\cdots,f_m;a_1,\cdots,a_n$ 满足上述条件时,称 f 是由 $f_1,\cdots,f_m;a_1,\cdots,a_n$ 在 **A** 中经显定义(explicit definition) 而得. 当 $m=0$ 时,给定的函数集$\{f_1,\cdots,f_m\}$ 空,$n=0$ 时常元集$\{a_1,\cdots,a_n\}$ 空,$m=$

$n=0$ 时，$\mathfrak{L}$即空（语言$\mathfrak{L}$的非 L 符号集空），许可$\mathfrak{L}$空.

例 1　设 g,h 是某一代数结构中的 4 元、5 元函数，a,b,c 是这结构中的常元，f 是 3 元函数，对于讨论中的结构的论域中的任何元 x,y,z 恒有

$$f(x,y,z)=g(h(a,b,g,x,x),x,b,h(x,z,x,c,a))$$

则据定义，f 是由 g,h 和常元 a,b,c 经显定义而得.

例 2　(1) $f(x,y)=a$；

(2) $f(x,y,z)=z$ 的 f 都是在所讨论的结构中可以经显定义而得(1)中的 f(2 元的)，据以显定义的函数是一个常元 a，(2)中的 f(3 元的)据以显定义的函数和常元集是空集.

做如下约定：如在例 1 或例 2 中(1)(2)那样写出一个等式就表示任何 $x,y,z,\cdots$ 属于讨论中结构的论域，等式恒成立. 这就是说“论域中任何 $x,y,\cdots$”那样的措辞省略. 换言之，“x”“y”“z”等直观符号在元语言中表示结构论域的自由变元.

“显定义”不一定要用上面的“形式化方法”给出定义.

§2　原始递归函数和递归结构

称一可数代数结构 $\mathbf{A}$ 为一秩(rank)为 α 的递归结构(RS)(recursive structure)是说它满足以下三条件：

(1) 对 $\mathbf{A}$ 而言 α 给定，$\alpha\in\mathbf{N}_+\cup\{\omega\}$.

(2) $\mathbf{A}$ 的常元集中恰好有一个元称为 $\mathbf{A}$ 的初始元(initial element)，如 $C=\{0\}$. 初始元可随论域 A 的不同而使用不同的直观符号来表示. 例如，取自然数集 $\mathbf{N}$

为论域则可写初始元为 0，$\mathbf{N}_+$ 为论域时则可写为 1，取一个字母表的字集为论域则以表示空字的符号来表示初始元（如 ⊙）是妥当的. 一般地，将写初始元为 0.

(3)$\mathbf{A}$ 的原始函数集 F 可以表作两个函数集的 L 和. $F=S\cup PR$，S 和 PR 两函数集应满足的条件分别陈述如下：

$S=\{\sigma_1,\cdots,\sigma_k\}$，当 $\alpha=k\in\mathbf{N}_+$ 时；

$S=\{\sigma_i\mid i\in\mathbf{N}_+\}$，当 $\alpha=\omega$ 时.

各 σ_i 都是 1 元函数，称 S 为 $\mathbf{A}$ 的后继函数集. 当给定的秩 $\alpha=1$ 时，可记唯一的后继函数 σ_1 为 σ. 可以表 $\mathbf{A}$ 为以下形式

$$\mathbf{A}=\langle A,S\cup PR,0\rangle \text{ 或 } \mathbf{A}=\langle A_\alpha,S_\alpha\cup PR_\alpha,0\rangle$$

关于 $F=S\cup PR$ 中 S 部分，在给定秩 α 的前提下施后继函数的运算于初始元 0 上恰好无重复地遍历 A 中所有元. 换言之，A 中任何元 a 必须 $\sigma_{i_1},\cdots,\sigma_{i_m}\in S$，使 $a=\sigma_{i_1}\cdots\sigma_{i_m}0$，如另有 $\sigma_{j_1},\cdots,\sigma_{j_n}\in S$ 使 $a=\sigma_{j_1}\cdots\sigma_{j_n}0$，则必有

$$m=n,i_1=j_1,\cdots,i_m=j_m$$

例如，当 $\alpha=2$ 时，A 中元恰好就是以下序列中的元

$$0,\sigma_1 0,\sigma_2 0,\sigma_1\sigma_1 0,\sigma_2\sigma_1 0,\sigma_1\sigma_2 0,$$
$$\sigma_2\sigma_2 0,\sigma_1\sigma_1\sigma_1 0,\sigma_2\sigma_1\sigma_1 0,\sigma_1\sigma_2\sigma_1 0,\cdots$$

为了说明 F 中 $PR(PR_\alpha)$ 部分所满足的条件，先做以下定义. 设 g 是 $n-1$ 元的 $h_1,\cdots,h_k$（当 $\alpha=k\in\mathbf{N}_+$ 时），$h_1,h_2,\cdots$（当 $\alpha=\omega$ 时）是 $n+1$ 元的由给定的函数和常元集

$$S\cup\{0\}\cup\{f_1,\cdots,f_m\}$$

的有穷子集经显定义而得. 当 f 是满足以下条件的 n 元函数，任何 $x_1,\cdots,x_n\in A$ 恒有

$$(P_\alpha)\begin{cases} f(0,x_2,\cdots,x_n) \\ =g(x_2,\cdots,x_n) \quad (\text{当 } n=1 \text{ 时为常元}) \\ f(\sigma_i x_1,x_2,\cdots,x_n) \\ =h_i(f(x_1,\cdots,x_n),x_1,\cdots,x_n) \end{cases}$$

其中，$i=1,\cdots,k$，当 $\alpha=k\in\mathbf{N}_+$ 时；$i\in\mathbf{N}_+$，当 $\alpha=\omega$ 时，称 f 为由 $\{f_1^L,\cdots,f_m^L\}$（此集许可空）经原始递归定义模式（P_α）而得的函数. 现在陈述 F 中 $PR(PR_\alpha)$ 部分所满足的条件. PR_α 是满足以下两条件的最小的函数集 P：(1) 所有由空函数集经原始递归模式（P_α）而得的 $f\in P$，(2) P 封闭于经模式（P_α）而得的函数，即，如果

$$f_1,\cdots,f_m\in P$$

则由 $\{f_1,\cdots,f_m\}$ 经（P_α）而得的 $f\in P$. 当 $F=S\cup PR(S_\alpha\cup PR_\alpha)$ 时记 F 为 $PRF(PRF_\alpha)$，由之记 $\mathbf{A}$ 为

$$\mathbf{A}=\langle A,PRF,0\rangle$$

可记秩为 α 的 RSA 为 $\mathbf{A}_\alpha$，并记

$$\mathbf{A}_\alpha=\langle A_\alpha,PRF_\alpha,0\rangle$$

称一结构 $\mathbf{A}$ 为一 RS，当且仅当，它是一秩为 $\alpha\in\mathbf{N}_+\cup\{\omega\}$ 的 RS.

称 $PRF(PRF_\alpha)$ 为 RSA 的原始递归函数集. 今后写“PRF”表示 $\mathbf{A}$ 中的这个函数集，又“作为原始递归函数”的简写. $PR_\alpha(PR)$ 是 $\mathbf{A}_\alpha$ 中借（P_α）定义而得的函数集.“PR”既用以表示这集，又用以代替措辞“原始递归”. 从上下文可以分清同一措辞的不同的表示.

从上面对 RSA 的定义看，当论域 A 和后继函数集 $S=S_\alpha$ 一经给定，$PR=PR_\alpha$ 就确定了，从而 $PRF=PRF_\alpha$ 和 $\mathbf{A}=\mathbf{A}_\alpha$ 就确定了. 当然，初始元、后继函数集是和 A 一起给定的.

以上的定义可以写作与一般 ML 文献中的 PRF 的定义比较接近的形式，即通过以下五个定义模式以代(P_α)来做出. 这样五个模式是自然数域上的 PRF 的定义模式的一种推广. 常数 α(除了表示所讨论的结构的秩)表示(1_α)中给出了 α 个函数，(5_α)中包括 $1+\alpha$ 个等式(当 $\alpha=k\in\mathbf{N}_+$ 时(5_α)中包括 $1+k$ 个等式). 不同的是给定了一个可数无穷集 A，给出其中一个初始元 0 和 A 上的一个函数集 S_α(满足前面所讲条件)，由之定义出一个 A 上的 PRF 集.

(1_α) $f(x)=\sigma_i(x)$，其中 $i=1,\cdots,k$ 当 $\alpha=k\in\mathbf{N}_+$，$i\in\mathbf{N}_+$ 当 $\alpha=\omega$；

(2) $f(x_1,\cdots,x_n)=a, a\in A$；

(3) $f(x_1,\cdots,x_n)=x_i, 1\leqslant i\leqslant n$；

(4) $f(x_1,\cdots,x_n)=g(h_1(x_1,\cdots,x_n),\cdots=$

$$h_m(x_1,\cdots,x_n))；$$

(5_α) 当 f 为 1 元时

$$\begin{cases} f(0)=a \quad (a\in A) \\ f(\sigma_i(x))=h_i(f(x),s) \end{cases}$$

其中，$i=1,\cdots,k$，当 $\alpha=k$；$i\in\mathbf{N}_+$，当 $\alpha=\omega$.

当 f 为 $n\geqslant 2$ 元时

$$\begin{cases} f(0,x_2,\cdots,x_n)=g(x_2,\cdots,x_n) \\ f(\sigma_i(x_1),x_2,\cdots,x_n)=h_i(f(x_1,\cdots,x_n),x_1,\cdots,x_n) \end{cases}$$

其中，$i=1,\cdots,k$ 当 $\alpha=k$；$i\in\mathbf{N}_+$，当 $\alpha=\omega$. 用这里的(1_α)(2)(3)(4)(5_α)来定义秩为 α 的 PRF 集 PRF_α 和前面用(P_α)来定义是等价的.

对于给定秩的 RSA 可以有无穷个. 以同一类数学对象为论域的 RS 而言，秩为 1 的 RS 可以随论域 A、后继函数和初始元的不同而异. 例如令

$$N_n =_{df} \{x \in \mathbf{N} \mid x \geqslant n\}$$

则任一 $n \in \mathbf{N}$ 可以构造一秩为1的RSA,A 的论域 A 即 N_n,初始元取为 n,$\sigma x = x + 1$. 再比如令 $p_0, p_1, \cdots$ 为素数序列,令 $\mathbf{A}$ 的论域 $A = \{p_i \mid i \in \mathbf{N}\}$,$p_0 = 2$ 为初始元,$\sigma p_i = p_{i+1}$,这样的 $\mathbf{A}$ 也是秩为1的RS.

上面定义了可数无穷个数学结构 $\mathbf{A}_k(k \in \mathbf{N}_+)$ 和 $\mathbf{A}_\omega$,称为RS(递归结构). 这些结构将成为以后引进形式语言和形式理论的预定解释. 定义中对于RS没有进一步规定,但是这样构造理论是和我们探讨的问题有关的.

设 f 是1元函数,写"$f(x)$"和"fx"表示同样的意思. 如果 f 是2元函数,往往写 $f(x,y)$ 为 (xfy) 或写作 xfy. 如 $+(x,y)$ 即写作 $x+y$.

引理 6.1　RS的 PRF 集封闭于经显定义而得的函数. 换言之,设 $f_1, \cdots, f_m \in PRF$,f 是由

$$S \cup \{0\} \cup \{f_1, \cdots, f_m\}$$

的有穷子集经显定义而得,肯定 $f \in PRF$.

证明从略.

引理 6.2　设 $f_1, \cdots, f_m$(一般可设 $m \geqslant 2$)满足以下条件:任何 $x_1, \cdots, x_n \in A$

$$\begin{cases} f_1(x_1, \cdots, x_n) = 0 \\ \quad\vdots \\ f_m(x_1, \cdots, x_n) = 0 \end{cases}$$

中恰好有一个等式成立;又设有 m 个 n 元的 g_i,f 与 f_i,g_i 有以下关系

$$f(x_1, \cdots, x_n) = \begin{cases} g_1(x_1, \cdots, x_n) & (\text{当 } f_1(x_1, \cdots, x_n) = 0) \\ \quad\vdots \\ g_m(x_1, \cdots, x_n) & (\text{当 } f_m(x_1, \cdots, x_n) = 0) \end{cases}$$

肯定：$f_i, g_i (i=1,\cdots,m) \in PRF \Rightarrow f \in PRF$.

证明 令 $h \in PR$ 定义如下

$$\begin{cases} h(0,y,z) =_{df} y \\ h(\sigma_i x, y, z) =_{df} z \end{cases}$$

其中 $i=1,\cdots,k$，当 $\alpha=k$；$i \in \mathbf{N}_+$，当 $\alpha=\omega$，这 h 可以借(P_α)定义出. 以下仅就 $n=1$ 的情况写证明. $f_1(x),\cdots,f_m(x)$ 中有一个且只有一个 $f_j(x)=0$，可于 $g_1,\cdots,g_m$ 中选出唯一的一个 $g_j(x)$，使 $f(x)=g_i(x)$. f 可以这样显定义之

$$f(x) =_{df} h(f_1(x), g_1(x), h(\cdots h(f_m(x), g_m(x), 0)\cdots))$$

据引理 6.1，$f \in PRF$.

在 RS 中的第一个后继函数为 σ_1. 令

$$0_1 =_{df} \sigma_1 0$$

一个 n 元的函数 f，对任何 $x_1,\cdots,x_n$ $f(x_1,\cdots,x_n)$ 恒于$\{0,0_1\}$中取值，则称 f 为一表示函数. 设 R 是一 n 元的关系，满足条件

$$R(x_1,\cdots,x_n) \Leftrightarrow f(x_1,\cdots,x_n)=0$$

$$\text{非 } R(x_1,\cdots,x_n) \Leftrightarrow f(x_1,\cdots,x_n)=0_1$$

称 f 表示 R，$f(x_1,\cdots,x_n)$ 表示 $R(x_1,\cdots,x_n)$.

上面所写的 PR 定义模式(P_α)给出了施 PR 于第 1 个变元的定义. 对 n 元函数有施 PR 于第 $j(1 \leqslant j \leqslant n)$ 个变元的定义模式，可写作

$$(P_\alpha)_{jn} \begin{cases} f(x_1,\cdots,x_{j-1},0,x_{j+1},\cdots,x_n) = \\ g(x_1,\cdots,x_{j-1},x_{j+1},\cdots,x_n) \\ f(x_1,\cdots,x_{j-1},\sigma_i,x_{j+1},\cdots,x_n) = \\ h_i(x_1,\cdots,x_{j-1},f(x_1,\cdots,x_n),x_{j+1},\cdots,x_n) \end{cases}$$

其中，$i=1,\cdots,k$，当 $\alpha=k \in \mathbf{N}_+$ 时；$i \in \mathbf{N}_+$，当 $\alpha=\omega$ 时.

任何给定的 $1 \leqslant n$ 由这里的 $(P_\alpha)_{jn}$ 定义的 n 元的 f 不超出原来用 (P_α) 定义 PR_α 的范围.

RS 的论域 A 为可数无穷,A 中元可以是任何数学对象. 数学结构的论域自然不限于可数无穷. 但从可证明性,可判定性以至一般数学结构的形式化的要求看,RS 够了. RSA 的论域 A 中元都是集合,σ_i 满足 ZF 公理系统所表示的条件,则可以据以建立 A 的形式系统 Φ 与 ZF 系统等价.

第二编

莫绍揆论数理逻辑

第7章

数理逻辑的由来

到了今天，数理逻辑可以说已经是一门成熟的科学了，它的内容十分丰富，与别的许多门学科都有牵连，互相影响．要介绍它的内容，或者描绘它与别的学科有所不同的特征，都是非常困难的，最好的办法是先从它的发展过程来考察．因为一个事物，无论它所包含的内容如何丰富，它的特性如何复杂，如果能够从它的发展来看，先看它是如何产生的，如何一步步地成长，逐渐地由小而大、由简单而复杂的，这样我们便能比较容易地掌握其主要内容、找出它的基本特征．

数理逻辑也是一样．它绝不是从天而降的，而是应生产实践的需要萌发而生，再按人类的认识规律逐渐发展起来的．这是一般学科发展史的共同特征．同时，数理逻辑又有它的特殊的发展史，我们必须掌握其特殊性，才能够更深刻地理解它．

数理逻辑的兴起与发展主要是沿着两条路：其一是人们感到传统逻辑的不足，需加以改进，尤其是借助数学的方法（如使用符号、注重推理，等等）而加以改进；另一条路是对数学基础的研究，产生了大量与逻辑有关的问题. 从这两者便引出了数理逻辑.

§1 传统逻辑的不足

我们现在先就第一点（传统逻辑方面）立论，然后我们再从第二点（数学基础方面）讨论.

数理逻辑本身就是逻辑，是传统逻辑本身内在矛盾发展的一个必然结果. 但是有好些数理逻辑学家认为，数理逻辑与传统逻辑已经截然不同，有本质的差异，讨论数理逻辑时可以另起炉灶，不必再和传统逻辑放在一起考虑了. 这种看法似乎是不够妥当的.

所谓传统逻辑主要是指亚里士多德逻辑，尤其是经过中世纪的演变一直沿用到 19 世纪（乃至今天）的那种逻辑. 这种逻辑在中世纪被认为金科玉律、完美无缺，不容许有任何更改的. 但到了 19 世纪，大家都觉得它有很多缺点，急需改革. 到底它有什么缺点呢？大家都或多或少地提出了一些，现在我们试来总结几点.

第一，传统逻辑所讨论的限于主宾式语句，再按质按量分成四种. 换句话说，传统逻辑所讨论的语句限于下列四种：

全称肯定 A，即 Asp（或 sAp）：凡 s 均为 p；

全称否定 E，即 Esp（或 sEp）：凡 s 均非 p；

特称肯定 I，即 Isp（或 sIp）：有的 s 为 p；

特称否定 O，即 Osp（或 sOp）：有的 s 非 p.

然后在这四种语句之上发展了三段论.

但是人们日常所使用的语句却不限于主宾式语句.例如,"我和他争论""他送我一本书",等等,这些怎能表成主宾式语句呢?传统逻辑的拥护者中,便有人硬把上述两句表成主宾式语句如下:

"我是和他争论的";

"他是送我一本书的".

这样的表述很难说是和原句的意思相符."和他争论的"很难说形成了一个概念,至少不是常用的概念(日常最多只使用"曾和他争论过的"这个概念),而"我和他争论"却是经常使用的,一个常用,一个不常用,即就这一点便可知道两者不是相同的语句.事实上,绝大多数人(甚至于包括传统逻辑的拥护者在内)都认为"我和他争论"这类的语句是不能表为主宾式语句的.

如果传统逻辑只是把自己的研究对象限于主宾式语句,并没有说一切语句都可表为主宾式语句,如果研究传统逻辑的人持这个态度,当然无可指摘.但必须注意,这样一来,传统逻辑的研究范围也就很窄了,而且也很难对数学有所应用了.因为,数学中所使用的语句几乎绝大部分不是主宾式语句.例如,最基本的数学语句

a 大于 b;点 C 介于点 B 与 D 之间

等等,都不是主宾式语句.因此,传统逻辑的第一个缺点是:它限于主宾式语句.

第二,传统逻辑的另一个缺点是:它限于三段论.

传统逻辑规定,每个三段论式必须有也只有三句主宾式语句,两句叫作前提,另一句叫作结论.每个三段论式必有也只有三个名词,结论句的主语叫作小词,结论句的宾语叫作大词,而只出现于两前提之中的名

词叫作中词. 这样的三段论式并不能包括日常所使用的各种推理式. 例如, 我们经常进行下列推理

a 大于 b, b 大于 c, 故 a 大于 c (1)

在这里, 三句都不是主宾式语句, 已可以肯定它不合三段论式的要求, 故它不是三段论. 即使照上文那样勉强把其中三句都改成主宾式语句, 即写成

a 是大于 b 的, b 是大于 c 的, 故 a 是大于 c 的

在这里, 共有四个名词: a, 大于 b 的, b, 大于 c 的. 这就不合三段论式的要求. 事实上, 式(1) 的推理是根据"大于"这个关系的"可传性", 而不是根据三段论的要求.

利用"可传性"而做推理的例子非常多, 绝不少于使用三段论的推理, 我们没有理由为了重视三段论, 硬把根据"可传性"而做的推理说成是根据三段论的推理(其实, 说三段论式本身是根据"可传性"而做的推理, 倒是有一些根据的). 但是, 迄今仍然有很多人, 不但说三段论可以包括根据可传性而做的推理, 还说三段论可以包括一切推理. 这里想多说几句, 检查检查他们的论据.

他们认为, 三段论的整个精神, 或者三段论的总根据, 是所谓"曲全公理"(这是严复使用的译名). 具体地说, 这条公理是: "凡通例所具有的性质, 特例也必具有; 通例所没有的性质, 特例也必没有."

他们说, 我们日常的推理, 不管是几何的、一般数学的或别的推理, 都在使用曲全公理, 都是曲全公理的特例, 从而也都是三段论的特例.

例如, 就上文的推理式(1) 而言, 他们说, 日常使用的下列的推理式, 即

1大于0,2大于1,故2大于0　　(2)

2大于0,3大于2,故3大于0　　(3)

等等,便是有了式(1)以后,根据曲全公理而推得的;反之,当有了下列的推理式以后:

对具有可传性的关系 R 而言,由 aRb,bRc,可得

$$aRc \quad (4)$$

根据曲全公理(因“大于关系”是具可传性的关系 R 的特例),人们可以推得式(1).因此在日常推理中,人们是大量地使用曲全公理的,从而是大量地使用三段论的,三段论是可以包括一切推理的.

三段论的总论据是不是曲全公理,曲全公理是否可以代表三段论,我们对这两个问题以后有机会再做探讨,再暂时撇开这一点不谈,我们集中探讨一下,曲全公理能否包括一切推理形式?

照上面所说,由式(1)而得式(2)(3)是根据曲全公理,由式(4)而得式(1)也是根据曲全公理,看来,曲全公理的确是大量使用的.这些都是应该承认的,不容怀疑的.但由此能不能够说:曲全公理可以包括一切推理形式?

曲全公理不外是说,特例可从通例推出.但“通例”又从何而得呢?如果说是由更一般的通例推出,那么“更一般的通例”又从何而得呢?这样追究下去,显然,作为“始祖”的那个“通例”必不能由曲全公理得到,而只能依靠别的推理得到.就上例而言,当我们先有式(2)(3)时,我们要问:为什么由“1大于0,2大于1”而得出“2大于0”?

如果说,它可根据曲全公理式(1)而得到,那么,我们又要问:为什么由“a 大于 b,b 大于 c”而得出“a 大

于 c”?

如果说,它可根据曲全公理由式(4) 而得到,那么我们仍要问:为什么当 R 为可传关系时,由“aRb,bRc”而得出“aRc”?

如果说,这是根据“定义”(可传性关系的定义),那便表明有些推理形式不是根据曲全公理而得到的(例如,这里是根据定义而得到的).

况且,根据曲全公理由式(4) 推出式(1) 时,除曲全公理外,还须知道

$$\text{大于关系是可传的关系,因而是 } R \text{ 的特例} \tag{5}$$

但是式(5) 的获得绝不是根据定义,而只是根据下列论证:“大于关系满足式(1),故根据可传性定义知道,大于关系是可传的关系”. 换句话说,人们绝对不是先知道式(5) 及式(4),再根据曲全公理由式(4) 而推出式(1),相反是由式(1) 及可传性定义而推出式(5). 如果人们赞成这个说法,那么,至少可做出三点结论:

其一,式(1) 的成立应该独立地得到,不应该说它可由式(4) 及曲全公理推出. 因为,要由式(4) 及曲全公理而推出式(1),必先知道式(5),而要知道式(5),非要先知道式(1) 不可(因为式(5) 不可能先于式(1) 而被知道).

其二,曲全公理尽管应用广泛,但绝不应该到处乱用. 由式(1) 而向前追溯到式(4),表面看来似乎得到更一般的通例了,但人们得式(1) 时绝不是由式(4) 而得式(1) 的,这种追溯并没有解决任何问题.

其三,我们还可以指出,由通例而特例,虽然大量应用,但它绝不是唯一的方式,也不是最重要的方式. 由特例出发,加以推广而得通例,这种办法就其使用的

大量性，以及在科学发展史上的重要性而言，绝不亚于“由通例而特例”这个方法.

因此，把曲全公理说成万能，说它能包括一切推理形式是非常错误的. 至于三段论，更不能包括数学中和日常思维活动中所使用的一切推理.

因此，传统逻辑限于三段论式，这是它的又一个缺点.

第三，传统逻辑还有一个缺点，那便是没有关于量词的研究. 所谓量词，是指“凡”“任何”“所有”（这些叫作全称量词）以及“有”“有些”（这些叫作存在量词）这一类词.

大家或许奇怪，这不正是传统逻辑所关心的课题吗？传统逻辑把一个判断（相当于今日所说的命题）按“质”分成肯定判断和否定判断，又按“量”分成全称判断和特称判断，含有“凡”“所有”等全称量词的便是全称判断，含有“有”“有些”等存在量词的便是特称判断. 传统逻辑这么注重量词，把它作为两大分类标准中的一大标准，为什么还说传统逻辑没有关于量词的研究呢？

的确，量词的作用是那么重要而显著，研究逻辑的人是不会不注意到它们的. 传统逻辑对判断按“量”做出分类，的确是想据此而研究量词的性质. 但可惜的是，由于传统逻辑限于主宾式语句，更由于传统逻辑没有“变元”的概念，以致量词的作用受到极大的限制. 受了这种限制以后，量词的力量大减，量词成了可有可无的. 在这种情况之下而研究量词的性质，可以说根本抓不住量词的实质，只能得出有关量词的一些次要性质罢了.

试举一例，近代数学中经常使用的一些含有量词的语句，例如有名的关于数列 $a(n)$ 的柯西判敛准则：

任给一个自然数 m，都有一个自然数 n，使得对任何自然数 p,q，都有 $|a(n+p)-a(n+q)|<\frac{1}{m}$[①].

这种语句能够用传统逻辑的全称判断、特称判断来写出吗？显然是很难的，甚至于是根本无法写出的；如果有谁硬要借助于一些人为的约定而用传统逻辑语句把它勉强地表述出来，也是绝对不易于理解的.

在这样的情况下，传统逻辑对量词的研究不是和尚未研究的几乎一样的吗？

举个例子说，“猛虎在深山，百兽震恐”，虎的特性、虎的威力要在深山之中才能充分显露，才能发挥得淋漓尽致.如果在动物园中研究“虎”，虎已被笼子困住，甚至于已经“驯化”了，这时研究所得的虎的特性、虎的威力能够是深刻的吗？这样研究不是很肤浅的吗？

因此，传统逻辑没有关于量词的研究，是它的又一个缺点.

在古代数学中，亦即在初等数学中，还很少使用含有量词的语句，但在近代数学中，亦即在高等数学中，到处充满含有量词的语句，到处充满有关量词的推导.事实上，大家知道，近代数学以极限论为基础，而极限的定义便是含有三个量词相重叠的（类似于上述的）语句，基本概念的定义如此，那就难怪到处充满量词语

① 我们这里征引柯西判敛准则，只是表明在近代数学中大量使用量词，而且是在 AEIO 形式之外大量使用的，但并不希望读者去研究它的内容含意，那是比较艰深的，没有学过高等数学的人，是难于理解其内容的.以后所举的类似例子也仿此.

句了.因此,近代数学出现以后,传统逻辑必须改造,便是昭然若揭的了.可以说,数理逻辑的出现,绝不是偶然的,而是由于传统逻辑的不足,为了适应数学发展的需要而必然产生的.

§2　数理逻辑的兴起

传统逻辑既然有各种缺点,自应进行改革,这便导致数理逻辑的兴起与发展.

现在大家都承认,数理逻辑的创始者是德国的数学家兼哲学家莱布尼茨(G. W. Leibniz).

莱氏在数学上(例如,发明微积分,等等)和哲学上的贡献是大家都知道的.此外,他在其他方面也有极大的兴趣,而且有巨大的贡献.在逻辑方面,他有一个巨大的计划,要建立一种理想的“通用语言”,利用它来进行推理.这个理想当时并没有实现,他只留下一些零星的话语.但就所留下的零星的话语来看,他在数理逻辑方面的贡献就很惊人.他的遗稿现在还未曾全部整理,将来全部整理后,还可能发现他的更多的贡献.

他曾经在给一位友人的信上写道:“要是我少受搅扰,或者要是我更年轻些,或有一些年轻人来帮助我,我将做出一种‘通用代数’(Spécieuse générale),在其中,一切推理的正确性将化归于计算.它同时又将是通用语言,但却和目前现有的一切语言完全不同;其中的字母和字将由推理(或理性 reason—— 中译者)来确定;除去事实的错误以外,所有的错误将只由于计算失误而来.要创作或发明这种语言或字母将是困难的,但要学习它,即使不用字典,也是很容易的."[1]

综合莱氏在各处的零零星星的话来看,他的计划大体如下:

创造两种工具,其一是通用语言(characteristica universalis),另一种是推理演算(calculus ratiocinator).前者的首要任务是消除现存语言的局限性(没有公共语言,任何语言都不是人人所能懂的)、不规则性(任何语言都有很多不合理的语言规则),使得新语言变成世界上人人公用的语言;此外,由于新语言使用简单明了的符号、合理的语言规则,它将极便于逻辑的分析和逻辑的综合.后一种,即推理演算,则用作推理的工具,它将处理通用语言,规定符号的演变规则、运算规则,从而使得逻辑的演算可以依照一条明确的道路进行下去.

这两种工具当时不但未曾造出,甚至于可以说还未动手,但两种工具的功能在今天的数理逻辑中已经部分地实现了.可以说,不管今天的数理逻辑家有没有看过莱氏的著作,知道不知道莱氏的计划,但所做的研究大体上都是沿着莱氏所期望的方向进行的.尽管莱氏对他的计划不但未曾完成,甚至于还未打下基础,但大家一致承认他是数理逻辑的首创者.

莱氏以后,在数理逻辑的研究上出现一段较不活跃的停顿时期.在这段时期内,逻辑学家们大体上集中精力于传统逻辑的修补工作,即在传统逻辑的基础上、在传统逻辑的框框内,对传统逻辑做些修改,以期改

---

① 这封信是大家常引用的,这里转引自 G. T. Kneebone, Mathematical Logic and the Foundations of Mathematics. pp. 151 ~ 152.

进.这里主要提出两人:哈密尔顿(W. Hamilton)和德摩根(A. de Morgan).

在传统逻辑中讨论"量"化和"质"化的时候,只对主语作"量"化,只对宾语作"质"化.即"量"方面的"凡""所有""有些"只用以修饰主语(不修饰宾语),如"凡s均为p""有s为p",等等,而质方面的"非"只用以修饰宾语(不修饰主语),如"凡s均非p"(等于"凡s均为非p"),"有s不是p"(等于"有s为非p").由于做了这些限制,在换质换位等问题上常常出现一些困难和麻烦.当时逻辑学家便针对这种情形而提出意见.

哈密尔顿主张对宾语也作量化,从而把以前的四种判断改而分成八种判断(每种判断都由于宾语量化而各分为二).他认为这样一来,可以使得以前在换质换位问题上所遇到的困难得到解决,因为这时换位方面只有简单换位一种,不再有限制换位了.三段论式可以不再分四格而可做共同的处理,论式由19种而增为36种,其规则亦可以大大简化.宾语量化以后,每一判断还可表示成方程,运算简便.

哈密尔顿的八个判断可列举如下(其中A1,A2指由A分出来的,余可仿此):

A1.一切s是一切p;

A2.一切s是有些p;

E1.一切s不是一切p;

E2.一切s不是有些p;

I1.有些s是一切p;

I2.有些s是有些p;

O1.有些s不是一切p;

O2.有些s不是有些p.

其详细理论这里不多说了.

德摩根则注意另一方面,他主张对主语也作“质”化,即否定词也可放在主语前面,从而将每个判断分为两个,也得八个判断如下:

A. 一切 s 是 p;

A′. 一切非 s 是 p;

E. 一切 s 不是 p;

E′. 一切非 s 不是 p;

I. 有些 s 是 p;

I′. 有些非 s 是 p;

O. 有些 s 不是 p;

O′. 有些非 s 不是 p.

他认为即使对主语作了质化得出八种判断,也还未能给出有关 s 和 p 之间的关系的全部信息,要得出 s 和 p 之间的关系的全部信息,须由这八个判断互相结合,做出一些复合判断才成. 从理论上说,在八个判断中任意取出若干个而做复合判断,所得的复合判断的个数共有 $2^8=256$ 个,但他认为本质上只能得出七个,其余的或不可能出现或本质相同.

很早以来,人们已经把主宾式语句解释为类(集合)之间的包含关系,亦即主语所表示的类和宾语所表示的类之间的包含关系. 如果我们照大数学家欧拉(L. Euler) 那样,用圆表示集合,两集合之间的包含关系用两圆之间的包含关系来表示,并采用韦恩(J. Venn) 的修正方式,那么传统的四判断可用下列四图(图 1) 表示(左圆表示 s,右圆表示 p,以后同):

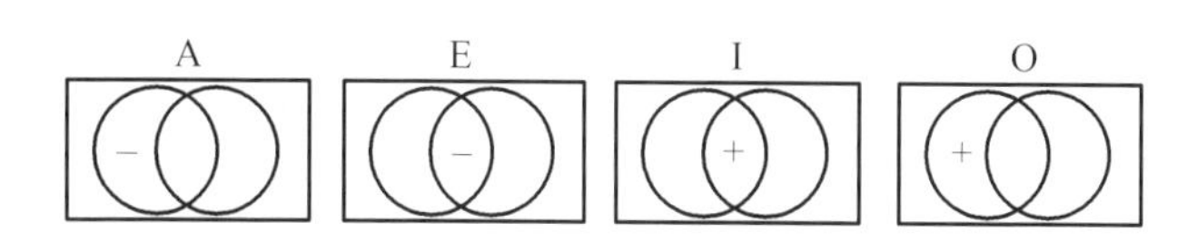

图 1

而德摩根所添补的四个判断则用下列四图(图 2)表示：

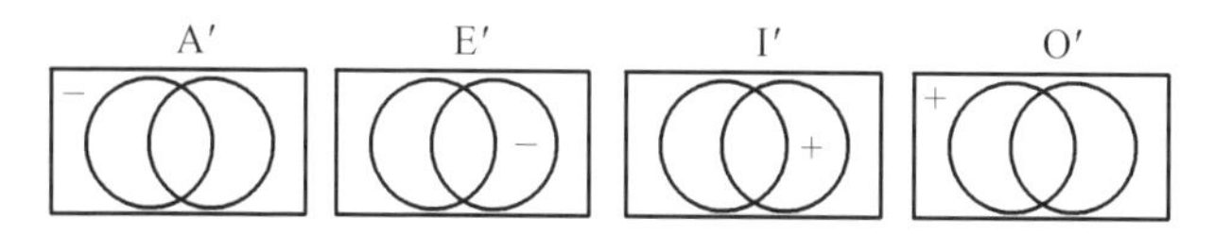

图 2

照此表示，两圆把全集分成四部分，每部分均可填以“＋”“－”或空白，所以看来似乎应该有 3·3·3·3＝81 个可能(上面所说的 256 个可能中，除这 81 个可能外，其余都是自相矛盾，根本不应选取的).如果容许空集和全集，那么这 81 个情况是的确可以发生的.但在传统逻辑中，一般是不讨论空集或全集的.因此 s 和 p 都不是空集，同时也非全集(故非 s 及非 p 亦非空集)，德摩根继承这种观点，故只有七种可能如下.

设在欧拉－韦恩图中，四部分分别命名为甲、乙、丙、丁如下(图 3)：

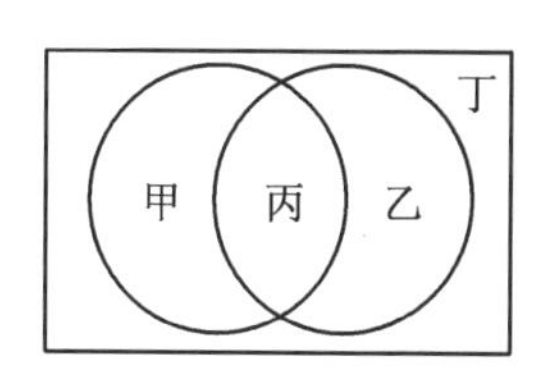

图 3

这时我们考虑各种可能情况：

(1) 甲乙为(−,−),这时丙丁必为(+,+);

(2) 甲乙为(−,+),这时丙丁必为(+,+);

(3) 甲乙为(+,−),这时丙丁必为(+,+).

(否则 s 与 p 必有一为空集或全集).

(4) 甲乙为(+,+),这时丙丁可为下列四种情形之一:(+,+)(+,−)(−,+)(−,−).

因此合计共七种情况,如德摩根所说.

德摩根对这七种情况给以专名,并详细地讨论它们的换质换位,以及由它们所组成的三段论式,其详细议论这里就不多说了.

读者不难看出,哈氏和德氏对传统逻辑的这种修改实质上只是在原有基础上的修修补补,只是改良,谈不上改革,更谈不上开创新路.但是,这些改良意见的出现,表明了即使留恋旧传统的人,也觉得旧局面不能再维持下去,必须改变,这是大改革快要爆发、新事物快要诞生时经常出现的现象.

果然,就在德摩根发表他的议论的同时,布尔(Boole)在1847年发表了一篇论文,叫作《逻辑的数学分析,论演绎推理地演算》,以后在1854年又出版一本书,叫作《思维法则的探讨,作为逻辑与概率的数学理论的基础》(简称《思维法则》).他正式提出改革传统逻辑的主张及具体方案,因此,今天大家都承认他是继承莱布尼茨之后的数理逻辑的第二个创始者,这是很有道理的.

在《思维法则》一书中,他正式宣称:“在本书中我们探讨实施推理时所根据的根本心理法则;把它们表述成演算的符号语言中的表达式,在这基础上建立逻辑科学及其方法.”

因此,布尔所从事的就是莱布尼茨想做而尚未做

出的事情，即仿照数学的方式来发展逻辑. 这和哈密尔顿和德摩根不同，他走的是一条革命的道路，而不是在传统逻辑范围内修修补补.

布尔的成果便是今天有名的布尔代数. 关于这种代数，布尔本人一共发展了两个，一个是集合代数(又名类代数)，另一个是命题代数(照布尔原来的讨论内容，更确切地说，应该是命题函数代数). 这两种代数都是今天数理逻辑的基本部分. 在今天，沿着同样方向还发展了一个开关代数，它在组合电路、电路网络(如电子计算机中的，各种控制装置中的，等等)有极大的应用. 当然还可以把这些代数统一起来而得出抽象布尔代数. 可以说，在今天，布尔代数是数理逻辑乃至数学中的一个重要的内容，在建立这个代数方面，布尔是做出了巨大的贡献的.

我们必须指出，在一些细节方面，布尔所使用的处理方式和今天所使用的颇有不同. 例如，对于"或"运算，他强调使用"不可兼的或"(今天则使用"可兼的或")；对于"并"运算，他强调只当两集合之间没有公共元素时，才能求其并集(今天则取消了这个限制). 照他的说法，就应该"p 或 p"指假，而集 A 与集 A 相并时得出空集，但他并不是这样做的，而是引进一种毫无内容意义的 $2p$(及 $2A$)，仿数学的方式进行运算，最后才消除这些毫无内容意义的符号，而得出结果. 这种处理方式，在今天看来，是很成问题的，不能容许的. 但是，尽管有这样那样的毛病，他却的确建立了集合代数和命题代数，并用它们来代替传统逻辑. 他明确地宣称：凡传统逻辑所能处理的问题，用他所发展的代数都能处理；他借用例子表明，的确又有一些问题，用传统逻辑极难处理的，用他发展的代数却很容易地处理了.

因此，布尔的确建立了一种新逻辑，与传统逻辑迥然不同.

要表明传统逻辑能处理的都能用布尔代数处理，须学习布尔代数，这已有好多书介绍，而且不用大量例子很难表明，这里暂且不谈. 至于布尔代数能解决的问题而用传统逻辑极难处理的，布尔本人当时便举出好多例子（将近二十个），现在我们征引其中一个如下：

设有四种性质 a,b,c,d，经实验知道，其间的关系有下列的情况：

(1) 如果 a,b 同时出现，则 c,d 必有一且只有一个出现；

(2) 如果 b,c 同时出现，则 a,d 或同时出现或同时不出现；

(3) 如果 a,b 均不出现，则 c,d 也均不出现；

(4) 如果 c,d 均不出现，则 a,b 也均不出现.

问如何由 b,c 而决定 a.

读者容易觉得，对这个问题，传统的三段论是束手无策的.

但是，如果使用布尔代数，可以很快地求得答案.[①]

---

① 解法过程主要是：把这四个条件写成布尔式 $A=t$ 的形状. 在 A 中将 d 代以 f 得 A_1，又将 d 代以 t 得 A_2，于是上式可写为过 $A_1 \vee A_2 = t$（这叫作把 d 消去），记为 $B=t$. 在 B 中将 a 代以 f 得 B_1，又将 a 代以 t 得 B_2，于是上式又可写为 $(B_1 \vee a) \wedge (B_2 \vee a) = t$（这叫作解出 a）. 由这便得：如果 B_1 不出现则 a 出现，如果 a 出现则 B_2 出现. 经计算 B_1 为 $b \vee \bar{c}$（B_1 不出现相当于 $\bar{b} \wedge \bar{c}$ 出现），B_2 为 $b \vee \bar{c}$. 故得所写的答案.（本注中 f 表示假，t 表示真，$\vee$ 表示“或者”，$\wedge$ 表示“并且”，此处与前面略有不同，横线表示“非”.）

答案是：当 b 不出现而 c 出现时，a 必出现；反之，当 a 出现时，b，c 必有一不出现.

顺便说一句，德摩根与布尔同时期，两人都是数学家，在数学方面两人都有很高的造诣，德摩根还发表了好多极有见地的观点. 例如：

(1) 他主张，在一个判断中，除可用"是"字表示同异关系及包含关系外，还可用任意的"关系词"来表达. 换句话说，德摩根明确主张判断不应限于主宾式语句，而应扩充为一般的关系语句. 从而明确主张发展关系逻辑，他自己在这方面的发展很多，做出了巨大的贡献.

(2) 他明确指出，要推导三段论式，必须利用"是"字的对称性和可传性，并且指出，这两种性质是不能由传统逻辑的思维三律(即同一律、矛盾律和排中律)推出的.

这一切以及德摩根对关系逻辑的巨大成就，使得有很多人把他和布尔并列，作为逻辑代数的创始人之一，尽管从细节看，他的成就不亚于布尔，在某些方面可能还超过布尔，但从整个体系说，布尔打破了传统逻辑的体系，德摩根到底是在传统逻辑体系的范围内稍做改良. 因此，作者赞同大多数人的意见，认为在数理逻辑方面，尤其是替数理逻辑开新路、创新体系方面，布尔的贡献较大.

和布尔同时而略后一些，麦柯尔(H. McColl)发表了好几篇论文. 从这些论文中我们看出麦柯尔对数理逻辑做了下列的贡献.

第一，用字母及字母的组合表示整个命题. 这个特点是亚里士多德逻辑所欠缺的，在古希腊后期的斯多葛学派(Stoics)一度使用,但很快便失传了.中世纪的传统逻辑根本未曾想到把整个命题看作一个基本单位,用一个字母去表示它.甚至于德摩根,尽管主张判断不应限于主宾式语句,也仍然把命题表成概念与关系.因此,麦柯尔用字母表示整个命题的做法,仍不失为一个贡献.

第二,他除沿用流行的符号把“A 或 B”“A 且 B”“非 A”表为 AB,$A+B$,A' 以外,还引入了“A 蕴涵 B”的概念,表为“$A:B$”,并做出定义:“$A:B$ 指 $A=AB$”.在今天看来,这个定义明显地和实质蕴涵($A \supseteq B$,指 $A'+B$)不同,它更符合于直觉上所理解的蕴涵关系,对它几乎没有所谓“蕴涵怪论”的麻烦.

麦柯尔的研究是很优越的,很值得注意.可惜后来的发展没有直接沿着他的方向走下去.

以后最重要的贡献是量词与约束变元的引入和使用.这是首先由弗雷格(G.Frege)于1879年在他的《表意符号》一书中引进的.在这本书中他完备地发展了命题演算,又几乎很完备地发展了谓词演算.可以说,数理逻辑的整个基础到弗雷格手里已经接近于完成,只需在谓词演算中添入一条规则,那就基本上和今天所使用的谓词演算毫无差异了.

可惜的是,弗雷格的符号和历来相传的、当时使用的、迄今使用的都完全不同,以致他的书当时根本没有受到人们的注意,他的学说一直没有人理睬.直到罗素完成了自己的研究以后,才看见(或看懂)他的书,发觉双方的论证和结论竟是不谋而合,才介绍并宣扬弗雷格的书,后者从此才受到人们的注意.因此,尽管弗雷格最早提出并接近完成谓词演算(以及别的一些理

论),但在历史上并未发挥它应有的作用,直到罗素重新宣扬他以后,情况才有所变化.

略后一些,皮尔斯(C. S. Peirce) 于 1885 年独立地引进了量词这个名称,以及 Σ_x(存在量词) 和 Π_x(全称量词) 这两个符号. 这个名称及符号一直沿用到今天. 但是无论在命题演算或谓词演算方面,皮尔斯都未能发展完全,其成就和弗雷格相比,逊色得多. 但他的工作由施罗德(E. Schröder) 继承并发展,最后集中在《逻辑代数讲义》一书中,因此皮尔斯的工作为较多的人知道,影响也较大. 不过即使在《逻辑代数讲义》一书中,其谓词演算部分仍没有弗雷格的那样完备.

由于引入量词,人们更看出只有当与量词配合时才需使用命题函数,在这之前应该研究已经确定了真假的命题,发展命题代数或命题演算. 皮尔斯和弗雷格都明确地指明命题只有真假二值,命题的研究实质上是真假值的研究,故又名二值代数或二值逻辑. 因此无论命题演算或谓词演算,弗雷格和皮尔斯两人都是独立完成的.

量词的引入和研究,是数理逻辑发展史上一个重大事件,其重要性远远超过布尔代数的创立. 可以说,量词论发展以后,才可以说数理逻辑接近于成熟. 因此有人把弗雷格看作是数理逻辑的第三个创立者,这是有一定的道理的,虽然弗雷格的成就当时没有人注意到,但如果想代以皮尔斯,那毕竟是不够妥当的.

他们以后,皮亚诺于 1894 年出版《数学公式》一书,在那里他正式利用前人在命题演算与谓词演算的成果,用以表述数学,推导数学. 今天所沿用的记号大体上是由皮亚诺订立的. 此外,他又区分集合论中的

“属于”关系(用“ε”表示)和包含关系(用“⊆”表示).他的关于自然数论的五个公理一直沿用到现在,成为自然数论的出发点.

罗素继承皮亚诺的研究,而且在每个方面都推进到了完善的地步.皮亚诺利用前人关于命题演算和谓词演算的成果,而罗素则把这两部分搞完备了.皮亚诺对自然数给出五个公理,罗素则从集合论(当时认为是数理逻辑的一部分)而对自然数做出定义,证明(而不是假设)自然数满足皮亚诺的五个公理(这时,他和弗雷格达到同样的结论了).最后,罗素把他的成果汇集成为一本巨著,即他和怀特海(A. N. Whitehead)合著的《数学原理》一书.从任何方面看,这本书都可以说是直到当时为止数理逻辑的成果的总结.

皮亚诺可以说是数理逻辑的完成者(严格地说,是数理逻辑的基础部分,即逻辑演算论的完成者),但他没有好好总结,严格说来,应该说完成者是罗素.自此以后,数理逻辑已经有巩固的基础,可以自由自在地向各个方向发展了.可以说,此后便是数理逻辑的蓬勃发展时期,在其间,百花齐放,万紫千红,竞相争艳,人才辈出,硕果累累.因此已不能再用“数理逻辑”的总标题,而必须分门别类地做介绍了.

§3　非欧几何带来的问题

以上我们只是从传统形式逻辑的角度来考察数理逻辑的演进.但是数理逻辑的发展,除却传统逻辑这个源流外,还另有源流,那便是数学基础论.数学基础论

对数理逻辑的影响,绝不亚于传统逻辑的影响.

从历史上说,数学曾发生三次大危机,它使数学基础问题发生三次大争论.第一次是古希腊时代无理数的发现,使古代人以为“只有可通约量”的信念受到致命的打击.为了解释无理数的存在,为了处理无理数,古希腊人发展了比例论,从而建立几何公理系统(我们很有理由说,欧几里得《几何原本》的公理系统,是这次无理数争论的产物).第二次是 17 至 18 世纪关于微积分基础的争论,具体地说,即关于无穷小的争论,它一直延续到 19 世纪,结果得出了极限论以及无理数的算术理论.这次争论很难说已得到解决,因为争论未完,马上引起第三次争论,即集合论悖论的出现,从而导致数理逻辑的蓬勃发展.现在我们便介绍这三次争论.但关于第一次,我们只介绍其后果——导致非欧几何兴起.

古希腊时代的数学,可以说以欧几里得的《几何原本》为代表,它是希腊数学的最高成就.它用公理法,给出几条“自明的”公理公设后,便纯粹由公理公设而推出一切定理来(这便是所谓公理方法).

在《几何原本》所给的公理公设中,第五公设是关于平行线的,通常叫作平行公理.和别的公理公设相比较,这条公设显得特别长,特别繁复和啰唆.它不像是公理公设,倒像是一条定理.欧几里得自己似乎也是这样看的,因为他迟迟不愿使用这条公设,直到最后,没办法再拖了,他才使用这条公设.因此,不久大家便行动起来,纷纷对这条公设给以“证明”,希望“证明”它是能够由别的公理公设推出的一条定理.

但是这些企图都失败了.现在人们都承认这条第

五公设是独立的，即不能从别的公理公设推出的. 但是获得这个结论，是经过了长期的努力的. 从历史上看，它经过下列四个阶段：

第一阶段，人们热烈地试图从别的公理公设而推导第五公设，做出了各种各样的“证明”. 但是，在详细检查之下，这些“证明”都不是真正的证明，在其中都或明或暗地利用了一些未经明确提出的假设，因此充其量不过是用这些新假设来代替第五公设罢了，并没有能够从别的公理公设而推出第五公设.

第二阶段，既然直接证明不成，人们便试图用反证法，即别的公理公设保持不变，但假设第五公设不成立，即设第五公设为假，试图从而导出矛盾. 好些大数学家都这样做了，当略微推导几步，得出一些“奇怪的”，与日常所见的颇有不同的结论时，便急急忙忙地宣称得出矛盾，宣称已用反证法推出了第五公设. 但是“奇怪”并不等于矛盾，因得出“不常见”的结果而宣称“矛盾”，这是不妥当的. 但是从事反证法的人，已经开始推导出一些非欧几何的定理了，从历史上说，他们还是有一定贡献的.

第三阶段，人们仍用反证法，但不忙于过早地下“得出矛盾”的结论了，而是一股劲地推导下去，看看到底得出怎样的结果. 在这阶段，人们已经逐渐地相信，从第五公设的否定而推下去，不是那么容易便能得出矛盾的，而需做大量的推导工作. 到了这个阶段的末了，逐渐有人宣称可能不会导致矛盾，亦即宣称非欧几何是可能的.

第四阶段，非欧几何正式成立的阶段. 这时几乎同时地、彼此独立无关地有几个数学家宣称：否定第五公

设并没有导致矛盾，而是得出一种新几何，即非欧几何. 最有名的是德国的高斯(C. F. Gauss)，匈牙利的波里埃 (J. Bolyai) 和俄国的罗巴切夫斯基 (N. I. Lobachevsky). 罗氏于 1826 年 2 月在俄国嘉桑大学宣读了《关于几何原理的议论》，于 1829 年又发表了论文《关于几何原本》. 波氏则于 1832 年在他父亲的著作后面附了一份附录，发表了他的关于新几何的见解. 而高斯则甚至更早，他在 1817 年给友人信中说："我日益深信我们几何中所需证明的部分是不能证明的；至少，对于人类智力来说，是人类智力所不能证明的." 在 1819 年的一封信上，他说："我已经发展星形几何到这种程度，只要知道常数 C 的值，就完全可以解决所有课题." 在 1824 年的一封信上，他又说："三角形的三个内角之和小于 $180°$，这个假定将导引到一种特殊的、与我们的几何完全相异的几何. 这种几何是完全一贯的，并且我发展其本身，结果完全令人满意. 除却某一常数不能先天地予以表示及定义而外，在这几何里我能解决任何课题. 我们给予这常数值愈大，则愈接近于欧氏几何，当它为无穷大时会使双方系统合而为一." 从这些话看来，高斯已经建立了新的、非欧氏的几何，这是没有问题的.

他们三人是彼此独立无关地发展非欧几何的，从时间上说，高斯最早，但他的见解根本没有发表，直到他死后，罗、波两氏的文章和书籍已经发表而且非欧几何的成立已得到确认时，人们才将他的通信公布于世，因此虽然他最早获得成果，但却最迟发表. 发表最早的是罗氏，因此这种几何现在便通称为罗氏几何.

的确，在上述三人当中，罗氏对非欧几何的贡献最大,不但他的成果发表最早,而且他还在下列两方面为其余两人所不及.

第一,他为非欧几何的被承认而奋斗终生.高斯由于害怕引起世人的反对而根本不考虑发表他的见解,他在一封信上说:"在我一生里可能不解决这件事(按这是指发表他有关新几何的研究成果),因为当我发表自己的全部意见时,我害怕会引起世俗愚人的喊声."甚至当他看见波里埃的附录,即看见别人发表了新几何的研究时,他也只在信中给予很高评价但从来没有公开称赞过.波里埃呢,发表了他的论文后,看见高斯说和高斯以往的成果相同,又由于世人不理解他,于是陷入于孤独沉闷,抛弃了一切数学研究,而在孤单无援中度过了自己的余生.他们两人虽然都发现了、发展了非欧几何,但并没有为非欧几何的传播以及被承认而艰苦奋斗.罗氏则不同,尽管当时俄国最有名的数学家不理解他,甚至于还组织(据推测是这样)文章嘲笑他,说他的几何是"笑话",是"对有学问的数学家的讽刺",等等,但他毅然决然地坚持自己的意见,为非欧几何的被承认而战斗、而前进,在 1835 年、1836 年、1838 年诸年出版了好几本关于新几何的著作.直到 1855 年,即他逝世的前一年,当时他的双目差不多完全失明了,还写了《泛几何》的著作,重新详细叙述了他的新几何系统,我们可以说,在为新几何的被承认方面,罗氏的贡献是巨大的.

其次,高斯和波氏都只是"相信"否认第五公设不会导致矛盾,但这种"相信"有什么根据呢?当然,人们已经推了好多年(至少有数十年)还未发现矛盾,也推得很远(已经推导了好几百条定理),但是再推下去,

推得更远些，会不会出现矛盾呢？谁也不敢担保．换句话说，从“直到今天还未发现矛盾”这一个事实，绝不能够保证“今后也决不会发现矛盾”．所以，严格说来，必须证明了“否认第五公设绝不会导致矛盾”（而不仅仅是“迄今未发现矛盾”），才能够说新几何成立了，才能说第五公设独立于别的公理公设．对于这一点，高斯未做证明，波氏只是企图去做证明，而罗氏则做了不少努力，他的证明用今天的标准看来，是不够严格的、不够全面的，但基本上是正确的，如果按照今天的标准略加修正和扩充，可以说是很正确的．因此，就罗氏努力证明他的新几何的不矛盾性这一点来说，罗氏对非欧几何的贡献也是超过高斯和波里埃的．

最后这点是非常重要的，因为只有证明了非欧几何是不矛盾的，我们才可以说第五公设的独立性问题得到解决，如果没有这个证明，不论你推得多么远而又不发现矛盾，仍然是不能下结论的．因此，不矛盾性证明（又叫作相容性证明）便占一个非常重要的、关键性的地位了．

怎样证明非欧几何是不矛盾的呢？当时以及今天，都使用解释的方法，也叫作翻译的方法．这方法的实质是：我们订出一套解释规则（或翻译规则），规定了在新几何中的点、直线、平面该对应于欧氏几何中的什么概念，新几何中的相遇、介于、合同等关系该对应于欧氏几何中什么关系，使得新几何的公理经过解释或翻译后，能够变成欧氏几何中的定理．这样一来，新几何中的一切定理经过翻译后也就自动地变成欧氏几何中的定理了．如果新几何出现矛盾，这两条互相矛盾的定理经翻译后也就变成两条互相矛盾的欧氏几何定理,从而欧氏几何也就矛盾了.我们既然承认欧氏几何没有矛盾,所以新几何亦没有矛盾.这样,新几何的存在,便再也没有人否认了.罗氏当时便主要地使用这种方法而证明新几何是没有矛盾的.

显而易见,用解释方法并不能证明非欧几何的(绝对)相容性(即不矛盾性),而只能证明其相对相容性——相对于欧氏几何的相容性,即只能证明:如果欧氏几何没有矛盾,那么新的非欧几何亦没有矛盾.对于接受古来相传的"欧氏几何没有矛盾"的观点的人来说,能够证明相对相容性这点也就足够了.的确,有了这个相对相容性的证明,人们对非欧几何已经没有任何疑问了.

但是,人们马上便会发问:欧氏几何的相容性又怎样证明呢?人们既然要追问非欧几何相容性的证明,同样地,不是也应该追问欧氏几何相容性的证明吗?如果说,欧氏几何很符合直观,直观看来很明显,这是人人都承认的,但这不能代替"相容性证明"呀!在几何学中,有很多非常明显、直观看来毫无疑问的定理,仍然需要给以证明.换而言之,"直观明显性"不能替代逻辑的证明.那么,这里人们也理所当然地要求给出"欧氏几何相容性"的证明了.

于是人们求助于解析几何.借助于解析几何,一切几何命题都可以表示为代数(实数论上的)命题,其解释规则(或翻译规则)现在已为每个中学毕业生所知道.如果欧氏几何出现矛盾,那么表述为代数命题以后,也将得出两条互相矛盾的(实数的)代数定理,换而言之,(实数的)代数也就出现矛盾.既然人们承认(实数的)代数没有矛盾,那么,欧氏几何也就没有矛

盾了.这样,人们再一次使用解释方法,再一次得出一个相对相容性的证明.这是欧氏几何相对于(实数)代数的相容性.

但是,问题并没有解决.人们要问,实数代数(以下叫作实数论)的相容性又如何证明呢?既然对几何要求其相容性的证明,对实数论不也同样地应该要求其相容性的证明吗?

对此,人们又再一次使用解释方法.戴德金把实数定义为有理数的分划,实质上是有理数的(无穷)集合,更进一步可以说是自然数的(无穷)集合,康托(G. Cantor)则把实数定义为正规有理数数列,实质上仍可以化归于自然数的(无穷)集合.实数论上的命题既可表示成自然数的集合的命题,如果实数论出现矛盾,势必在自然数论和集合论上出现矛盾.这样一来,实数论的相对相容性——相对于自然数论和集合论的相容性,便得到证明了.

以后,弗雷格和戴德金等又利用集合的概念而定义自然数,这样,自然数论的相对相容性——相对于集合论的相容性便得到了证明.

但是,问题始终没有解决.人们仍然要问:集合论的相容性又怎样证明呢?其实我们并不是单纯注目于集合论的相容性,而是我们注意到,老是用解释方法而证明相对相容性,是不能够根本解决问题的.这只是把某理论相容性的问题,还原到另一理论的相容性问题罢了,但另一理论的相容性问题仍待解决.我们应该证明绝对相容性,即直接证明该理论本身的相容性,无须还原到别的理论的相容性上去.这种想法有没有实现的希望呢?

在讨论这个问题之前,我们还追述另一条道路,即微积分的基础问题.这个问题也争论了一百多年,数学家和哲学家、神学家都参加讨论,对数学基础问题的影响也是非常大的.沿这条道路发展的结果,也牵涉到实数论和集合论的相容性问题,因此也应加以回顾,然后再讨论如何证明集合论的相容性的问题.

§4　微积分基础的争论

在古代数学以及近代的初等数学中,人们只能讨论等速运动、均匀密度的物体,等等,在这些情况下,速度等于距离除以时间,密度等于质量除以体积,等等.但在客观世界里,却大量出现非等速运动、不均匀密度的物体,在这些情况之下,我们将怎样讨论呢?速度、密度该怎样定义、该怎样计算呢?

当然,这时速度不是常数,而是随时变化的.但怎样确定、计算在各点的速度呢?怎样求出速度的变化规律呢?在古代(以及近代的初等数学)是没法解答这个问题的.这时,人们只会求平均速度,求平均密度.在一段时间内所走的总距离除以该段时间,所得的便是这段时间内的平均速度.虽然有了平均速度,但要问在各点处速度的大小以及其前后速度变化规律,却一概不知.平均速度虽然有其重要性,也有很大用处,但如果只知道平均速度而不知道在各点处的速度大小以及速度变化的规律,可以说对运动的情况根本无知,至多也只能说:对运动的情况只知道皮毛,不知道本质!

近代数学的兴起,便在于能够对不等速运动的情

况求出各点处的速度大小，以及前后速度变化的规律．人们是怎样确定和计算的呢？

试以自由落体运动为例，一物体从静止而下落 t 秒后，下落的距离可用 $s=\frac{1}{2}gt^2$ 来表示，这里 g 是重力加速度，是一个常数．为简便起见，我们讨论 $s=t^2$ 的情况．

物体下落时，速度越来越快，这是大家都知道的，问题是：落体到达某点时，速度的大小该怎样计算？

当 $t=t_0$ 时，物体下降距离为 $s_0=t_0^2$．

当 $t=t_0+h$ 时，物体下降距离为 $s_0+l=(t_0+h)^2$．

因此在其后的 h s 内，物体下降距离为

$$l=(t_0+h)^2-t_0^2$$

故在其后的 h s 内平均速度为

$$\frac{l}{h}=\frac{(t_0+h)^2-t_0^2}{h}$$

详细计算可得

$$\frac{l}{h}=\frac{(t_0^2+2t_0h+h^2)-t_0^2}{h}=\frac{2t_0h+h^2}{h}=2t_0+h$$

容易看见，h 越小即时间间隙越小，则间隙内的速度越彼此接近，真正速度越和平均速度相近．因此，把 h 取得越小，平均速度越可以看作真正速度．但这里有一个大问题，不管 h 取得多么小，只要 $h\neq 0$，那么间隙内便有不同的速度，其平均速度便不会等于真正的速度（只能是真正速度的近似值）；反之，如果取 $h=0$，则只能考虑一点，看不出距离的改变，从而看不出速度，在算式上，则当 $h=0$ 时，$\frac{2t_0h+h^2}{h}$ 变成了 $\frac{0}{0}$，这是没有数学意义的式子，当然也无法求得真正速度．

微积分的发明者牛顿(I. Newton)和莱布尼茨等，为了摆脱这个困境，分别提出好几种说法，例如：

(1) 说取 h 为无穷小，无穷小不是零，因此可以进行除法由 $\frac{2t_0h+h^2}{h}$ 而简化得 $2t_0+h$，但和有限量比较起来，无穷小又可以忽略，因此 $2t_0+h$ 可以写成 $2t_0$，而这便是当 $t=t_0$ 时物体的真正速度；

(2) 说 $\frac{2t_0h+h^2}{h}$ 的“最后比”为 $2t_0$，而这便是 $t=t_0$ 时物体的真正速度；

(3) 说 $\frac{2t_0h+h^2}{h}$ 的“极限”为 $2t_0$；

(4) 说当 h 渐变渐小，既不在 h 变成 0 之前，又不在其后，而在 h“刚刚达到 0”时，该分式的值为 $2t_0$.

如此等等. 凡此都是想解决下列的矛盾而来的：

(1) 要使 $\frac{2t_0h+h^2}{h}$ 有意义，h 必须不为 0；

(2) 要使真正速度为 $2t_0$(而不是“近似地为 $2t_0$”)，h 又必须等于 0(而不仅仅是 h 近似地为 0).

这是两个互相矛盾的任务，要由同一数量 h 同时负担起来，这可使得当时的数学家为难极了. 同时也使得反对微积分的哲学家、神学家高兴得跳了起来. 大主教贝克莱(G. Berkeley) 便对微积分痛加攻击. 他指出所谓无穷小同时既等于 0 又不等于 0，这是矛盾，是荒谬，因而做出结论说微积分没有任何合理的内容.

就我们今天的观点看来，当时的说法的确有些牵强，有毛病，必须改正. 贝克莱指出这些说法的错误、不足，并加以攻击，促使当时及后来的数学家不得不认真思考，设法改进. 从这个意义上说，贝克莱对数学的发

展也不无功劳.但他因为微积分出现一些毛病,便对微积分大肆攻击,宣判微积分的死刑,在这一点上,贝克莱便大错特错了.从历史上看,每当一个科学出现了破绽,看起来不是十全十美的时候,正是这门科学快要飞跃发展的时候.后来微积分飞快发展,无论在理论上或应用上,都有巨大的成就和贡献,再次证明了上述说法的正确性.

总之,历史的进程是:尽管贝克莱大主教宣判微积分的死刑,但微积分不但在生产上有巨大的应用,而且理论上的毛病也得到了改正.改正后的微积分,不再使用无穷小无穷大等概念,而把整个理论建立在极限论之上.这便是今天微积分的说法,详细情况这里从略.

但是在极限论的说法中,却有一条性质,即“有界单调的数列必有极限”,是一切其他性质的基础,别的性质都可由它推出.但这条性质又从何推出呢?长期以来,人们以为可以由几何性质推出.但几何公理中,根本未讨论到连续的性质,更未讨论到极限,如今把极限的性质化归于几何,尽管直观上看来十分明显,但仍和别的定理同样,须做逻辑推导,须从公理推出它才成.如做这样的要求,那么极限的上述性质便须设法加以证明了.

戴德金和康托两人,都重新给“实数”下定义,根据所做的定义,纯逻辑地、不依靠任何几何直觉而把极限的上述性质推了出来.既推出上述基本性质,于是整个极限论从而整个微积分学也就推出来了.这样一来,整个微积分学便牢固地建于实数论之上,前面提到的理论上的毛病和缺点,全都克服了.只要实数论没有矛盾,微积分学也没有矛盾.

因此，不但从几何方面（由于非欧几何相容性的证明）要求证明实数论没有矛盾，而且从微积分学方面也要求证明实数论没有矛盾. 可以说，实数论的相容性，是数学基础论的中心课题，是整个数学的相容性的支柱，非建立起来不可.

上面提到，由于戴德金、康托的定义，实数论的相容性已还原到自然数论和集合论的相容性，由于戴德金和弗雷格等人的研究，自然数论的相容性又还原到集合论的相容性. 因此集合论的相容性又占着中心的、关键性的位置，是整个数学相容性的支柱，到了非建立起来不可的时候了！

§5　集合论悖论

集合论既占这么重要的位置，人们自然全都注目于它. 正当大家努力，企图证明集合论的相容性的时候，却突然传来了一个惊人消息：集合论是自相矛盾的，没有相容性的！这却如浇了一盆冷水，把人们一切热烈希望完全浇冷了！

把这次惊人消息出现前后的情况略为介绍，是很有趣而且很有益的.

在 1894 年本来已出现了 Borali-Forti 最大序数的悖论，在 1895 年已出现了 Cantor 最大基数的悖论，但因为这两者牵涉的概念较多，人们还相信是由于在其中某些环节处不小心地引入一些错误所致，所以大家都没有注意. 当 1900 年在巴黎召开的数学大会上，当时的大数学家庞加莱（H. Poincaré）曾经宣称："现在

我们可以说,完全的严格性已经达到了.”但是他说这句话还不到三年,罗素在 1902 年便发现一个集合论上的悖论,这个悖论清楚明晰,以致没有任何辩驳的余地.而且它牵涉的概念又极少,可以说只牵涉到集合论里的基本概念,这也排除了“诿过于人”(归咎于引入的新概念,或归咎于推理的中间步骤,等等)的可能性.集合论本身含有矛盾的事实已经大白于世!无法再掩饰也无法再隐瞒了.

这个消息一出,使得好些数学家大惊失色,惊愕得说不出话.我们举弗雷格为例,他在《论数学基础》卷二的书后写道:“对一个科学家来说,没有一件事是比下列事实更为扫兴的了,即当他的工作刚刚完成的时候,突然它的一块奠基石崩塌下来了.当本书的印刷快要完成时,罗素先生给我的一封信也使我陷于同样的境地.”当然,和他陷于同样境地的数学家肯定是不少的,不过他们大多数都没有写下文字罢了.

顺便指出,无独有偶,物理学恰恰也出现同样的情况.也是在 1900 年召开的物理学大会上,有一位大物理学家凯尔文(Kelvin)宣称,物理学中的牛顿力学和麦克斯威尔(J. C. Maxwell)的电磁方程已经把物理学中一切问题都解决了,此后物理学家的任务只是把测量搞得更精密些,把理论应用到更枝节更细微的小事情上,所谓此后只是小数点后面几位数字的计算罢了.他的口气和庞加莱的说法如出一辙;不过他不得不补充一句:“可惜还有两片乌云未能扫除干净.”他所说的两片乌云:一是迈克尔逊(A. A. Michelson)与莫雷(E. W. Morley)关于光的速度的实验,与古典说法相冲突;另一是黑体辐射现象,也是古典理论说不清楚的. 人们希望由于物理的发展，将能把这两片乌云逐渐缩小而最后加以扫除. 殊不知这两片乌云越来越大，弄得昏天黑地，最后下了倾盆大雨，把整个大地冲洗得淋漓尽致！等到雨过天晴，人们一看，大地已经完全变了样子：牛顿力学被相对论所代替，麦克斯威尔的电磁方程被量子论、量子力学所代替. 真是江山依旧，人物全非，不胜今昔之感了！

在数学基础（尤其是数理逻辑）上也是这样. 当庞加莱宣告完全的严格性已经达到时，事实上至少已有一片乌云 —— 即集合论悖论出现了. 这片乌云很快地便变成倾盆大雨，把数理逻辑的旧说法痛痛快快地洗涤了一番. 等到雨过天晴，数理逻辑的面目已经大变，非复当年的面貌了.

什么是集合论悖论呢？我们先举出上面提到的三个.

在集合论中我们证明了，一个集合的子集（也叫作部分集）的个数比该集合的元素个数要多. 这件事实可以简称为：一集的子集的集比原集要大. 现在考虑由一切集合所组成的集合，记为 V. 由 V 的一切子集可以组成一个集合，记为 W. 依上面所述，W 的元素个数比 V 的元素个数更多. 但 W 的元素都是集合，从而也都是 V 的元素，这样一来，W 的元素不可能多过 V 的元素，这便出现了矛盾 —— 通常叫作最大基数的矛盾.

在集合论中证明了，每个良序集都确定一个序数，又证明了任何序数以前的全体序数均组成一个良序集从而均确定一个序数，这个序数比原来集中的每一个序数都大. 现在，试取全体序数来考虑，它们组成一个良序集，所确定的序数暂记为 ω，依上述，ω 应该大于集

中每一个元素(序数),但该集乃由一切序数组成,ω 应该亦在其中.这样我们应得:ω 大于 ω,而这是不可能的 —— 通常叫作最大序数的悖论.

以上两个悖论牵涉的概念较多,子集的集,基数,良序集,序数,大小关系,等等,因此人们还可能希望从其中找出一些补救办法.下面的例子就不同了.

我们试把一切集合分成两类.自己为自己的元素者作为甲类,自己不是自己的元素的作为乙类.我们试用符号表之,设 $x\varepsilon y$ 表示 x 为 y 的元素,那么凡甲的元素都是自己为自己的元素的,即“$x\varepsilon$ 甲”和“$x\varepsilon x$”相同(1);反之,凡乙的元素都不是自己的元素,即“$x\varepsilon$ 乙”和“$\overline{x\varepsilon x}$”相同(2).现在我们要问,集合乙究竟是甲类还是乙类?如果它为甲类,则根据(1)由“乙 ε 甲”可得“乙 ε 乙”,即乙应属于乙类,不可能;如果它为乙类,则根据(2),由“乙 ε 乙”可得“$\overline{乙\ \varepsilon\ 乙}$”,这也不可能.所以无论集合乙属于甲类或属于乙类,都会导致矛盾.这便是有名的罗素悖论,它牵涉面极少而又导出了矛盾,所以给数学界带来了极大的震动.

这类的悖论并不新鲜,远古流传下来的这类悖论并不少,可举几个如下:

古希腊时代一个克利特岛上的人说:“克利特岛上的人是说谎者.”如果这句话真,则他自己(是克利特岛人)便说谎,从而这句话假.如果这句话假,则克利特岛人不说谎,而这句话可为真.人们认为,如果那个克利特岛人的话进一步改为:“我这句话是假的”,那么悖论便更明显了.

据说中古时代某村只有一个理发匠,他自己约定:只替不给自己理发的人理发.我们问:他到底替不替自己理发？如果他替自己理发，则依上述约定，他不该替这种人（即他自己）理发. 反之，如果他不替自己理发，仍依上述约定，他须替这种人（即自己）理发. 无论哪一种，都出现矛盾.

试考虑下列定义：

定义　用少于一百个汉字所不能定义的自然数中的最小者.

我们知道，汉字是有限的，任意取一百个汉字其组合亦是有限的，其中有很多是无意义的语句，不能用以定义一个自然数. 对于能作定义的语句，每句只能定义一个自然数，故用少于一百个汉字所能定义的自然数，其个数只能是有限的. 但自然数有无穷多个，故必有很多自然数是不能定义的，在这些不能定义的自然数中当然又有最小的一个. 但这个自然数却能够定义，而且用少于一百个汉字而定义 —— 因为，用上面那一行字（共 22 个汉字）定义便成了. 这又出现矛盾.

像这类的悖论，我们还可以举出很多很多. 为什么以前人们不因这些悖论而震惊，现在却大受震动呢？因为，以前的悖论都依赖于一些具体事实（比如：说话的人为克利特岛人，理发匠有一个约定，等等），悖论的出现只表明所假定的事实不能出现、是幻想等，与逻辑与数学无关. 例如，对后面这三个悖论而言，通常认为：

(1) 该克利特岛人的这句话本身无意义（等于该人发了一系列无意义的声音），等于说了一句文法不通的胡言.

(2) 该理发匠做了一个无法执行的约定（等于某人要求自己同时面向东又面向西一样，这当然无法实行）.

(3)该22个汉字组成的那一行字不能定义一个自然数.

但前三个悖论却不然.因为在数学中人们经常使用下列的过程:任给一个条件,满足这个条件的一切个体必组成一个集合.只要承认这个过程,那么罗素悖论便会发生.如果不承认这个过程,数学中经常使用的方法便须更改,而这将导致巨大的影响.为了解决这些真正的悖论,于是便大大促进数理逻辑的发展.

由上可见数学基础的几次争论,是数理逻辑发展的一大动力.

第8章 数理逻辑的主要内容

数理逻辑可分成四大部分：一、公理集合论；二、证明论；三、递归函数论（或能行性理论）；四、模型论. 它们都以逻辑演算（命题演算和谓词演算）为基础. 如果把逻辑演算也特别提出来，可以说分成五大部分.

要详细介绍这五大部分，不是一件简单的事情，即使勉强介绍了，读者也不易掌握其要点. 凡事如果从历史来看，看它是怎样演变过来的，每每更易理解其本质，理解其真相. 因此我们只是从历史方面来看看这各大部分是怎样演进而成的，然后便着重介绍基础部分（逻辑演算）的内容.

前面介绍的数理逻辑的历史，基本上可以说是逻辑演算的演变史，我们在上面的叙述中，已经了解到命题演算和谓词演算是怎样地应客观的需要而产生并成熟的. 至于其余四部分，后两部分比较新，可以说是逻辑演算成熟以后才开始发展的，但前两部分，即公理集合论和证明论，却可以说是和逻辑演算同时成熟的.

§1　公理集合论与证明论

上面说过,以前为了证明非欧几何、欧氏几何、实数论的相容性,曾化归于自然数论及集合论的相容性,最后又化归于集合论的相容性(利用相对相容性证明).现在却发觉集合论是自相矛盾的,在一定意义上说,以前的努力成了白费,人们的希望落了空.

现在人们不再做相对相容性的证明了,因为已经看出集合论的不相容性.人们只能做两件事,分别导致公理集合论和证明论.

第一,改造集合论,把其中自相矛盾的部分删除,使它成为相容的理论体系.

是不是相容性证明不需要了呢?需要得很!既然根据直觉、根据通常的数理推理发展而来的(素朴)集合论有矛盾,那么,经过修改的集合论(既经修正,当然不免有些不够直观,不免有些和通常的数理推理有不同之处),能保证没有矛盾吗?因此人们要做的第二件事情是:

第二,相容性的证明,不管是修改以后的集合论,或者是数学的别的部门,都需设法做出其相容性的证明.

数学的别的部门的相容性,不是已经根据相对相容性证明而还原到了集合论的相容性了吗?现在似乎只需搞修改后的集合论的相容性便够了,别的部门是不必管了.这种想法是不对的.因为,修改以后的集合论仍是很复杂的理论，要证明其相容性仍然是很困难的. 如果我们能够用别的方法证明别的部门的相容性，当然是很好的事情.

此外，由上面的介绍可以看见，相对相容性的证明，对个别的理论体系来说，可能是有用的，但对整个数学来说，这种证明是无用的，我们应该有直接的相容性证明才好. 这样的直接相容性证明是否可能呢？

为了要修改集合论，人们便发展公理集合论. 罗素对集合论的处理，表面上和公理集合论的处理方式不同，但在详细检查之下，他的集合论仍是公理集合论的一种，因此人们便都叫作公理集合论，以便与从前康托的古典集合论（或素朴集合论）相对.

公理集合论是数理逻辑四大部门之一，它的发生与发展，完全是由于集合论悖论的出现. 对集合论悖论的解决方式不同，那么对公理集合论的处理方式也不同，下面我们将就数理逻辑的三大流派而分别介绍（见本书第 9 章）.

同时产生的是数理逻辑另一部门，即证明论. 证明论的主要内容又是什么呢？

希尔伯特认为我们不应该老是搞相对相容性的证明，而应该搞直接的相容性证明. 他提出一个规划，叫作希尔伯特规划（Hilbert's program），用以直接证明数学理论的相容性而不必还原到别的理论的相容性去.

他认为，我们须先把数学理论公理化，而且是彻底公理化，即不但把数学基本概念一一规定，把这些基本概念的基本性质一一列出（作为公理），而且连逻辑概念（如命题联结词和量词等）也都一一列出，逻辑概念

的基本性质(所谓逻辑法则)也都一一列出.这样以后,数学上的推导不但不必再依靠空间关系、不必再依靠直觉,而且不必再依靠逻辑法则,可以纯粹机械地推演.每步推演表现为由某个逻辑式子变成另一个逻辑式子,逐步演算,便能够由公理出发,最后达到定理.换句话说,数学的推演表现为一系列逻辑式子的演变.

这正是数理逻辑所想做的事情.数理逻辑的一个主要目的便是把逻辑概念用符号表示,从而一切日常语句乃至数学语句都可以表示成逻辑式子,日常的推理以及数学上的推理都可以表示成逻辑式子的改变(正如数学中各种数学式子的演变一样).由于逻辑演算的完成,这个目的现在达到了.正是由于数理逻辑的这个成就,希尔伯特才能提出他的规划,否则他的规划是无法实施的.

希氏又说,要想证明数学理论的相容性,那便等于要求证明,在数学的推导中,只要从公理出发,绝不可能导出两个互相反对的矛盾命题来,我们还可取其中一个为“$0=0$”,那么只要求证明:从数学公理出发,无论如何推导,都不可能导出“$0\neq 0$”这个式子.如能证明这点,那么数学理论的相容性也就证明了.

希氏说,这时我们绝不能着眼于个别的公理,个别的概念,绝不能像在数学中作数学推导那样,问从什么公理可得什么定理,从什么定理又得什么定理.这只是理论系统“内”的定理.单是获得理论内的定理是没有用的.我们必须考虑整个公理系统(包括逻辑公理系统在内),并问整个公理系统的性质是什么,我们必须着眼于整个系统,把整个系统作为研究的对象,这便大大有别于以往的研究方法,有别于以往的着眼点.这种研究叫作元数学的(metamathematical)研究. 被研究的数学理论叫作对象理论,用以研究的、作为研究工具的那个理论叫作元理论(metatheory),所获得的定理,有关整个数学理论的性质的定理,当然和数学中的定理有别(后者只是关于数的性质的定理),便叫作元定理(metatheorem). 例如,我们想证明的定理:"整个数学理论是相容的,不互相矛盾的",这便是一条元定理(因为它是有关整个数学理论的性质的),而不是数学内的定理(因为它不是关于数的性质的).

希氏又说,在研究数学理论的相容性时,在彻底公理化以后,不妨便把基本概念看作无内容的概念(和通常的公理系统那样),而各步推理只看作符号的演变. 在这个看法之下,如果能证明从表示公理的符号式子出发,不论怎样演变,都不能演变到"$0 \neq 0$",那便得到数学理论的相容性的证明了. 这样,暂时舍弃内容,集中注意力于形式方面,可以不过分分散精力,这种做法是有一定道理的.

问题是:舍弃内容只管形式后,能够得出有意义的结果吗? 尤其是,这样做能够证明相容性吗?

为了回答这个问题,我们可举一个例子. 在弈棋中,比如象棋吧,各个棋子实际上便是一些没有内容意义的符号(所谓"车",当然不是一辆车,所谓"马",当然不是一匹马,它们纯粹是一些代名代号罢了),各种弈棋规则也只是一些约定,没有任何内容意义可言(例如,"马"为什么"行日"? 放在前面的棋子为什么算是"炮台"?). 但即使在这样毫无内容意义的情况下,我们仍然可以有很多的"象棋内"的定理,和很多的关于象棋的"元定理". 例如,遭到马后炮攻击时必然输棋,

这是象棋内的定理.而“单车难杀士象全”则是关于象棋的元定理(因为它须考虑到整个象棋系统).事实上,如果形式系统足够丰富完善(而不是一些零零星星的符号),我们暂时舍弃内容集中力量于形式方面,每每能更快地得到结果.

因此希氏规划是有可能实现的.事实上,自从希氏提出其规划后,没有几年,人们便证明了加了若干限制后的自然数论是相容的;又过十多年,到 1936 年,人们又证明了不加限制的自然数论是相容的.这都表明希氏规划是相当可行的.

但是这里有一个大问题:在元理论的讨论中,在元定理的推导中,我们使用什么工具呢?当然应该使用最可靠最有效的工具.照通常的看法,最可靠最有效的工具无过于数学推理以及逻辑推理.但人们正在从事“数学理论的相容性”的证明,数学是否没有矛盾,逻辑规律是否没有矛盾都在检查之中,我们怎能无条件地使用它们呢?对此,希尔伯特提出有穷性观点,以作为元理论内推理的依据.这个问题牵涉太大,我们在介绍三大流派时再讨论这个观点,现在暂且从略.

从事元理论的研究的,一般叫作元数学,由于它的主要目的是关于数学理论系统的相容性的证明,所以又叫作证明论.它也是数理逻辑四大部门之一.由上面的介绍可以看见,它是应相容性证明的要求而产生的.它牵涉面极广,因此自提出以后,对数理逻辑乃至整个数学都产生了巨大的影响,成为数理逻辑的新面貌中的主要特征.

§2　能行性理论与模型论

上面说过，希氏规划看来是可行的，这也是当时人们的看法，自从对有限制的自然数论的相容性获得证明后，人们更满怀希望，以为经过长期的努力，将能够对整个数学理论的相容性做出证明. 但是哥德尔于1931年，发表了一篇论文《关于〈数学原理〉一书和有关系统中的形式不可判定语句》，给这种想法以致命的打击.

在这篇论文中，哥德尔利用一种所谓原始递归函数的工具，把对象理论中所使用的符号与式子对应于自然数，对象理论中的推理过程，即式子到式子的变换，则对应于原始递归函数(它是数到数的变换). 这样一来，对象理论的好些性质都能够在自然数中反映出来，尤其是，有关对象理论的元定理也都可以表示为自然数论的定理. 沿着这个线索，哥德尔指出了，如果对象理论又包括有自然数理论为其一部分，那么可以找到一个式子 A，使得只要该对象理论是不矛盾的，那么这个式子 A 及其否定(非 A) 都不能在该对象理论中推出. 这个 A 便是所谓形式不可判定的语句，这个结论便叫作哥德尔不完备性定理.

哥德尔还详细检查他的论证，从而再进一步断定：如果要证明一个系统 S 的相容性，则在元理论中所使用的推理工具绝不能弱于系统 S 中所使用的推理工具. 既然希尔伯特所规定的在元理论中所使用的工具，即有穷性观点，可以在自然数论中表示，因此希氏原来

的规划,即用有穷性观点以证明自然数论乃至整个数学的相容性,是绝对不可能的了.这样一来,希氏规划便只能宣告失败了.

人们不能不想别的出路.

第一,应该推广元理论中所使用的推理工具,即虽然不符合有穷性观点,但仍然是在直觉上相当明显、看来相当可靠的那些推理工具,也允许使用.正是在这样推广以后,于 1936 年,根茨(G. Gentzen)引用了一种超穷归纳法而证明了不加限制的自然数论的相容性.但是,除却根茨所引进的超穷归纳法以外,还有没有别的新推理方法可容许使用,或值得使用的呢?本着这个问题而继续从事探讨,结果便得出能行性(effective)理论,更详细些,则是能行可计算性理论,也就是通常所说的递归函数论 —— 数理逻辑的四大部分之一.

第二,证明论的原来目的虽然无法实现,但是证明论所开辟的新路 —— 把整个理论、整个系统作为研究对象,却是很有前途的,人们仍然纷纷地继续研究它.对人们熟知的理论,比如各种几何、各种代数,等等,其本身的结构是人们熟知的,但对一些新系统(比如非欧几何,以及好些新的公理系统,等等),如果人们不够熟悉,那便须替它找出数学模型,然后从数学模型而研究该公理系统的各种特性.这种研究是数理逻辑的最新趋势,在最近几十年内非常活跃,从而形成了数理逻辑的四大部分中的最后一部分 —— 模型论.

哥德尔在他的形式不可判定语句的有名论文中,大量使用了原始递归函数,从此原始递归函数受到人们的大量关注,因而得到大力发展,原始递归函数是能行可计算的，亦即当自变元的值给出后，人们总能求出函数的相应值．人们要问，能行可计算的函数是否限于原始递归函数？在原始递归函数以外，有没有别的函数也是能行可计算的？

人们很快便证明了，能行可计算的函数，绝对不限于原始递归函数．于是便引起下列同题：能行可计算函数怎样刻画？亦即怎样才能找到全体的能行可计算函数？

开始，人们不敢做这样大胆的结论，只能够零零星星地找出一些在原始递归函数以外的，但是能行可计算的函数．对此，人们曾提出过下列各种函数．

(1) 一般递归函数．能够做出一个形式系统，在其中利用代入及替换两个极有力的运算而能够计算该函数的值的，这个函数便叫作一般递归函数．后来，人们又指出，如果有做出原始递归函数的方法以及解方程的方法，那么由这两法所做出的函数也就是一般递归函数．

(2) 可用图灵(A. M. Turing) 机器计算的函数．图灵设计一种机器，在外表上和现在的电子计算机根本不同，但在根本功能上基本上和电子计算机相同(详细情况这里不能介绍了)．凡能用这种机器所能计算的函数叫作可用图灵机器计算的函数．这种函数当然是能行可计算的．

(3) 可 λ 定义的函数．丘奇做出一个形式系统，叫作 λ 换位演算．就本质上说，在这个系统中有了一个含变元的式子后，可做出相应的函数(例如，由 $x+y$ 可做出加法函数，由 $2\cdot x$ 可做出“二倍函数”等)，这叫作抽象运算(由一个式子抽象出一个函数)；另一方面，有了

函数和自变元(或另一函数)以后,可以做出函数的复合值,即有了 x,y 和加法后,可以做出其和 $x+y$,有了二倍函数和 t 及正弦函数以后,可以做出 $\sin 2t$,等等.凡在这个系统内所能做出的函数叫作可 λ 定义的函数.

此外还可以做出好些别种函数,但最重要的便是上述三种函数了.这三种函数提出后不久,人们便证明了这三种函数实质上本是一种,亦即凡一般递归函数都可用图灵机器计算,凡可用图灵机器计算的函数都可 λ 定义,凡可 λ 定义的函数都是一般递归函数,所以三者实即一种.

丘奇根据这个事实,提出下列论点,通常叫作丘奇论点(Church's thesis):能行可计算函数恰和上述三种函数相同.

这个论点是不能证明的,因为"能行可计算性"是一个日常用的、尚未精确定义的概念,而后面三种函数却有明确的数学定义,要证明它们一致,这是无法办到的.事实上,丘奇论点的功能正在于对"能行可计算性"这个含混的概念给以精确化、严格化.人们根据丘奇论点作了相应的精确化、严格化后,好些数学问题便可以有严格的标准了,从而便可以探讨正面的或反面的答案了.丘奇论点的功效是很显著的,而且直到今天,人们尚未发现反例,所以绝大多数的数学家都采用丘奇论点.

自从发明电子计算机以后,能行性理论更受到人们的重视.电子计算机速度很快,用人工计算需要长年累月才能得到结果的,如果改用电子计算机,每每能够在很短的时间内(比如数小时)而获得结果.如果在从前，人们又将发生幻想，认为借助于电子计算机，将能解决一切数学问题，至少将能解决数学计算的一切问题了.但是，电子计算机问世的时候，人们已经普遍地接受了丘奇论点，根据这个论点，电子计算机只能计算那些能行可计算函数，即只能计算一般递归函数(或可用图灵机器计算的函数，或可 λ 定义的函数)，至于一般递归函数以外的函数，电子计算机是无法计算的.

由此可见能行性理论(一般递归函数论)是使用电子计算机的前提，没有它，人们将会有时误用电子计算机去计算那些非能行可计算的函数，从而白费机器时间而毫无结果.电子计算机问世以后，递归函数论也获得迅速发展，这不是没有原因的.

电子计算机问世以后，人们又进一步研究，对机器、对递归函数论又做进一步检查，发觉还有做进一步分析的必要.

原来，我们说所有一般递归函数都可用电子计算机计算，这句话是以电子计算机的存储量为无限的、计算时间为无限的这两个假定作前提的，或者至少必须假定存储量可以无界地大、计算时间可以无界地长."无限"与"无界"并不完全一致.所谓"无界"是指每次所用存储量以及每次所用的计算时间仍是有限的，不过"全体"说来，却没有一个公共的上界罢了.这种"无限"或"无界"的要求，看起来是很自然的，很合理的，如果你硬性规定一个上界，这个上界一定是极端人为的、极端不自然的.比如，如果限定存储量只限于一百亿个单元，计算时间只限定一万年，人们必然要问这两个界限有什么根据呢？为什么使用一百亿零一个单元便不允许，使用一万年零一秒的计算时间便要禁止

呢？看来，自然而又合理的假定将是存储量及计算时间可以无限地大或者无界地大.

但是，使用电子计算机的经验证明，这种假定不是实际可行的.电子计算机的存储量是有限的，即使每个原子都能够存储一个信息，地球上（乃至太阳系内）的原子个数仍是有限的，当所需的存储量超过这个界限时，那就肯定是不可能在地球上计算的了.地球上自从有人类到今天，也不过三四百万年，当所需的计算时间超过这个界限时，我们能说可以计算吗？因此做了这种假定后，所谓能行可计算只能是理想上的，而不是现实的了.

撇开这点不谈，人们还发现另外一个问题.一般说来，同样计算函数 $f(n)$ 的值，但当自变元 n 的值改变时所需的存储量和计算时间也改变，例如，计算 $f(0)$ 每每比计算 $f(1\ 000)$ 要方便得多，快速得多.换句话说，计算时所用的存储量和所用的时间是随自变元 n 的值而改变的.如果计算 $f(n)$ 时所用的存储量及计算时间能被 n 的一个多项式所界，我们便说 f 是现实可计算的(feasible)；反之，如果不能被 n 的任何多项式所界（例如，只能被 n 的指数函数如 2^n 所界），便说 $f(n)$ 不是现实可计算的.

这种划分得到人们的赞同，因此有大量的研究，也提出大量的问题，促进了数理逻辑的、也促进了计算机科学的发展.

和递归函数论有关的还有判定问题、不可解度问题、计算复杂度问题，等等，都是人们注意的中心，也多多少少和电子计算机的使用有关.依作者看来，递归函数论（能行性理论）已经和计算机科学结下不解之缘了.

数理逻辑中目前很活泼的分支——模型论，主要是对各种数学理论系统建立模型，研究各模型之间的关系、模型与数学系统之间的关系，等等. 它所获得的结果是巨大的，现在我们只就其中一个来谈谈.

以前有好些公理系统，人们认为它是完备的、可以唯一地刻画所讨论的对象的，例如自然数的公理系统(皮亚诺五公理)，以及实数的公理系统，等等. 但是经模型论的研究，却发现这些公理系统并没有唯一地刻画所研究的对象，可以有完全不同的模型来满足它们. 这些新发现的模型叫作非标准模型. 开头时候，人们以为非标准模型的出现是偶然的，例外的，但后来被发现的非标准模型越来越多，反成正常现象，而没有非标准模型的反倒稀罕了.

罗宾逊便利用非标准模型而把无穷小、无穷大引入数学分析中，得出非标准分析. 对于非标准分析的出现，有些人评价极高，认为将可以开辟一条新道路；有些人则不这样看，认为(直到目前为止) 非标准分析所得的一切结果，使用标准分析的方法都可以得到，没有太大的价值. 这两种评价孰是孰非，将由历史做出结论，目前我们暂不参加辩论. 不过，对于把无穷小无穷大引入数学分析这点，这却不能不说是完成了一件艰巨的任务.

因为，依照古典的说法，无穷大和无穷小是不能“认真地”看待的，即不能严格地、一贯地、长远地使用下去的，如果坚持继续使用，不久便会导致矛盾的. 试用“∞”表示无穷大，那么由于

$$\frac{1}{\infty}=0 \text{ 和 } \frac{2}{\infty}=0$$

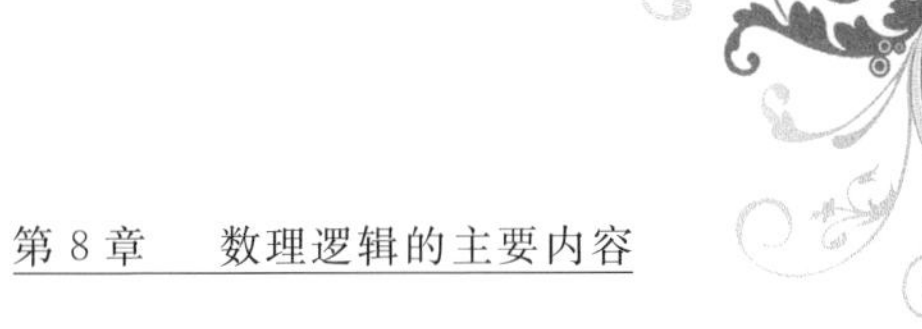

势必承认

$$0 \cdot \infty = 1 \text{ 和 } 0 \cdot \infty = 2$$

这样要么我们得承认“$0 \cdot \infty$”有多值(而这不符合于一般的乘法),要么承认“$0 \cdot \infty$”无意义(这也与一般乘法不同),否则如果照通常乘法那样,认为“$0 \cdot \infty$”有意义且只一值,那便可以推出 $1 = 2$,这当然是荒谬的.

此外,例如“$\infty - \infty$”等都没有意义(或多值),在古典说法中只有“0 不能为分母”的一条禁例,增添“∞”以后却多出好几条禁例. 问题不在于禁例的多少,而是“∞”和其余的实数性质迥然不同,把它和其余实数放在一起,都作为“数系”的一个成员,实在是利少弊多. 因此标准分析中把无穷小和无穷大一律排除于实数之外,或者更明确地说,它们不是数,不能像别的实数那样进行运算.

如今罗宾逊利用非标准模型,把无穷小无穷大引了进来,能够严格地、首尾一贯地讨论,从前直觉上非常明显易懂的无穷小无穷大,从此可以为数学分析服务了. 在这一点上(即使不能产生什么新结果)不能不说是模型论的一个重要的应用,亦即数理逻辑的一个重要的应用. 其详细情况这里就不多说了.

各大部分的主要内容既介绍完毕,下面我们再对数理逻辑的基础部分 —— 所谓逻辑演算,做比较详细的介绍. 读者将可由此而得知数理逻辑的基本内容,大体上知道数理逻辑究竟讨论些什么了.

下面 §3 介绍命题演算,§4 介绍谓词演算(这是逻辑演算的两大主要内容),又为读者参考方便起见,特在 §5 中介绍模态逻辑的一些内容,§6 介绍有关蕴涵词怪论的争论.

§3 命题演算

传统逻辑从概念论出发，由概念而判断（即命题）而推理，数理逻辑则从命题出发，先讨论有关命题的演算，然后在谓词演算中把命题分解，得出谓词及个体（这两者大体相当于概念），再讨论关于谓词的演算，所以一开始两者便采用不同的讨论方式.

传统逻辑已经把命题分析成各种概念，由概念而判断而推理，似乎完全符合由简单到复杂、由易到难的过程. 为什么后来发展的数理逻辑却是颠倒过来先命题再谓词呢？这不是由复杂到简单、由难到易，违反正常的发展方式吗？

其实一个东西与其成分之间，哪个简单，哪个复杂，哪个易于理解，哪个难于理解，是不能一概而论的. 不能说，成分既然简单，一定易于理解；而所组成的东西既然复杂，一定难于理解. 必须对具体的情况做具体分析.

一间房子是由砖瓦组成的，一般人认为房子比较复杂，而砖瓦比较简单. 但砖瓦由分子组成，分子由原子组成，原子又由电子和原子核内的基本粒子组成，我们能够说，原子既比分子简单就比分子易于理解，而基本粒子最简单就最易于理解吗？不能. 事实上，我们对原子的理解不及对分子的理解，而对基本粒子的理解最差.

做个比喻，一般地说，越远的东西越看不清楚，越近的东西越明晰，但把一本书越拿越近，近到书本碰到

鼻尖上时，这本书上的字反而看不清楚了. 足见必须对具体情况做具体分析，不能一概而论.

经过数理逻辑的研究，认为命题以及命题之间的运算最简单，应该以它作为研究的出发点，这便是命题演算.

所谓命题，便是具有真假值的语句，相当于传统逻辑中的判断，目前我们以命题作为单位，不再分解为各种概念（在以后便分解为谓词与个体），例如

3 大于 2

今天下雨

他给我一本书

等等，都是命题.

我们目前对命题虽然不再进行分解，但却利用联结词而从旧命题造出新命题，这正和我们在数学中利用函数（运算）由旧数造出新数一样. 在命题演算中讨论的联结词有下列五种：

（1）非. 由它可以从 A 做出“非 A”. 例如：3 不大于 2，今天不下雨，等等. “非 A”叫作 A 的否定式，记为 $\overline{A}$.

（2）且. 由它可以做出“A 且 B”. 例如，今天下雨而且明天天晴. “A 且 B”叫作 A，B 的合取式，记为 $A \wedge B$，而 A，B 便叫作合取项（或合取因子）.

（3）或. 由它可以做出“A 或 B”. 例如，今天下雨或明天天晴. “A 或 B”叫作 A，B 的析取式，记为 $A \vee B$，而 A，B 便叫作析取项.

（4）如果 …… 则 ……. 由它可以做出“如果 A 则 B”. 例如，如果没有太阳则地球上不会有生物. “如果 A 则 B”叫作 A，B 的蕴涵式，记为 $A \supseteq B$，A 叫作蕴涵式前件，B 叫作蕴涵式后件.

(5) 等价于. 由它可以做出"A 等价于 B". 例如,两因子之积为 0,等价于有一因子为 0. "A 等价于 B" 叫作 A,B 的等价式,记为 $A \equiv B$,A,B 叫作等价式的两端.

这五个联结词有一个共同特点,那便是:新语句的真假值完全由旧语句的真假值决定. 因此,这五个联结词便叫作真值联结词.

前面三个联结词之为真值联结词是很明显的,因为我们有:

A 真则 $\overline{A}$(非 A) 假,A 假则 $\overline{A}$ 真;

A,B 都真则 $A \wedge B$(A 且 B) 真,否则 $A \wedge B$ 假;

A,B 有一个为真或两个都真,则 $A \vee B$(A 或 B) 真,否则 $A \vee B$ 假.

第五个"等价于"的真值联结词也容易理解,因为:如果 A,B 同真或 A,B 同假,则 $A \equiv B$ 真,否则(即 A,B 一真一假时)$A \equiv B$ 便假.

这四个联结词显见都是真值联结词. 只有 $A \supseteq B$(如果 A 则 B) 一式,人们很难承认它是真值联结词,因为一般说来,人们觉得"如果 A 则 B"这句话表示 A 与 B 之间有某种意义上的关系,以致我们可以由 A 而推出 B,我们都认为绝不是仅凭 A,B 的真假而决定"$A \supseteq B$"的真假的. 这种看法是有一定的道理的,但是在命题演算中,人们只处理真假关系,不牵涉到内容、意义,因此应该在真值联结词中找出一种最接近于蕴涵关系的真值函数,用它来代替通常的有意义关系的蕴涵词. 这种真值函数便叫作实质蕴涵,其意是:"非 A 或 B",即只要前件 A 为假(非 A),或后件 B 为真,"$A \supseteq B$" 便真(而不管其间有没有意义上的联系).

这种选择是否适当，曾引起很大的争论，我们将在下面（§6）略做介绍. 但是可以说，数理逻辑的发展证明了，无论在数学上或在数理逻辑上，实质蕴涵都比别的任何蕴涵更为适用；无论如何，在命题演算中对它做充分研究是非常必要的. 下面我们便专门讨论实质蕴涵 $A \supseteq B$，把它定义为“非 A 或 B”，只要 A 假或者 B 真，$A \supseteq B$ 便真，只当 A 真而 B 假时，$A \supseteq B$ 才假，而不管它们意义上有没有联系.

因此可用下列的表（表 1）作为这五种联结词的定义（t 表示真，f 表示假）：

表 1

A	$\bar{A}$
t	f
f	t

A	B	$A \wedge B$	$A \vee B$	$A \supseteq B$	$A \equiv B$
t	t	t	t	t	t
t	f	f	t	f	f
f	t	f	t	t	f
f	f	f	f	t	t

因为真值函数的自变元只有真假两值，函数值也只有真假两值，因此真假函数的讨论可以说是最最简单的了，比小学里的算术还要简单得多，这便是为什么数理逻辑选择从命题演算开始的缘故.

设一命题 A 由若干个旧命题 $p_1, p_2, \cdots, p_k$ 用真假联结词而组成，可写为

$$A = F(p_1, p_2, \cdots, p_k)$$

当对 $p_1, p_2, \cdots, p_k$ 给以 t 或 f 的变值后，当然可以决定 A 的真假值. 这个值叫作当对 $p_1, p_2, \cdots, p_k$ 指派以相应的真假值后 A 所取得的值. 如果 A 的值为 t，这个指派便叫作 A 的成真指派（就是使 A 为真的指派）；如果

A 的值为 f，这个指派便叫作 A 的成假指派.

如果某一个复合语句 A 没有成假指派，即每种指派都使 A 取得真值，便说 A 是永真式；反之，如果 A 没有成真指派，便说 A 是永假式.

如果 A 只有一个成分语句 p，则可能的指派有两个，$p=t$ 和 $p=f$.

如果有两个成分语句 p_1 和 p_2，则有四个可能的指派，即 $(p_1,p_2)=(t,t),(t,f),(f,t),(f,f)$.

如果有三个成分语句 p_1,p_2,p_3，则有 8(即 2^3) 个可能的指派，即 $(p_1,p_2,p_3)=(t,t,t),(t,t,f),(t,f,t),(t,f,f),(f,t,t),(f,t,f),(f,f,t),(f,f,f)$.

一般地，如有 n 个成分语句，则有 2^n 个可能的指派. 我们可以逐个的检查，便可知道谁是成真指派，谁是成假指派了.

如果 A 是永真式，则 $\overline{A}$ 是永假式；反之，如果 A 是永假式，则 $\overline{A}$ 是永真式.

显然，表示逻辑定律的语句必是永真式；反之，永真式由于它绝不会假，也就可以看作逻辑定律. 当然，这些只是能用真值函数表示的逻辑规律.

下面都是永真式，读者可以自己试试，证实它们一切可能的指派都是成真指派. 下面的编号从两位数(即 10) 开起，又不要求作连续编号，这样读者可以根据需要随时添入.

10. $A\supseteq A$；$A\equiv A$(如果 A 则 A；A 与 A 等价). 这是传统逻辑中同一律的表达式.

11. $\overline{A\wedge\overline{A}}$($A$ 而且非 A 是假的). 这是传统逻辑中的矛盾律.

12. $A\vee\overline{A}$(A 或非 A 必有一真). 这是传统逻辑中

的排中律.

13. $A \vee A \equiv A$;$A \wedge A \equiv A$(A 或 A 与 A 等价,A 且 A 等价于 A). 这是所谓幂同律,是布尔代数与通常代数的一个不同点.

14. $A \equiv \overline{\overline{A}}$($A$ 与非非 A 等价).

15. $A \vee B \equiv B \vee A$,$A \wedge B \equiv B \wedge A$($A$ 或 B 与 B 或 A 等价,A 且 B 与 B 且 A 等价). 这是所谓析取词、合取词的交换律. 合取、析取当然与次序无关.

16. $(A \vee B) \vee C \equiv A \vee (B \vee C)$;$(A \wedge B) \wedge C \equiv A \wedge (B \wedge C)$. 第一式左右两边均表示 A,B,C 至少有一为真;第二式左右两边均表示 A,B,C 三者均真;故它们都是等价的. 这是析取词、合取词的结合律.

17. $A \vee (B \wedge C) = (A \vee B) \wedge (A \vee C)$;$A \wedge (B \vee C) = (A \wedge B) \vee (A \wedge C)$. 第一式叫作析取对合取的分配律;第二式叫作合取对析取的分配律,当然容易验证它们是永真式. 由下面的例子也可以看出它们的永真性.

某个汽车队中每个汽车只能载一种 A 或载 B 且 C 两种货物,那么我们便可以肯定这些汽车上所载的在 A,B 中必有一种,而且在 A,C 之中也必有一种. 这是第一式的例子.

后一个分配律可这样看,假设天气预报说:"今天下雨(A)而明天则阴(B)或多云(C)." 这个预报实际上等于说:"今天下雨而明天阴($A \wedge B$)",或"今天下雨而明天多云($A \wedge C$)."

18. $\overline{A \vee B} \equiv \bar{A} \wedge \bar{B}$;$\overline{A \wedge B} \equiv \bar{A} \vee \bar{B}$,不是 A 或 B 等价于 A,B 均假;不是 A 且 B 等价于 A,B 必有一假.

这叫作德摩根定律，容易验证它们的永真性，我们亦可以从下面的例子看出它们的永真性.

设 A 表示某三角形是直角的，B 表示某三角形是等腰的，那么 $A \wedge B$ 表示某三角形是等腰直角三角形. $\overline{A \wedge B}$ 表示该三角形不是等腰直角三角形. 这相当于该三角形不是直角形或该三角形不是等腰三角形. 这是第一式的例子.

设有某一次考试，由于及格的人数太多，规定必须五科总分 350 分以上或主科及格，才准复试. 如果某考生不能复试，那就可以肯定他五科总分不够 350 分，而且主科不及格. 这说明第二式.

下面的比较少用，但在命题演算的运算上却是相当重要的. 我们不再用文字解释其意义了，读者试领会其含意.

19. $A \wedge (A \vee B) \equiv A$，$A \vee (A \wedge B) \equiv A$（吸收律）.

20. $A \wedge (\bar{A} \vee B) \equiv A \wedge B$，$A \vee (\bar{A} \wedge B) \equiv A \vee B$.

下面是一些含有蕴涵词的永真公式：

21. $(A \supseteq B) \equiv (\bar{A} \vee B)$.

22. $(\bar{A} \supseteq B) \equiv (A \vee B)$.

23. $\overline{A \supseteq B} \equiv (A \wedge \bar{B})$.

24. $((A \supseteq B) \wedge (B \supseteq C)) \supseteq (A \supseteq C)$.

25. $(A \supseteq (A \supseteq B)) \supseteq (A \supseteq B)$.

26. $(A \supseteq (B \supseteq C)) \supseteq (B \supseteq (A \supseteq C))$.

27. $(A \supseteq (B \supseteq C)) \supseteq ((D \supseteq B) \supseteq (A \supseteq (D \supseteq C)))$.

以上这些是比较符合直觉的，另外有好些不大符

合直觉而被一般认为怪论的，我们将在后面专门介绍，这里就不多说了.

§4　谓词演算

当我们继续研究下去时，我们不能满足于以整个语句为最小单位，而必须进一步分析，深入到各语句的内部结构去，这便是谓词演算所研究的.

传统逻辑把各语句(即判断)都当作主宾式语句看待，从而把任何语句都分析成"A 为 B"的形式，这种分解受到德摩根的猛烈抨击(见第 7 章). 他主张语句不应限于使用联系动词"是""为"，而应该使用一般的关系词，换句话说，应该使用一般的形式"A，B 有关系 R""A，B，C 有关系 R"，等等. 在这方面，数理逻辑采纳了德摩根的主张.

数理逻辑把语句分成个体(表为 x，y，z 等)和谓词(表为 A，B，C 等). 谓词可以有一元、二元乃至多元，一元谓词便是通常所说的谓词或性质，多元谓词便是通常所说的多元关系. 每个语句(判断)便有下列的形状

个体 x 具性质 R，表为 Rx

个体 x，y 有关系 R，表为 Rxy(或 xRy)

个体 x，y，z 有关系 R，表为 $Rxyz$

等等.

上面说过，量词的引进是数理逻辑发展史上的一个重大突破口，把量词引进来，便使得有关谓词的演算获得重要的进展.

量词共有两种，即全称量词 $\forall x$ 和存在量词 $\exists x$.

$\forall xA(x)$，读为：任何 x 均使得 x 具性质 A，即一切个体均使 A 成立.

$\exists xA(x)$，读为：有些 x 使得 x 具有性质 A，即有些个体使 A 成立.

这里 $\forall$，$\exists$ 后面跟的 x 叫作该量词的指导变元或作用变元，$A(x)$ 叫作相应量词的作用域，作用域中的 x 叫作被量词后面的同名的指导变元所约束，指导变元与作用域中被约束的变元合称约束变元.

一个语句的真假和其中的约束变元没有关系，换句话说，约束变元可以改写为另外的变元而原意不变，例如，设 $A(x)$ 表示"x 不小于 0"，则

$\forall xA(x)$ 表示：一切 x 都使得 x 不小于 0

$\forall yA(x)$ 表示：一切 y 都使得 y 不小于 0

$\forall tA(t)$ 表示：一切 t 都使得 t 不小于 0

显然，这三句意义都一样，都说，一切数均不小于 0(这是一句假话). 又如

$\exists xA(x)$ 表示：有些 x 使得 x 不小于 0

$\exists yA(y)$ 表示：有些 y 使得 y 不小于 0

$\exists tA(t)$ 表示：有些 t 使得 t 不小于 0

显然这三句话的意义也都是一样的，都说有些数不小于 0(这是一句真话).

我们说一句话的真假与其中的约束变元无关，既然与约束变元无关，那么它便不能代入，不管是指导变元或作用域中被约束的变元都不能代入. 例如

$\forall xA(3)$　　　　$\exists xA(3)$

$\forall_3 A(x)$　　　　$\exists_3 A(x)$

$\forall_3 A(3)$　　　　$\exists_3 A(3)$

就其意义上说都是不对的，根本无意义的（有些书规定当作用域A中无变元x时，也可添量词$\forall x$，$\exists x$，这时$\forall xA$，$\exists xA$的意义和A一样，即等于没有添加量词$\forall x$，$\exists x$. 这时$\forall xA(3)\exists xA(3)$虽有意义，指$A(3)$本身但显然不是对$\forall xA(x)$或$\exists xA(x)$作代入的结果）.

反之，如果作用域$A(x)$中还含有别的变元，与x不同的别的变元，如y，t等，那么这些变元是不被量词后面的指导变元所约束的，从而整个式子的真假便和它们有关. 它们便可以代入，而且当讨论它的某个变值时也应该把该变值代入，才能讨论. 例如，设$A(x,y)$表示$x^2 \geqslant y$，那么

$$\forall xA(x,y) \text{ 表示：任何 } x \text{ 均有 } x^2 \geqslant y$$

它的真假显然随y而定，如果$y=0$，得：

$\forall xA(x,0)$，即任何x均有$x^2 \geqslant 0$，这是真命题.

如果$y=7$，得：

$\forall xA(x,7)$，即任何x均有$x^2 \geqslant 7$，这是假命题.

这种y，因为它的大小可以影响全句的真假，故可以代入而且亦应代入，具这种性质的变元叫作自由变元，自由变元不受指导变元约束，因为它在$\forall x$的作用域中而又不受$\forall x$的指导变元x所约束，故相对于$\forall x$而言，它是参数.

参数与约束变元虽同在作用域中，但两者性质截然不同，因此有一条基本的禁律，那就是：约束变元与参数绝对不同名（即不能使用相同字母来表示）. 这种禁律是约束变元改名时，与对参数作代入时都必须遵守的.

换句话说，一个约束变元如想改名，可以选用任意

的变元来表示，但绝不能这样选用，使得和作用域中的参数同名. 其次，参数可以作代入，但代入的新项如果有与指导变元同名的变元时，不能马上代入而必须另想办法. 我们用例子来说明这条禁律的意义.

例如

$$\exists x(x < y - 4)$$

的意思是说：有一数 x 小于 $y - 4$.

如果我们想说，有一数小于$(10 - 4)$ 或小于 $u + v - 4$，我们当然可以写成

$$\exists x(x < 10 - 4) \text{ 或 } \exists x(x < u + v - 4)$$

这是没有问题的. 但是，如果我们想说，“有一数小于 $2x - 4$”，我们却不能作下列的代入

$$\exists x(x < 2x - 4)$$

后者意思是说，有一数它小于自己的 2 倍减 4，这和原意相差太远了. 我们该怎么办呢？我们不能把“$x - 4$”乱改，因为这个 x 可能在别的地方用到，不能改. 亦即是说，这个 x 是自由变元，不能改名，那就只能把约束变元改名了，我们先改成

$$\exists t(t < y - 4)$$

然后再作代入，把 y 代入以 $2x$ 得

$$\exists t(t < 2x - 4)$$

这才是“有一数小于 $2x - 4$”，这才合于原意.

改名时也要受限制，即不能改得与参数同名，比如

$$\exists x(x < y - 4)$$

当需对 x 改名时（以便把 y 代入以 $2x$），我们可以改任意别的变元，但绝不能改为 y，即不能改为

$$\exists y(y < y - 4)$$

那又意指“有一数小于自己减 4”，和原意相差太远了.

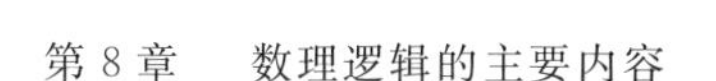

凡是在改名或代入过程中，引起参数与约束变元同名的，都不允许，这叫作变元混乱致误.

作用域中的参数 y 既是自由变元，我们又可以再添入量词 $\forall y$ 或 $\exists y$，从而得到累次量词

$\forall y \exists x(x < y-4)$：任何 y 均有 x 使得 $x < y-4$

$\exists y \exists x(x < y-4)$：有 y 使得有 x 使得 $x < y-4$

前句是说，任给一个 y，都可找到一个数比 $y-4$ 更小. 后句是说，有一个 y，使得可找到一个比 $y-4$ 更小的数. 显然这两句都是真的.

由这两句可以看见：做出语句时，是先添 $\exists x$，再添 $\forall y$(或 $\exists y$) 的，但读时，却仍是先左后右，先读 $\forall y$(或 $\exists y$)，然后读 $\forall x$ 的.

多层量词仿此读法.

我们必须注意，量词的次序是重要的，比如：

$\forall y \exists x(x < y-4)$，是真命题(见上)，但 $\exists x \forall y(x < y-4)$，是说有一个数($x$)，使得不管什么数 y，都有 $y-4 > x$，这个 x(它与 y 无关的，对一切 y 均成立的) 却是无法找到的. 显然，$x-4$ 不可能大于 x，故绝不可能对一切 y 均有 $y-4 > x$，于是 $\exists x \forall y(x < y-4)$ 便是假命题.

足见量词的次序必须注意保持，绝不能任意颠倒.

整个式子的真假既然与约束变元无关，为什么要引入约束变元呢? 因为我们要用约束变元来显示论域范围. 亦即量词中的“一切”“有些”是指整个论域而说的，可以用变元来显示论域的大小. 数理逻辑的论域是包括一切东西的，具体的，抽象的，有生命的，无生命的，等等，都包括在内. 如果我们讨论的范围不想包括这么大，那么可有两个方法：

第一,临时声明论域,以后的量词便就这个较狭的论域而立论.

通常在临时声明论域的同时,也每每引入新的变元.

第二,不把论域缩小,但在语句中明白加以限定.

例如,一般数学书中,本来以实数为论域的,但有时又要求只就有理数立论,只就自然数立论,这时便临时声明:

以 x,y,z 等作为实数变元(该书的最一般的论域);

以 a,b,c 等作为有理数变元;

以 k,m,n 等作为自然数变元.

以后则"$\forall a$"便读为"一切有理数 a","$\exists n$"便读为"有自然数 n",等等. 例如,设用 $A(x)$ 表示"x 不小于 0",则:

$\forall xA(x)$ 表示一切实数均不小于 0(这是一个假命题);

$\forall aA(a)$ 表示一切有理数均不小于 0(这是一个假命题);

$\forall nA(n)$ 表示一切自然数均不小于 0(这是一个真命题).

又

$\exists xA(x)$ 表示有些实数不小于 0(这是真命题)

$\exists aA(a)$ 表示有些有理数不小于 0(这是真命题)

$\exists nA(n)$ 表示有些自然数不小于 0(这是真命题)

这是缩小论域,引入新变元的方法. 但我们也可以用第二个办法写成:

$\forall xA(x)$ 照旧(因论域没有缩小);

$\forall aA(a)$ 写成 $\forall x(x$ 为有理数 $\supseteq A(x))$,

意为:对一切实数 x,如果 x 为有理数,则 x 不小于 0;

$\forall nA(n)$ 写成 $\forall x(x$ 为自然数 $\supseteq A(x))$,

意为:对一切实数 x,如果 x 为自然数,则 x 不小于 0;

$\exists xA(x)$(照旧);

$\exists aA(a)$ 写为 $\exists x(x$ 为有理数 $\wedge A(x))$,

意为:有实数 x 使得 x 为有理数而且 x 不小于 0;

$\exists nA(n)$ 写为 $\exists x(x$ 为自然数 $\wedge A(x))$,

意为:有实数 x 使得 x 为自然数而且 x 不小于 0.
由上面可以看见,如果 a 以有理数为变域,则

$\forall aA(a)$ 可写成 $\forall x(x$ 为有理数 $\supseteq A(x))$

$\exists aA(a)$ 可写成 $\exists x(x$ 为有理数 $\wedge A(x))$

在作用域中,前者使用“$\supseteq$”,后者使用“$\wedge$”,这两者绝不能乱用,换句话说,如果:

把 $\forall aA(a)$ 写成 $\forall x(x$ 为有理数 $\wedge A(x))$;

把 $\exists aA(a)$ 写成 $\exists x(x$ 为有理数 $\supseteq A(x))$.

那都是错误的.

有关量词的永真公式指:对自由个体变元谓词变元的每种指派,该公式都取得真值.在这里我们必须对每个自由个体变元都作指派,对每个谓词变元都给以指派(指派以各种各样的谓词),然后看看是不是所有的指派都是成真指派,如果全是成真指派没有成假指派,这个式子便是谓词演算中的永真公式,亦即谓词演算中的逻辑规律.由于对任何一个谓词演算的式子而言,其指派都是无穷多个的(在命题演算中,一个公式的指派都只有有限多个),因此在谓词演算中想靠检查

指派而决定是否永真公式，一般说是非常困难的，我们也就不多说了．我们只给出一些非常重要的永真公式，读者可以从直觉上判明它们是永真的．

编号从 51 开始．

51. $\forall xA(x)\supseteq A(y), A(y)\supseteq \exists xA(x)$.

如果一切 x 均使 $A(x)$ 真，则 $A(y)$ 必真；

如果 A 对 y 真，则有 x 使 $A(x)$ 真．

52. $\forall xA(x)\supseteq \exists xA(x)$.

如果一切 x 均使 $A(x)$ 真，则有 x 使 $A(x)$ 真．

53. $\forall xA(x)\equiv \forall yA(y), \exists xA(x)\equiv \exists yA(y)$.

x 可改写为 y，这是约束变元改名的根据．

54. $\forall xA(x)\equiv \overline{\exists} x\overline{A}(x)$.

一切 x 均使 $A(x)$ 真，等价于：没有 x 使 $\overline{A}(x)$ 假．

55. $\overline{\forall} xA(x)\equiv \exists x\overline{A}(x)$.

不是一切 x 均使 $A(x)$ 真，等价于：有 x 使 $A(x)$ 假．

56. $\forall x\overline{A}(x)\equiv \overline{\exists} xA(x)$.

一切 x 均使 $A(x)$ 假，等价于：没有 x 使 $A(x)$ 真．

57. $\overline{\forall} x\overline{A}(x)\equiv \exists xA(x)$.

不是一切 x 都使 $A(x)$ 假，等价于：有 x 使 $A(x)$ 真．

58. $\forall x(A(x)\wedge B(x))\equiv \forall xA(x)\wedge \forall xB(x)$.

一切 x 都使 $A(x)$ 与 $B(x)$ 同真，等价于：一切 x 使 $A(x)$ 真，而且一切 x 使 $B(x)$ 真．

59. $\exists x(A(x)\vee B(x))\equiv \exists xA(x)\vee \exists xA(x)$.

有 x 使 $A(x)$ 与 $B(x)$ 有一成立，等价于：有 x 使 $A(x)$ 成立或有 x 使 $B(x)$ 成立．

60. $\forall xA(x)\vee \forall xB(x)\supseteq \forall x(A(x)\vee B(x))$.

如果一切 x 均使 $A(x)$ 真或一切 x 均使 $B(x)$ 真，则必一切 x 均使 $A(x)$ 或 $B(x)$ 真.

注意,其逆命题是不成立的,即它不是等价式.

例如:设 x 以某铁路上的火车为变域,$A(x)$ 为"x 往东走",$B(x)$ 为"x 往西走",则由一切火车或往东走往西走不能推得:或者一切火车往东走,或者一切火车往西走.

61. $\exists x(A(x) \wedge B(x)) \supseteq \exists xA(x) \wedge \exists xB(x)$.

如果有 x 使得 $A(x)$ 与 $B(x)$ 同真,则必有 x 使 $A(x)$ 真而且有 x 使 $B(x)$ 真.

注意,逆命题也是不成立的,即使有 $\exists xA(x)$ 而且有 $\exists xB(x)$,未必便得:$\exists x(A(x) \wedge B(x))$. 因为很可能 $A(x)$ 与 $B(x)$ 彼此矛盾,没有任何 x 能使它们同时成立.

我们再给一些关于多变元的永真公式.

62. $\forall x \forall yA(x,y) \equiv \forall y \forall xA(x,y)$.

一切 x 对一切 y 均使 $A(x,y)$ 成立,等价于:一切 y 对一切 x 均使 $A(x,y)$ 成立. 两者意思都是 $A(x,y)$ 对一切 x 一切 y 成立.

63. $\exists x \exists yA(x,y) \equiv \exists y \exists xA(x,y)$.

有 x 使得有 y 使 $A(x,y)$ 成立,等价于:有 y 使得有 x 使 $A(x,y)$ 成立. 两者意思都说 $A(x,y)$ 至少对一组 x,y 成立.

64. $\exists x \forall yA(x,y) \supseteq \forall y \exists xA(x,y)$.

如果有 x 使得对一切 y 而言均 $A(x,y)$,则任何 y 均有 x 使得 $A(x,y)$. 试设 $A(x,y)$ 指 $x > y$,如果有 x 使得对一切 y 而言,均有 $x > y$(即有 x 大于全体 y),那么任何 y 当然均有 x 使得 $x > y$ 了.

命题 64 的逆命题是不成立的,如果一切 y 均有 x 使 $x > y$,未必便有公共的 x 它可以大于全体 y. 例如,就自然数而言,任何自然数 y 均有另一个自然数 x 使 $x > y$,但没有一个自然数 x 能够大于全体自然数 y 的.

关于谓词演算的内容,我们暂且介绍到这里. 读者有兴趣的话,可以参阅有关著作而继续深入研究.

§5　有关传统逻辑与模态逻辑

自从布尔代数兴起,已经把传统逻辑的主要内容化归于布尔代数,即把主宾式语句理解为集合之间的包含关系、相交关系. 试以“$'$”表示补,以“$\cup$”表示并,以“$\cap$”表示交,以“$\varnothing$”表示空集,以“I”表示全集,则 $A \cap B = \varnothing$ 表示 A 与 B 的交集为空,表示 A,B 无公共元素($A \cap B \neq \varnothing$,表示 A,B 有公共元素),$A \cap B' = \varnothing$ 表示 A 与 B 的补集无公共元素,即 A 包含于 B 内($A \cap B' \neq \varnothing$,表示 A 不包含在 B 内). 于是传统逻辑的四种判断可表示为:

Asp(凡 s 均为 p)指 $s \cap p' = \varnothing$(s 包含在 p 内);

Esp(凡 s 均非 p)指 $s \cap p = \varnothing$(s 不包含在 p 内);

Isp(有些 s 为 p)指 $s \cap p \neq \varnothing$($s$ 与 p 相交,有公共元素);

Osp(有些 s 不是 p)指 $s \cap p' \neq \varnothing$($s$ 与 p 补集有公共元素).

在假定 s,p 均非空集又均非全集(即 s',p' 均非空集)的情况下,AEIO 的对当关系、换质换位、三段论式

等极易从这四式推出.

但要想在命题演算内处理传统逻辑却比较困难，因为命题演算并没有讨论集合的运算，甚至于也不讨论命题之间的相等关系而只讨论真假关系. 这时如把 Isp 理解为 $s \wedge p \neq f$ 那便等于说 $s \wedge p = t$，这当然不符合 Isp 的原意.

其实在 A，E，I，O 四判断中已讨论“所有”“有些”，实际上已有量词的内容，因此利用量词来讨论 AEIO 等是很适当的. 我们有：

Asp：凡 s 均为 p，可表为：$\forall x(s(x) \supseteq p(x))$（任何 x，如 $s(x)$ 真则 $p(x)$ 真）；

Esp：凡 s 均非 p，可表为：$\forall x(s(x) \supseteq \bar{p}(x))$（任何 x，如 $s(x)$ 真则 $p(x)$ 假）；

Isp：有些 s 为 p，可表为：$\exists x(s(x) \wedge p(x))$（有 x 使 $s(x)$ 与 $p(x)$ 并真）；

Osp：有些 s 非 p，可表为：$\exists x(s(x) \wedge \bar{p}(x))$（有 x 使 $s(x)$ 真而 $p(x)$ 假）.

于是在假定 $s(x)$ 非空，即假定 $\exists xs(x)$ 以后，通常的有关这四命题的对当关系便很容易导出了.

因为在谓词演算中我们有：

$\overline{\forall x}(s(x) \supseteq p(x)) \equiv \exists x(s(x) \wedge \bar{p}(x))$，即 $\bar{\text{A}}sp = \text{O}sp$；

$\overline{\forall x}(s(x) \supseteq \bar{p}(x)) \equiv \exists x(s(x) \wedge p(x))$，即 $\bar{\text{E}}sp = \text{I}sp$.

这便是 AO 和 EI 的互相矛盾的关系.

我们有

$$\forall x(s(x) \supseteq p(x)) \supseteq (\exists xs(x) \supseteq (\exists x(s(x) \wedge p(x))))$$

亦即 $$\mathrm{A}sp \supseteq (\exists xs(x) \supseteq \mathrm{I}sp)$$

$$\forall x(s(x) \supseteq \bar{p}(x)) \supseteq$$
$$(\exists xs(x) \supseteq (\exists x(s(x) \wedge \bar{p}(x))))$$

亦即

$$\mathrm{E}sp \supseteq (\exists xs(x) \supseteq \mathrm{O}sp)$$

既然假定了 $\exists xs(x)$，故得 $\mathrm{A}sp \supseteq \mathrm{I}sp$ 和 $\mathrm{E}sp \supseteq \mathrm{O}sp$，这便是 AI 和 EO 的差等关系.

我们有

$$(\forall x(s(x) \supseteq p(x)) \wedge \forall x(s(x) \supseteq \bar{p}(x)))$$
$$\supseteq (\exists xs(x) \supseteq (\exists x(p(x) \wedge \bar{p}(x))))$$

既然假定了 $\exists xs(x)$，故得 $\mathrm{A}sp \wedge \mathrm{E}sp \cdot\supseteq \exists x(p(x) \wedge \bar{p}(x))$，但后件即 $\exists x(p(x) \wedge \bar{p}(x))$ 是不可能的，故 Asp 与 Esp 不可能并真，这便是 A 与 E 的反对关系.

如果 I,O 可以并假，根据 AI,EO 相矛盾的缘故，便得 AE 可能并真，与上结论冲突，故知 IO 不能并假，这便是 I,O 的下反对关系.

通常总结如下表 1，叫作对当关系表.

表 1

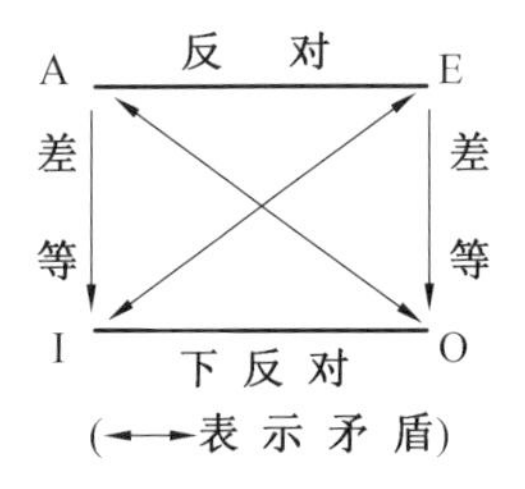

由此还可推出三段论各式，现在就不多说了.

关于模态词，即“必然 p”(记为 Lp)，“可能 p”(记为 Mp) 等，这在亚里士多德逻辑内是受到极详细的讨论的，其篇幅将近通常的三段论的四倍，所以是非常重

要的.

但是模态词的本质到底是什么,在古典逻辑内没有一定的说法,后来在中世纪时期甚至于受到人们长期的忽视.近代数理逻辑兴起后,这部分的发展也没有别的部分的发展那么迅速,可以说,在数理逻辑中仍是受到人们忽视的.不过即使它比较受到人们忽视,但数理逻辑却仍然对模态词的研究注入了一股新的生命力,使得有关模态词的研究进入一个新阶段.

数理逻辑对模态词的研究有各种途径,还没有一致的意见,我们下面介绍其中一种,它大约是最易于被人们直觉所接受的了.

我们想象:对每种命题 p 都就一些"逻辑情况"来检查,凡是对所有的逻辑情况都成立的命题,便说它必然真,记为 $\mathrm{L}p$;如果至少对于一些逻辑情况成立,便说它可能真,记为 $\mathrm{M}p$;如果它对所有逻辑情况均不成立,便说它不可能真,记为 $\overline{\mathrm{M}}p$.

而逻辑情况中还有一种情况叫作"现实情况"或"当时情况",通常的真假,即"p 真""p 假",便是就这种现实情况而言的真假.

我们试以 l 表示以"逻辑情况"为变域的变元,l_0 表示现实情况,那么

$\mathrm{L}p$ 意指 $\forall l p(l)$　(一切情况均使 p 真)

$\mathrm{M}p$ 意指 $\exists l p(l)$　(有些情况使 p 真)

$\overline{\mathrm{M}}p$ 意指 $\overline{\exists} l p(l)$　(没有情况使 p 真)

又

p 意指 $p(l_0)$　(p 对现实情况真)

$\bar{p}$ 意指 $\overline{p(l_0)}$　(p 对现实情况不真)

根据这种说法,比较上面的谓词演算处的逻辑公

式，我们有：

81. $Mp=\overline{L}\bar{p}$ 因有 $\exists lp(l)=\overline{\forall}l\bar{p}(l)$.（可能 p 等于非 p 不是必然）

82. $Lp\supseteq Mp$ 因有 $\forall lp(l)=\overline{\forall}l\bar{p}(l)$.（如 p 必真则 p 可能）

83. $L(p\wedge q)=Lp\wedge Lq$，因有 $\forall I(p(l)\wedge q(l))=\forall lp(l)\wedge\forall lq(l)$.（$p$ 且 q 为必然等于 p 必然且 q 必然）

84. $M(p\vee q)=Mp\vee Mq$，因有 $\exists l(p(l)\vee q(l))=\exists lp(l)\vee\exists lq(l)$.（$p$ 或 q 为可能等于 p 可能或 q 可能）

85. $Lp\vee Lq\supseteq L(p\vee q)$，因有 $\forall lp(l)\vee\forall lq(l)\supseteq\forall l(p(l)\vee q(l))$.（如 p 必然或 q 必然则 p 或 q 为必然）

86. $M(p\wedge q)\supseteq Mp\wedge Mq$，因有 $\exists l(p(l)\wedge q(l))\supseteq\exists lp(l)\wedge\exists lq(l)$.（如 p 且 q 可能则 p 可能且 q 可能）

87. $Lp\supseteq p$，因有 $\forall lp(l)\supseteq p(l_0)$.（如 p 必然则 p 真）

88. $p\supseteq Mp$，因有 $p(l_0)\supseteq\exists lp(l)$.（如 p 真则 p 可能）

89. $\overline{M}p\supseteq\bar{p}$，因有 $\overline{\exists}lp(l)\supseteq\bar{p}(l_0)$.（如 p 不可能则 p 不真）

根据这些公式，我们还可以把上面的对当关系表加以推广，即只考虑下列 12 个公式（其中(1)读为必然所有 a 均为 b，其余仿此）

(1) $LAab$	(2) $LEab$	(3) $LIab$
(4) $LOab$	(5) Aab	(6) Eab
(7) Iab	(8) Oab	(9) $MAab$
(10) $MEab$	(11) $MIab$	(12) $MOab$

由上面的讨论可知（见命题 82，87，88）：

(a) $\overline{L}p=M\bar{p}$，p 不是必然真等于非 p 可能真，即

$\mathrm{L}p$ 与 $\mathrm{M}\bar{p}$ 是矛盾的. 因此(1)(12),(2)(11),(3)(10),(4)(9) 便是互相矛盾的四对(当然(5)(8),(6)(7) 也是互相矛盾的).

(b) $\mathrm{L}p\rightarrow p, p\rightarrow \mathrm{M}p$. 因此 $\mathrm{L}p$ 与 p, p 与 $\mathrm{M}p$ 之间均有差等关系,这里我们暂用 → 表示差等关系,它未必是实质蕴涵(比较 87,88),故(1)(5),(2)(6),(3)(7),(4)(8),(5)(9),(6)(10),(7)(11),(8)(12) 便是差等关系(当然(1)(9),(2)(10),(3)(11),(4)(12) 之向也有差等关系).

(c) 如果 $p\rightarrow q$,则 $\mathrm{L}p\rightarrow \mathrm{L}q, \mathrm{M}p\rightarrow \mathrm{M}q$. 即当 p 与 q 有差等关系时,则 $\mathrm{L}p$ 与 $\mathrm{L}q$, $\mathrm{M}p$ 与 $\mathrm{M}q$ 也都具有差等关系. 因此由于(5)(7),(6)(8) 之间是差等关系,故(1)(3),(2)(4),(9)(11),(10)(12) 也都是差等关系.

(d)(5)(6) 为反对,(7)(8) 为下反对关系,这两关系尚未见有人推广到模态词去,我们也就不再讨论了.

总结上文,我们得到下列的表 2.

表 2　模态词对当关系表

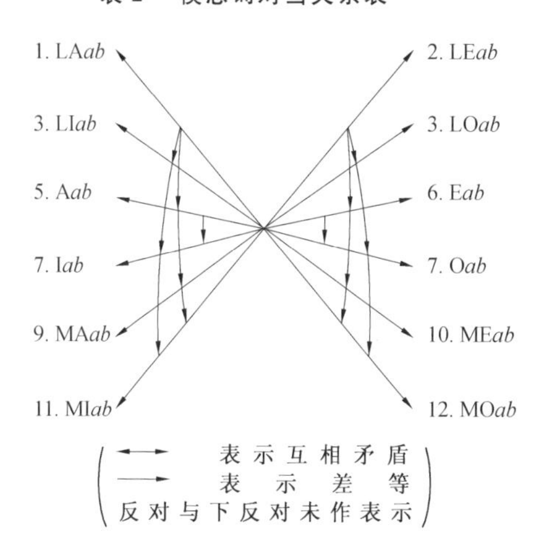

最后,我们要指出两点:

第一,根据谓词演算中量词的部分,同类指导变元是不应该重复的,即

$$\forall l \forall l p(l), \forall l \exists l p(l), \exists l \forall l p(l), \exists l \exists l p(l)$$

等等是没有意义的.即使把意义推广,承认上述各式有意义,其意义也只能是先添加的那个(即内面的,右面的那个)有用,后加的那个(即外面的,左面的那个)等于白加,是不起作用的.因此,对模态词而言,重叠的模态词(所谓高级模态词)如

$$\mathrm{LL}p, \mathrm{LM}p, \mathrm{ML}p, \mathrm{MM}p$$

等便没有意义,即使有意义,也只能是内面的,右面的那个起作用,左面的后面的那个是不起作用的.

好些数学逻辑家都是这样主张的,但也有一些数理逻辑家从别的标准考虑,认为有高级模态词,而且高级模态词的意义有别于一级模态词.如果采用这些数理逻辑家的说法,那么,上面的引入方式便不合用,而须另用别法引入模态词了.

第二,亚里士多德讨论模态词时,曾和蕴涵词 $p \to q$ 一起讨论.但是必须注意,在模态词中讨论的 $p \to q$,绝不是"实质蕴涵",而是通常的指 p,q 有一定的意义联系的蕴涵.要讨论这种有内容联系的 $p \to q$,是不能借用上文所讨论的实质蕴涵的.曾有人把这种有内容联系的 $p \to q$ 解释为 $L(p \supseteq q)$,这仍不够妥当.既然上文所讨论的谓词演算中不出现有内容联系的蕴涵,因此我们这里暂且略去了.

还必须声明,在数理逻辑中,模态词部分仍是不够发展的,大家共同承认的结论也较少,上面只是姑且介绍一种说法,以借此帮助读者对模态词的了解和研究,

并不是说所介绍的说法是最好的，或者得到绝大多数人的赞同的.读者如果不满意这种说法，完全可以改用别的说法或者自创新说，不要受上面说法所限制.

§6　蕴涵词及其怪论

数理逻辑所研究的问题中，数学的推理（以及各种推理）占着一个很重要的地位.在推理过程中，免不了要使用“如果……则……”这种语句，这叫作蕴涵词.设 p,q 为两个命题，“如果 p 则 q”也读为“p 蕴涵 q”，在数理逻辑中一般记为“$p \supseteq q$”.

如果“$p \supseteq q$”成立，我们便说 p 与 q 之间有蕴涵关系，当 p,q 之间有蕴涵的关系后，我们便可以由 p 而推出 q.这个事实可表为下述规则（即分离规则）

由 $p \supseteq q$ 及 p，可推出 q

这种蕴涵关系和分离规则是我们大家日常都使用的，看来不会有人提出异议，也不会引起争论，但却出现了“蕴涵怪论”.

蕴涵关系到底是怎样的一个关系呢？我们是根据什么样的关系而断定可以由 p 而推出 q？

亚里士多德以后，古希腊后期逻辑学家发展了命题逻辑，他们便讨论到蕴涵关系，引入（实质）蕴涵，即把“p 蕴涵 q”定义为“非 p 或 q”，和今天普遍使用的实质蕴涵相同，由于古希腊的命题逻辑一直被人们看作不成熟的逻辑，认为不成样子，于是被人们完全忽略了.

当布尔发展便是逻辑时，他实际上是发展命题函数(即谓词)逻辑,基本上没有触及命题之间的蕴涵关系.

布尔稍后的麦柯尔,仿照类代数(集合代数)那样,把“p 蕴涵 q”定义为“$p \wedge q = p$(p 且 q 等于 p)”.这个定义是很合适的,因为,如果 p 跟“p 且 q”相同,那便意指 q 的含意包括在 p 的含意之中,故由 p 可得 q.可见,这个定义所说的“蕴涵”大体上与直觉上的蕴涵关系很符合,当然不会出现什么蕴涵怪论.

不久,弗雷格发表他的逻辑系统,在这个系统中,他以“蕴涵”作为基本概念,并以一个蕴涵怪论作为公理,这个怪论是

$p \supseteq (q \supseteq p)$(如果 p 真,则由任何命题 q 可推得 p)

亦即任何命题蕴涵真命题,亦即真命题可由任何命题推得.这个怪论是大家议论最多的一个,不过由于弗雷格所用的符号和通常所使用的大不相同,他的系统根本没有受到人们的注意,所以尽管他公开使用了蕴涵怪论,却没有引起任何争论.

皮尔斯继承了布尔的工作,并正式宣称布尔所发展的命题逻辑实质上是命题函数逻辑,在其前应该先发展真正的命题逻辑,即认定命题只有真假两值的逻辑.这时他碰到实质蕴涵了,他把它叫作 philonian conditional.他觉得这种蕴涵有些怪,不大合口味,因此他给出另一种真正的蕴涵(所谓 conditional proper),他认为前者只是后者的一个特例,后者则指:在任何情况下都或者 $p(i)$ 不真或者 $q(i)$ 真,而“任何情况”则可大可小,大可大到一切都可能的情况,小可小到永真,或永假.用今天的眼光看来,前者是只讨论真假情况的实质蕴涵,后者则是讨论含有个体变元的

“对一切 x，或非 $p(x)$ 或 $q(x)$”，即形式蕴涵：皮尔斯也正是这样理解的，他说了前者为后者的特例后，便进而详细讨论前者（即实质蕴涵）的性质，再进而讨论后者，讨论后者时，引入全称量词，从而进到谓词演算了.

如果说，皮尔斯已经对实质蕴涵感到有点不安，要靠真正的蕴涵来掩护，那么，继皮尔斯而来的施罗德便不得不正式对实质蕴涵做“解释”了，即花费气力替实质蕴涵作辩护. 根据实质蕴涵，我们有下列的怪论：

$p \supseteq (q \supseteq p)$：如 p 真，则任何 q 可蕴涵 p；

$\bar{p} \supseteq (p \supseteq q)$：如 p 假，则 p 可蕴涵任何 q；

$(p \supseteq q) \vee (\bar{p} \supseteq q)$：$p$ 蕴涵 q，非 p 蕴涵 q，两者必居其一；

$(p \supseteq q) \vee (p \supseteq \bar{q})$：$p$ 蕴涵 q，p 蕴涵非 q，两者必居其一；

$(p \supseteq q) \vee (q \supseteq p)$：$p$ 蕴涵 q，q 蕴涵 p，两者必居其一.

……

施罗德花了相当大的气力替它们辩护，可以说，蕴涵怪论已经开始引人注意了.

到罗素与怀特海的《数学原理》出版，其中以实质蕴涵为主要工具，把全部数学表达出来. 这才引起一片的哗然.

人们说，“任何命题蕴涵真命题”，这是很古怪的，“雪是白的”是一句真命题，但哪里能够承认“$2+2=5$ 蕴涵雪是白的”呢？

人们说，“假命题蕴涵任何命题”，这也很古怪，由“$2+2=5$”能够推出“张三打李四”吗？

人们大都承认有些命题是彼此无关的，互不蕴涵的，互相不能推出的. 但使用实质蕴涵后，“p 蕴涵 q，q 蕴涵 p，两者必居其一”，任何两命题必有蕴涵关系了，这和人们的直觉不符合.

如此等等.

上面所列的还只是施罗德等人已经列出并企图加以辩护的，其实还不算太古怪. 此外，更加离奇更加古怪的蕴涵式还有很多，试再举出一些.

下面的蕴涵式几乎可以说是能够举出其反例的：

$((p \wedge q) \equiv p) \vee ((p \wedge q) \equiv q)$. p 与 q 的合取必等价于 p，q 之一.

$((p \vee q) \equiv p) \vee ((p \vee q) \equiv q)$. p 与 q 的析取必等价于 p，q 之一.

$((p \wedge q) \supseteq r) \supseteq ((p \supseteq r) \vee (q \supseteq r))$. 如果由 p 与 q 可推出 r，则或者由 p 可推出 r 或者由 q 可推出 r.

$(p \supseteq (q \vee r)) \supseteq ((p \supseteq q) \vee (p \supseteq r))$. 如果由 p 可推出 q 或 r，则或者由 p 可推出 q 或者由 p 可推出 r.

试就三段论式而言，由两个前提可推出一个结论，照 $((p \wedge q) \supseteq r) \supseteq ((p \supseteq r) \vee (q \supseteq r))$ 所说，必可由其中一个前提推得结论，这能够承认吗？

人们认为，下列各蕴涵式根本不反映任何推理过程：

$((p \supseteq q) \supseteq p) \supseteq p$（皮尔斯已经发现它是永真式）；

$((p \supseteq q) \supseteq q) \supseteq ((q \supseteq p) \supseteq p)$；

$((p \supseteq q) \supseteq r) \supseteq ((p \supseteq r) \supseteq r)$.

举例来说，什么情况下便出现“$(p \supseteq q) \supseteq p$”呢？有什么例子表明只要这种情况出现，便可以推得 p

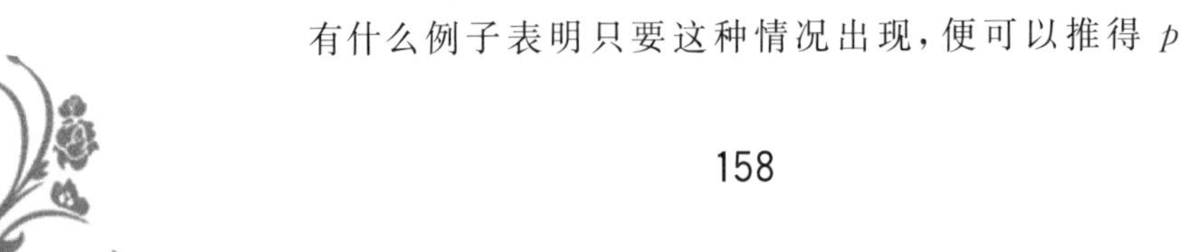

呢？什么情况符合于$(p \supseteq q) \supseteq q$呢？由它又怎样地可得$(q \supseteq p) \supseteq p$呢？这一切都是无法理解无法解释的.

既然有了这么多毛病，似乎实质蕴涵不合用了，应该永远革除于“蕴涵”的门外了.但是，《数学原理》一书表明了用它表示数学公式，非常方便而有用，为别的蕴涵所不及.后来数理逻辑越发展，越表明实质蕴涵在表达数学公式时以及在做逻辑讨论时的优越性，远非别的蕴涵词所能及.于是批评实质蕴涵的人和拥护实质蕴涵的人之间便发生大争论.批评的人一方面指出实质蕴涵的不妥，一方面提出新蕴涵词作为代替，但提出的新蕴涵词始终没有实质蕴涵那么方便、有用.

曾经有人向罗素挑战，要他从“$2+2=5$”这个假命题推出“罗素和某主教(下文写为x主教)是一个人”.

罗素接受了这个挑战，做出下列的推导：

“假设$2+2=5$，而我知道$2+2=4$，故得$4=5$.两边减 1 得$3=4$；两边再减 1 得$2=3$；两边再减 1 得$1=2$，大家知道罗素和x主教是两个人，因此，罗素和x主教是一个人，断言得证.”

这是不是一个笑话呢？是，又不是.因为在推导过程中凡是已知为真的定理都可使用，如今添入一个假命题，这个假命题和无数个真命题配合之后，自然会得到相当多的命题，得到好些意想不到的命题.要说，从某个假命题必不能推出某个命题，这是很难预先给出的.

关于实质蕴涵怪论的争论可能还要继续下去，而且可能还要继续一段很长的时间，不满意实质蕴涵的人继续指出它的古怪处，继续提出新的蕴涵词以备作为实质蕴涵的替代品，而拥护实质蕴涵的人将继续替实质蕴涵辩护，提出它的种种优点，有些人只承认它方便，有些人则说只有它才是真正的蕴涵词，别的概没有资格. 双方孰为正确，或者谁较正确一些，可由读者自己做出判断.

作者只提出几点：

第一，就日常所说的"如果 …… 则 ……" 而言，实质蕴涵在相当多的地方是不符合的. 在这方面，比较更适合些的似乎是麦柯尔引入的蕴涵.

第二，但就表述数学推理而言，实质蕴涵最为方便，是任何其他蕴涵词(包括麦柯尔所引进的) 所不及的，凡进一步从事推理过程研究的人，一般都有这种看法.

这两点看起来似乎矛盾，至少似乎不合情理，但我们可举一个例子以作旁证，或许可以解除大家的疑惑.

最初，我们只使用自然数，但由于实行除法时，常有除不尽的情况，相减时常有不够减的情况，于是人们便推广而得(正负) 有理数. 经过推广以后的数，和原有的自然数相比较，出现下列的情况：

第一，对于用数来计数这件事而言，新数有些"怪"乃至不合理. 例如，"三个苹果""四个人" 是很合理的，但"$\frac{1}{3}$ 个苹果" 便有些"怪"，但还可以勉强说把苹果切成三等块而取其中一块(当然这已很难说是"$\frac{1}{3}$ 个")，至于"$\frac{1}{4}$ 个人"，那不但"怪"，简直是荒谬了. "-3 个苹果" 还可以说"欠三个苹果"，但"-3 个太阳" 肯定没有

意义，向谁欠三个太阳呢？因此，如想用有理数来“计数”，常常是不但会出现怪现象，简直是会出现荒谬现象的.

第二，但在别的方面，新数不但方便而且更加合理. 例如，说“这根竹竿长 $6\frac{1}{3}$ m”“这个物体重 $4\frac{5}{7}$ kg”，这不但表述得精确，而且比说“三条这样的竹竿共长 19 m”“七个这样的物体共重 33 kg” 等还要简洁而清楚得多. 不说别的，在今天，如果我们只有自然数而没有有理数，我们会感到多么的不方便、多么的难过，要把一切事情都转弯抹角地改用自然数来叙述，我们将感到多么的矫揉造作，多么的可笑？

如果这个比拟还多少有近于事实的地方，那么我们对于实质蕴涵也将有适当的看法了. 如果这个比拟不对，那么读者可以另找论据而对实质蕴涵做出自己的判断来.

关于蕴涵词的问题就讨论到这里.

关于数理逻辑的三大派

第9章

所谓数理逻辑的三派，其实是关于数学基础理论的三派，因为他们是因数学基础的研究而产生的，所提出的见解多数是针对数学基础论的问题的，而三派的形成及其分歧，亦是因数学基础问题而来的. 所以实际上应该说是数学基础论上的三派. 不过因为数理逻辑的产生及发展，绝大部分是由于数学基础论而来的，因此大家异口同声地说是数理逻辑的三个流派，我们也就沿用这个称呼了.

这三个流派是：第一，逻辑主义派(logistic)，以罗素为代表；第二，直觉主义派(intuitionism)，以布劳威尔(L. E. J. Brouwer)为代表；第三，形式主义派(formalism)，以希尔伯特为代表. 严格说来，希氏本人的主张和后人所称述的形式主义并不全同，从希氏的著作看来，两者之间颇有异同；不过后人所称述的、下文所批评的形式主义的确有人主张并提倡，值得与之讨论，他们都奉希尔伯特为祖师. 为简便起见，我们亦以希氏为这种形式主义的代表，但严格说来，并不十分妥当，这是必须

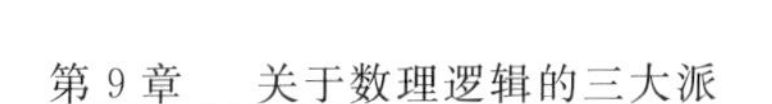

声明的.

以下便分别介绍三个流派的主要主张,顺便也提出一些批评意见,但并不准备详细讨论;我们没有提出批评的部分,并不意味着我们赞同其主张.

§1　逻辑主义派

逻辑主义的主要主张,可以综述为下列四点.

第一,数学即逻辑,两者之间没有分界线.罗素说"逻辑即数学的青年时代,数学即逻辑的壮年时代,青年与壮年没有截然的分界线,故数学与逻辑亦然".

第二,罗素特别做出详尽无遗漏的推演,以表明怎样一步一步地从逻辑而过渡到数学,其成果便是《数学原理》(与怀特海合著)一书.但在该书中,人们看得非常清楚,从逻辑并不能直接推出数学;如要推出,至少要添入两条公理,其一是无穷公理,须承认宇宙间个体个数是无穷的,否则连最简单的自然数也无法构成;其二是相乘公理(一般人叫作选择公理),没有它数学中好些关键性的定理根本无法推导.罗素为了维护他的主张,把凡是需要这两条公理才能推出的那些定理一律添入这两公理作为假设.例如,以前有定理 A,定理 B,如果定理 A 必须使用无穷公理才能证明,定理 B 必须使用相乘公理才能证明,这时罗素便改述为:

如果无穷公理(真)则 A;

如果相乘公理(真)则 B.

这样,这两条公理只是相应定理的前提,无须特别假设它们了.这样罗素便能够坚持他的主张.

第三，从逻辑过渡到数学时，必须发展集合论，而如上所述，集合论是自相矛盾的，没有相容性的，必须改造. 罗素的改造方法是使用分支类型论. 这种分支类型论十分复杂麻烦，又很支离破碎，很难说是明白而又简单的自然数论的前提. 韦尔(H. Weyl) 针对这点而评论说："数学并没有建基于逻辑之上，只是建基于逻辑家所创造的乐园之上罢了". 更明白些说，建基于罗素所创造的分支类型论的乐园之上罢了. 可以说，任何一个数学家对任何一个数学公式的理解，都是和罗素的分支类型论的理解不相同的，双方的差异是这么大，哪能说已经把数学归结到逻辑去了？

第四，更糟糕的是，从分支类型论并不能推出整个数学，对数学归纳原理的推导有问题，对实数论的推导更有问题. 为此，罗素又不能不引进可化归公理，只有借助于可化归公理才能导出数学. 但分支类型论的全部根据是"恶性循环原则"，只是根据恶性循环原则才使分支类型论站得住脚，集合论悖论的产生才解释得通，而可化归公理的精神与恶性循环原则相冲突. 引入可化归公理后，实质上便是取消恶性循环原则，取消了防止悖论的堤防，无论怎样替它辩护，说引进它以后仍不致发生悖论，人们仍然觉得其中极有问题. 从此以后，又分两种态度. 一种是罗素所采取的，干脆不用可化归公理，保留分支类型论的原来面貌，这时推不出全部数学，但却企图发展尽量多的数学. 另一种是直接采用根据可化归公理简化后所得的结果，即直接采用简单类型论. 这时可以推出整个数学了，但是恶性循环原则也被迫放弃了. 和分支类型论相比，理论上的根据少了，要证明相容性更困难了.

由上述四点看来，罗素的逻辑主义是有很多毛病的，是很需要改进的. 现在我们再比较详细地看看他的主张.

把数学还原于逻辑，其实并不始自罗素. 当戴德金从集合的概念而定义自然数时，戴德金便已提出这个主张. 他在 1887 年发表的《数的性质与意义》一文中，在序言的一开始便说，"在科学中凡是能够证明的都不应该不加证明而接受. 虽然这个要求看来是那么合理，但是我认为，即使是最近，在替最简单的科学奠立基础时，所用的方法也没有满足这个要求；我指的是逻辑学中处理（自然）数理论的那一部分. 在这里我把算术（代数，分析）算作逻辑的一部分，这是因为我认为，数的概念是完全与空间、时间的概念或直觉独立无关的，我把它（即自然数 —— 引者）看作思想规律的直接结果."

这段话和世人公认的逻辑主义者罗素所说的毫无差别，而且他的话不是偶然的只言片语，而是在他把自然数理论从集合论推出来以后再做总结而说的. 显然，戴德金应该是逻辑主义派的创始者之一.

弗雷格说："戴德金也有下列意见，即（自然）数理论是逻辑的一部分，但他的著作很难证实这个意见，因为他所用的表达式'系统'（集合）以及'一物属于一物'（的关系）在逻辑中并不是常用的，而且也不能还原到世所公认的逻辑概念."（《算术基础》）

弗雷格的指责可能是有理的（集合的概念似不属于纯逻辑范围），但要注意，这种指责不但适用于戴德金而且也适用于罗素和弗雷格自己（下文再详论）. 如果把集合概念放在纯逻辑范围内，那么在一定意义上戴德金的确是把数学还原到逻辑了. 罗素实际上是继承戴德金和弗雷格两人的主张而加以发展的. 当然,由于罗素把这派主张详详细细地、从头到尾地一一推导出来,因此更受到人们的注意,而逻辑主义便成了一个巨大的流派了.

由逻辑(集合论)而推出数学,必须借助于无穷公理和相乘公理,罗素把它们作为假设而列在相应的定理的前面,这个办法看来可以解决问题(使得由逻辑到数学的推导过程中,无须额外公理),不过细究起来,仍有一些疑问.

罗素自己对无穷公理和相乘公理是相当怀疑的. 他说,在他的逻辑体系中能够导出"全集与空集不同",是因为无形中假定了"至少有一个个体"的缘故. 他说,这个假定破坏了纯逻辑的"纯粹"味道而和现实世界打交道了. 他认为,即使全宇宙"一无所有",而逻辑法则无一不真,在逻辑学中是不应该假定"至少有一个个体"的. 他认为做这个假定,是他的逻辑体系的一个缺点. 既然不愿意承认"至少有一个个体",当然更不愿意承认"有无穷多个个体"了. 因此照罗素看来,逻辑中是绝对不应该假定无穷公理的,数学既然和逻辑一致,也是不应该假定无穷公理的. 如果要借助于无穷公理,只能够把它写在各定理的前提里面.

但这却和数学相反,一切数学家几乎毫无例外地承认自然数的存在,承认有无穷多个自然数. 对数学家说来,并不是"如果有无穷多个个体,那么自然数存在,从而自然数服从目前各运算规则". 对数学家说来,"有无穷多个个体,例如,自然数便是;自然数是存在的,而且是服从目前各运算规则的". 对数学家说来,如果在

某个理论系统中，推不出无穷公理，推不出自然数的存在，那么这种体系肯定不合用，至少可以肯定它推不出数学. 罗素所建议的体系正是这样的一个体系.

就算撇开这点不谈，我们要问：数学能够还原于逻辑加上无穷公理和相乘公理吗？

无论戴德金，还是罗素，实质上都是把数学还原于集合论. 弗雷格指出，集合论及其中的概念，并不是通常的逻辑概念，也不能还原于逻辑概念. 对于这点批评，后来的人似乎并不接受，迄今公理集合论已经列为数理逻辑的四大部门之一. 不过关于这个问题，我们应该略做讨论，弄清楚集合论究竟应不应该算作逻辑的概念.

在亚里士多德逻辑中，讨论主宾式语句，又名主谓语句. 在其中讨论主语和谓词，后来人们把这种语句解释为集合之间的包含关系，但遭到很多人的反对. 就我们看来，亚里士多德原来所说的主宾式语句，不是指集合之间的关系，但后人扩充而解释成集合之间的关系，虽然不合亚氏原意，亦未尝不可，但必须承认这是对亚氏原意的扩充，而不是亚氏的原意. 换句话说，谓词与集合这两者是截然不同的概念，不应混而为一的.

可惜的是，不但中世纪而且直到现在，很多人竟然认为谓词与集合这两者是相同的概念，是一而二、二而一的. 对此，我们想仔细检查其论证，并加以评论.

谓词实质上是一种函数，以个体域为定义域，而以真或假为其值. 因此每当我们提出一个谓词时，总想到它是具有空位的，必须在空位处填以具体的个体以后，意义才完全并分出真假. 通常所谓形容词、通名，等等都是谓词.

集合则是满足某条件的一切个体总括起来而组成,它没有空位而能独立地存在(能够独立地具有意义),当然其意义不表示为真假而表示为某种个体(抽象的个体),即它不以真假为值而以个体为值.

因此谓词和集合本来是完全不相同的概念,从各方面看来都是截然不同的,而主要区别有:

第一,谓词有空位,集合没有空位;

第二,谓词的空位必须填以具体的个体后,意义才完全,才具有值;集合(因为无空位)本身便是意义完全的,本身便有值;

第三,谓词(其空位填以个体后)的值为真假,集合本身的值为个体.

有了这个清楚的区别后,照理说两者应该截然分清,没有任何混淆的可能了.但令人奇怪的是,人们竟然把谓词和使该谓词为真的那些个体所组成的相应集合混而为一,最初是使用相同的名称,最后竟然在概念上混同起来,对谓词下定义时,竟然定义为相应的集合了.

例如,我们经常说:

(1) 这班学生正在上课;

(2) 这班学生共有五十人.

在这两句中都使用了"这班学生"的概念,但(1)句中"这班学生"实际上是谓词,(2)句中"这班学生"是集合.为什么呢?这班学生正在上课,其中每个学生都在上课,换句话说,每个元素都在上课,依古典的词汇说,"正在上课"可以"分配"到这班学生的每个成员上去,这时,"这班学生"指的是"谓词".反之,尽管"这班学生"共有五十人,但就每个学生而言,并不是"五

十人”而只是“一个人”，依古典词汇说，“共有五十人”不能“分配”到这班学生的每个成员上去，这时，“这班学生”指的是“集合”而不是谓词. 足见，在古典说法中，谓词与集合的区别是很受注意的.

在汉语里，通名常指谓词，作为集合时常加一“类”字于后（当然亦有例外，不是永远这样），例如：

“张三是人”（不能说：张三是人类）（谓词）；

“张三属于人类”（很少说：张三属于人）（集合）；

“张三是一个人”（不能说：张三是一个人类）（谓词）；

“张三是人类的一分子”（很少说：张三是人的一分子）（集合）.

足见在语言中，即使使用相同的字，有时仍稍做区别的.

但是，现在人们总把函数 $f(e)$ 和对偶集 $(x, f(x))$ 混同起来，从而总把谓词 $A(e)$ 和“使 $A(x)$ 为真的 x 所组成的集”混同起来. 例如，把“人”和“人类”看作一样，把“白”和“一切白色东西组成的集”混同起来，这是非常错误的，看了我们上面所指出的区别便可以知道了.

弗雷格和罗素既然不愿意采用纯逻辑里面所没有的集合概念，他们便用“谓词”来代替，而“谓词”是纯逻辑中的概念. 这样一来，他们便宣称他们能够从逻辑推出数学，亦即能够把数学还原到逻辑了. 对此，我们要更详细地看一看.

要从“集合”而得出“数”（即集合中的元素个数），这是一个跳跃. 集合论的创始人康托使用“抽象”的过程，用他的话说，便是：

"当我们对集合 M 的各个元素 m 的本质及它们在集合中的次序抽象掉以后,借助于思想的活动机能,我们便得到 M 的'势',或 M 的'基数'这个一般概念."

戴德金在从集合而获得自然数的概念时,也是使用这种抽象过程的,用他的话说,便是:

"当考虑由映象 ϕ 而排序的、简单无穷的集合 N 时,如果我们抽象掉其元素的各种特殊性质,而只保存它们(即各元素 —— 引者)的彼此区别以及它们在排序 ϕ 之下所出现的关系,这时这些元素便叫作自然数或序数."

显然,依照康托和戴德金的做法,从集合论还不能马上得到基数,还必须依靠一个"抽象过程",这显然是一个新概念、新过程,既不在集合论中也不在纯逻辑中.所以尽管戴德金自己宣称"算术(代数和分析)是纯逻辑的一部门",人们并不承认他是逻辑主义的真正创始者,这是有一定的道理的.

人们所承认的逻辑主义真正创始者是弗雷格和罗素,他们在这关键的地方,提出一个关键的说法(设 M 为一个集合):

"M 的基数并不是从抽象过程获得,它就是与 M 等价的(即与 M 成一一对应的)那些集合所组成的集合."

换句话说,"M 的基数就是与 M 等价的集合所组成的集".因为"与 M 等价的"可以在集合论中表述,所以上面的说法可以完全在集合论中讨论.至此,才真正地从集合论中导出自然数论,才真正地把数学化归于集合论(从而化归于逻辑学).

照这个说法,基数(自然数是其一部分)就是集合

的集合. 这在集合论说来，是完全说得通的，丝毫没有问题的，因为集合本由个体组成(集合的元素本是个体)，但集合本身又是个体，故由集合当然又可以组成新的集合 —— 集合的集合.

但是，无论弗雷格或罗素，都不愿使用“集合”而使用“谓词”. 对弗氏言，这是因为“集合”不是纯逻辑概念而且不能还原于纯逻辑概念；对罗素而言，他为了解决集合论悖论，提倡无类论，认为集合(即类)是没有的，凡人们使用集合的地方，都只是为着说话方便起见才使用的，详细分析开来，并没有集合，只是一些谓词罢了. 不管原因如何，两人都坚决主张用“谓词”代替“集合”，因而，“基数”便不是“集合的集合”，而是“谓词的谓词”.

“集合的集合”是没有问题的，因为由个体可以组成集合，集合本身又是个体，当然有“集合的集合”. 但“谓词的谓词”呢?

如果把“谓词”看作“使谓词为真的那些个体所组成的集合”，那么“谓词”本身便是“集合”，当然亦没有问题，这样一来，这种“谓词”便不是纯逻辑概念，便应该受“无类论”的影响而不再存在，这当然不是弗雷格和罗素两氏的原意. 因此，两氏所说的谓词，应该是纯逻辑中的谓词，是古典说法的谓词，与“集合”有区别的谓词，亦即上文所说的具有空位的谓词，空位被填入个体以后才有意义的谓词. 对这种谓词而言，我们能够说“谓词的谓词”吗?

不管人们承认“谓词”与“集合”相同与否，“谓词”与“集合”之间有密切的关系、彼此非常相似，这是人们都愿意承认的. 更何况，在日常语言中，好像也的确有“谓词的谓词”. 例如，节俭、懒惰等显然是谓词(我们可以说“张三节俭”“李四懒惰”，等等)，但日常语言中常常说：

节俭是有益的，懒惰应该禁止；

张三喜爱节俭，李四憎恨懒惰.

这里“节俭”作为“有益”的变目，作为“喜爱”的变目；而“懒惰”作为禁止、憎恨的变目，换句话说，在上述各句中，“有益”“喜爱”“禁止”“憎恨”便是“谓词的谓词”(即以“谓词”为变目的谓词)了. 所以，看来“谓词的谓词”的存在似乎是没有疑问了.

但是，我们仍然觉得，“谓词的谓词”这种说法，从概念上说来便有问题. 谓词(与“集合”有区别的谓词)的特点在于它具有空位，必待空位填以个体以后，意义才算完全. 但在以上各句中，“节俭”这个谓词，其空位并未填以任何个体，仍然空在那里，它本身带着空位填到别的谓词的空位处去. 在这种情况下，它还有资格叫作“谓词”吗？我们觉得，作为变目的谓词(亦即填到别的谓词的空位处的那些谓词)已经丧失了谓词的资格，从而以它们作为变目的那些谓词(即“有益”“禁止”等谓词)不应该叫作谓词的谓词.

依我们看来，在日常语言中的上述语句应该另作解释，不应解释为“谓词的谓词”，这点以后再行详论.

既然只有“集合的集合”而没有“谓词的谓词”，基数只能作为“集合的集合”而不能作为“谓词的谓词”，因此数学只能还原于集合论而不能还原于纯逻辑.

集合论本是数学的一个部门，把数学还原于集合论，正和把非欧几何还原于欧氏几何，把几何(借助于解析几何)还原于实数论，把实数论还原于自然数论

及集合论那样，是很经常的现象，不值得大惊小怪.

既然集合论是数学的一个部门，不是逻辑学的一部分，上文我们为什么把(公理)集合论作为数理逻辑的四大部分之一呢？这一点也不奇怪，因为包含这四大部分的数理逻辑是广义的，是推广以后的数理逻辑. 而逻辑主义流派主张的“数学是逻辑学的一部分”，指的是纯逻辑，相当于我们上文所说的“逻辑演算”的部分. 如果把上述四大部分都作为纯逻辑，那么其中有递归函数论，已经把自然数论都包括在内，把数学还原于包括自然数论在内的理论体系，这是人人都承认的，无须逻辑主义者出来提倡了.

总之，纯逻辑没有无穷公理、相乘公理，纯逻辑里面没有“集合的集合”或“谓词的谓词”这些概念，这就使得逻辑主义的主张 —— 数学与逻辑本是一家 —— 无法说通，从而逐渐地人们便不相信逻辑主义了.

如果把基数定义为“集合的集合”，那便是建基于集合论，须解决“集合论悖论”；如果把基数定义为“谓词的谓词”(这本来是不通的)，那便是建基于“高级谓词论”，须解决“谓词论悖论”. 无论如何，“悖论”非解决不可. 对此，罗素所提的解决办法也是很值得商榷的.

罗素把各种悖论加以分析归纳以后，认为“一切悖论 …… 都有一个公共特征，即自己征引自己，或自反性”(《数学原理》61 页)，又说“对应该避免的那些悖论稍加分析，可知它们都是由于某种恶性循环而来”，而恶性循环来自使用一些不合法的总体.“有一原则能够使我们避免不合法总体，可叙述如下：‘凡是牵涉到一集体的全体者，它本身不能是该集体之一分子；反之，如果假定某一集体有一个总体，它便将含有一个元素（只能由该总体才能定义的元素），那么该集体必没有总体'"（同上书 37 页）. 罗素把这个原则叫作"恶性循环原则"，因为用它可以避免恶性循环. 根据这个原则，罗素便发展他的分支类型论.

近来人们已经严格地区分"函数"（包括"谓词"）和"含变元的公式". 例如 sin e，e_1+e_2 为函数（e，e_1，e_2 为空位），而 sin x，$x+y$ 为含变元的公式（x，y 为变元），我们可以说：把常数、常项填入"函数"（谓词）的空位处，可得到一常项或常命题，而把若干变元（另外也可有一些常项）填入空位处，如果空位全被填满，便得"含变元的公式"，如果空位仍未填满，便得"含变元的函数（谓词）". 函数和谓词（含变元或否）必含有空位，意义不完整，而"含变元的公式"则没有空位，意义是完整的，只是其值不能马上决定罢了（不含变元的公式则可马上定其值）. 下面的讨论，包括公式及函数（谓词）而言，为简便起见，仍叫作公式（严格些，可叫作广义公式）.

罗素的类型论是对于（广义）公式所做的一种分类. 其说法大体如下（以前人们介绍时每每做了若干修改，现在根据他原来的说法，即发表于《数学原理》中的内容介绍）.

个体叫作 0 级谓词，含个体空位（即应填以个体的空位）的谓词叫作一级谓词. 一般地，须填以 n 级谓词的空位叫作 n 级空位. 一个（广义）公式，如果含有 n 级以下空位，n 级以下的约束变元，$n+1$ 级以下常谓词或 $n+1$ 级以下的自由谓词变元，而且或者至少有一个 n 级空位或一个 n 级约束变元或一个 $n+1$ 级常谓词或

自由谓词变元，那么该(广义)公式便说是 $n+1$ 级的，根据它有没有空位而叫作 $n+1$ 级谓词或 $n+1$ 级公式. 例如(e_1, e_2 等为空位)：

$\forall\varphi\forall A(\varphi(A, e_1)\supseteq Ae_2)$ 为具有空位 e_1, e_2 的三级谓词；

$\forall A\exists z(\varphi(A, e_1)\supseteq(Ae_2\vee Az))$ 为具有空位 e_1, e_2 的二级谓词(φ 为二级级常谓词或二级自由谓词变元).

但它却是具有空位 e_1, e_2, φ(二级空位)的三级谓词.

在罗素的类型论中，“直谓公式”(predicative)一词占中心的地位. 但这个词罗素在不同的地方给出不同的定义.

(a) 只含常项及自由变元及空位的(广义)公式为直谓公式(这是《数学原理》十二章中的说法).

(b) 含有 n 级空位的 $n+1$ 级公式便是直谓公式，更明确些，是 n 级直谓谓词.

根据定义(a)而为直谓的公式根据定义(b)也必为直谓公式，但根据定义(b)为直谓公式根据(a)未必是直谓公式，因此定义(b)所包含的直谓公式较广. 例如，同样是具有空位 e_1, e_2, A(一级空位)的二级公式：

(1) $Ae_1e_2\supseteq Ae_2e_1$ 对(a)(b)而言，都是直谓公式；

(2) $\forall z(Ae_1e_2\supseteq Ae_2z)$ 对(b)而言是直谓公式，对(a)而言则否.

这是因为在(1)中没有任何约束变元，而在(b)中有约束变元故依(a)而言不是直谓公式，但它是二级公式而含有一级空位(A)，故依(b)而言仍是直谓公式. 下列公式：

(3) $\forall B(Be_1e_2 \supseteq Be_1e_2)$ 对(a) 对(b) 而言都非直谓公式. 这是因为(3) 中含有约束变元,故对(a) 而言不是直谓公式,又因它是二级公式而不含有一级空位(只有 0 级空位 e_1,e_2),故对(b) 言也不是直谓公式.

以上便是罗素的分支类型论的大概. 根据这种说法,一谓词和它的空位必不同级,因此"$A(A)$" 便不成其为公式(因为,如果谓词 $A(e)$ 的空位 e 为 n 级,则 A 为 $n+1$ 级,不能把 A 填到 e 处去而得 $A(A)$). 这样,集合论悖论(或谓词论的悖论) 便可避免了.

分支类型论可以说是恶性循环原则的具体表现. 根据恶性循环原则,如果一公式中出现有 n 级约束变元,例如出现"$\forall A$"(而 A 为 n 级),则该公式必须假定了 n 级谓词的全体,从而该谓词不能再为 n 级而至少必须为 $n+1$ 级. 可以说,把约束变元的级型也考虑进去,这是恶性循环原则的要求,遵循恶性循环原则的人,必须考虑约束变元的级型,从而必然得出分支类型论.

但是,分支类型论的禁例太严,以致无法推出全部数学. 为此罗素便引入可化归公理:"任何(广义) 公式都可以和一个直谓(广义) 公式相等价". 引入了可化归公理后,罗素便以具体的推导而把全部数学推了出来.

分支类型论的直谓公式有一个特点:$n+1$ 级直谓(广义) 公式,必含有 n 级空位. 因此,只要空位的级确定了,整个(广义) 公式的级也就定了,这样,只说"以某某为空位的直谓谓词" 也就可以决定其级了.

如果我们只留下直谓(广义) 公式而不再使用非直谓(广义) 公式,那么级的划分便决定于空位的划

分. 只根据空位划分类型(不再考虑常谓词、自由谓词变元、约束变元的级型),所得的便是简单类型论. 由于可化归公理看来过于人为,不像一条自明的逻辑公理,而其作用不外是把分支类型论简化成简单类型论,因此人们大多不愿采用可化归公理而采用简单类型论(但罗素则既不采用可化归公理,也不采用简单类型论,而采用无可化归公理的分支类型论,这时便不能推出全部数学了).

简单类型论显然比分支类型论简单得多,也有力得多(可以推出全部数学),但仍有其缺点. 第一,它仍与日常习惯不合,仍显得不必要的麻烦和不自然. 例如,即使根据简单类型论,仍须讨论各级的自然数,各级的实数,等等,这是任何数学家都未曾这样做过的. 更使人惊奇的是,空集本是空无元素的,应该与元素的类型无关的,但仍须分 0 级空集、1 级空集,等等,这不是无理取闹吗? 第二,它的精神与恶性循环原则相抵触. 例如,$\forall A \forall B(Ae \supseteq Be)$ 被定为 e 的一级谓词,与 Ae(A 为常谓词) 同级,但前者却含有 $\forall A$, $\forall B$,牵涉到一切一级谓词,而仍放在一级谓词中,这明显地违犯了恶性循环原则的禁例. 既然不尊重恶性循环原则,还有什么根据要对谓词、函数、(广义) 公式划分为各级类型呢? 反不如公理集合论那样,根本不理睬类型的划分更为自然.

恶性循环原则最初是由庞加莱提出的,立刻为罗素所接受(并加以充实完善). 它似乎很有哲学根据,似乎很有说服力. 罗素便说,逻辑类型论的第一好处是能够解决悖论,“但这个理论并不完全依靠这个间接的好处:它和常识是共鸣的,这就使得它有固有的可信性”(《数学原理》37 页).好些人都说,尽管类型论是麻烦的、不方便的,但它有哲学的根据,使得人们无法驳斥它.就是主张逻辑主义的罗素,尽管知道分支类型论推不出整个数学,宁可引入极难为人接受的可化归公理,也不愿放弃分支类型论,等到大家一致反对可化归公理后,也宁可采用不具可化归公理的分支类型论,也不愿采用简单类型论.为什么呢?不外是:决不能放弃恶性循环原则.

因此,我们应该对恶性循环原则略加考察一下.

首先,必须指出,只当所讨论的总体尚在构造之中还未构造完成时,恶性循环原则才能生效,对已经构造完成的域(所谓封闭的域)它是不适用的,因为当我们对所讨论的域已经构造完成时,我们完全有理由用牵涉到全体的那些性质来确定其中的元素.例如,“该域中最美丽的元素”“该域中变化最快的元素”,等等,这没有任何可以非难的地方.在数学中也是这样,例如,在数学中,经常利用下列性质而定义数 0

数 0 是使得对一切数 x 而言均有 $0 \cdot x = 0$

这里“一切数 x”显然包括数 0 在内.又如,经常利用下列性质而定义数 1,即

数 1 是使得对一切数 x 而言均有 $1 \cdot x = x$

这里“一切数 x”也显然包括数 1 在内.这种做法不但方便,而且在很多地方简直是不可避免、不可缺少的.人们何尝考虑过什么恶性循环原则呢?显然,在数学中人们并不尊重、甚至于根本未考虑到恶性循环原则.

退一步说,为了避免悖论不得不求助于恶性循环原则,既求助于恶性循环原则,便不得不把个体域当作尚在构造之中亦即尚未构造完成的域.这样做成不成

呢？如果这样做，那么全称量词 $\forall x$ 与存在量词 $\exists x$，便不该使用，因为这两种量词的使用是以个体域是封闭域为前提的. 对构造之中的个体域，如果想使用量词，至少得像直觉主义者那样，要重新解释量词(从而其规律也须有所更改，不能照通常方式使用)，但是主张恶性循环原则、主张分支类型论的人，却照通常方式那样使用量词，这是说不通的，是不能服人的.

最后，恶性循环原则即使完全正确，应该尊重，但如何运用它、如何解释它仍值得考虑. 即使我们承认"凡牵涉到某集体的总体的必不是该集体的一分子"，我们也只能够做出结论："或者该集体没有总体，或者只靠该集体的总体才能定义的元素不能出现于该总体之中，如必须在该集体之中，则根本不存在"；换句话说，我们只应该或者否认该总体的存在，或者否认所定义的元素的存在，但罗素只选择前面的可能，这只能说是他个人的偏好. 这是一个很不幸的偏好，分支类型论的复杂、不方便，完全由于这个偏好而来. 如果我们选择后面一个可能，结果简单得多，方便得多. 因为现在已知道，选择后面一个可能的，所得结果大体上便是奎因(W. V. Quine) 所提出的系统 *NF*，在这个系统中，分支类型论的一切琐碎、不自然之处，大体都克服掉了.

因此，作为逻辑主义者的代表 —— 罗素，他的理论虽然在数理逻辑发展史上起过巨大作用，但在今天看来，他的说法毛病极多，急待改进. 不但系统不够简洁，即其主张本身亦有很多不妥当的地方，这是今天对逻辑主义派的一般评论.

§2　直觉主义派

现在都以布劳威尔作为直觉主义者的代表.其实直觉主义的观点渊源极古,差不多各代都有.远的不说,19世纪的克罗内克(L. Kronecker)便强调能行性,说当时的好些定理都只是符号的游戏,没有实际意义.他的有名语句:"上帝创始自然数,别的都是人造的"(据说,这是他在午餐上说的话,并未发表过),其意是说,只有自然数是真实存在,其余都只是人为做出的一些文字符号罢了.以后又有法国的半直觉主义派,他们公开否认选择公理(即罗素的相乘公理),认为根据选择公理而作的集合,根本没有能行性,不能承认其存在.他们首先提出能行性(effective)的概念,没有能行性的便不承认其存在.所有这一切,可以说都是布劳威尔的直觉主义的前驱.只是因为布劳威尔的主张最坚决,和形式主义斗争最长久也最激烈,所以人们便以布劳威尔的学说作为代表了.

布劳威尔的学说最彻底也最广泛,好些主张(例如,不准承认排中律)也最惊人.开始,人们是不了解他的.例如,希尔伯特曾说:"不准数学家使用排中律,就和不准天文学家使用望远镜一样",又说:"数学家中居然有人不承认排中律,这是数学家的羞耻".这些话都由于不理解布劳威尔的观点所致,后来当他弄清楚布劳威尔的观点后,他便吸收布劳威尔的观点,在希氏规划里要求使用有穷性观点,认为只有有穷性观点才可靠,这正是直觉主义的中心观点.由这也可以看见各

种学派相互争论、相互促进的例子.

布劳威尔强调能行性,因而对任何无穷集合(即使是极明显极单纯的自然数集合)都不认为是构造完成的,而是在构造中的.此外有关数学的真理性问题,他亦有好些特创的见解,例如,他强调人们的直觉活动(故有直觉主义之称).关于这方面,我们不准备详细讨论.下面我们仍限于从数理逻辑方面介绍及评论他的学说,哲学方面的讨论则请参考其他人的介绍及批评.

直觉主义派一开始便把其讨论范围限于数学命题,并明确地说,所谓一命题真是指已证明其真,一命题假是指证明它为假,亦即当假设它为真时可导致矛盾,因此反证法是可以用的,但只限于用以证明否定命题.

关于命题联结词,他们的说法是:

“非 A”指证明 A 为假,即假设 A 真将导致矛盾.

“A 且 B”指既证明 A 真又证明 B 真.

“A 或 B”指或证明 A 真或证明 B 真.

“如果 A 则 B”要求 A 与 B 有一定的关系,亦即要求有一个过程,当把这个过程与证明 A 真的过程配合起来后,可以证明 B 真.

关于量词的理解,直觉主义者和通常的理解是不相同的.依照通常的说法,亦即古典逻辑的说法,个体域虽然是无穷域,但我们认为它是已经构造完成的封闭域,是完整地“摆在那儿”的,因此可以把全部个体逐一地检查完.如果全体的个体都使 $A(x)$ 成立,便说 $\forall xA(x)$(读作:一切 x 都使 $A(x)$ 成立)真,如果至少有一个个体使 $A(x)$ 成立,便说 $\exists xA(x)$(读作:有 x 使 $A(x)$ 成立)真.由于我们承认可以检查完全体,因

此如果不是全体 x 均使 $A(x)$ 成立，则必有一个 x 使 $A(x)$ 为假，即我们有(上面的一小横表示“非”)：

由 $\overline{\forall} xA(x)$(不是一切 x 都使 $A(x)$ 成立)可以推得

$$\exists x\overline{A}(x) \quad (\text{有 } x \text{ 使 } A(x) \text{ 不成立})$$

反之，如果没有一个 x 使得 $A(x)$ 成立，则必是每个 x 都使得 $A(x)$ 假，即我们又有：

由 $\overline{\exists} xA(x)$(没有 x 使 $A(x)$ 成立)可以推得

$$\forall x\overline{A}(x) \quad (\text{所有 } x \text{ 均使 } A(x) \text{ 不成立})$$

逆理显然是成立的，即我们有：

由 $\exists x\overline{A}(x)$ 可以推得

$$\overline{\forall} xA(x)$$

由 $\forall x\overline{A}(x)$ 可以推得

$$\overline{\exists} xA(x)$$

这些便是古典逻辑里所承认的量词规则.

直觉主义者既然认为任何无穷集合都只是在构造中而不是构造完成的，当然不能承认能够把所有个体都检查完. 在这种情况之下，对量词 $\forall xA(x)$ 和 $\exists xA(x)$ 该做怎样的解释呢？

对 $\forall xA(x)$ 不应解释成“全体 x 均使 $A(x)$ 成立”(因为我们无法检查完全体)，而只应解释为“任何 x 均使 $A(x)$ 成立”，其意是说：“可以保证，任凭选取一个个体，它都使 $A(x)$ 成立”. 这两个解释的差异点在哪里呢？如果知道“全体 x 均使 $A(x)$ 成立”，我们当然敢做这个保证；但为了要做这个保证却无须一定检查全体，可以根据别的情况而做出保证. 试举一例，假如可以不利用 x 的任何别的特点，只利用 x 为该集合的元素，亦即只假定 x 是以该集合为变域的变元，便能够

证明“$A(x)$ 成立”，那么即使该集合是无穷集，我们永远无法检查完全体 x，我们仍可以保证“任何 x 均使 $A(x)$ 成立”. 足见在“全体 x 均使 $A(x)$ 真”和“任何 x 均使 $A(x)$ 真”之间是有微小的差别的. 不强调能行性的人，这点小差别可以忽视，甚至可以认为没有差别，但强调能行性的人，这却是关键性的差别了.

对 $\exists xA(x)$，仍和通常说法一样，指“有一个 x 使 $A(x)$ 成立”，但因强调能行性，这个“有 x”，必须给出找出该 x 的方法. 如果只是由于“假定没有 x 将导致矛盾”，这是不能算作“有 x”的，因为没有给出找 x 的方法. 因此，直觉主义所说的 $\exists xA(x)$ 是指：有一个能行过程可以在有限步骤内找出使 $A(x)$ 为真的那个 x.

在这种解释之下，通常所承认的一些逻辑规则便不再成立了. 特别是排中律，即“A 与非 A 必有一真”，亦即“A 或非 A”，便不能加以承认了. 因为我们没有一个过程，可以保证对任何命题 A 而言，或证明 A 或证明非 A；显而易见，这样的证明过程是没有的. 布劳威尔说，“承认排中律实际上便是承认对每个数学命题都能够或证明其真或证明其假”. 这是因为，对于直觉主义来说，要说“A 真”便须证明它真，要说 A 假便须证明由 A 可导致矛盾. 排中律说，“A 或非 A”，那是肯定能够或证明 A 真或证明 A 假. 直觉主义者认为，这种肯定是不能承认的.

当然，通常的古典说法也承认，并不是对每个数学命题都已证明其真或证明其假，事实上，存在大量的数学命题既未证明其真亦未证明其假. 但大部分人认为，这是目前知识不够所致，这些未证明其真亦未证明其假的命题，将来总有一天会判定其真假的(或证明其真或证明其假).但这种信念从何而来?有什么根据呢?当然,以前未解决的数学命题现在逐渐解决了,但事实上,每解决一个难题,更多的未解决问题每每随之而来,情况是:未解决的命题并不是越来越少,反是越来越多!我们有什么根据说任何命题将来总有一天可以或证明其真或证明其假呢?

如果说,即使不能证明,但"该命题总是或真或假的",这正是通常古典的看法,但是这句话的根据又是什么呢?一检查,根据恰巧是排中律!目前正在争论是否承认排中律,这个根据便毫无价值了.

排中律断定每个命题或真或假,两者必居其一.不承认排中律的人,是否必须承认每一命题可以有至少三个值:真、假和第三值(非真非假)?引起人们惊奇的是:布劳威尔说,没有第三值,而且更明确地说"排中律不假",后者便是有名的"排中律矛盾的矛盾"(其意是:"谁说排中律矛盾,他便陷于矛盾了").

照直觉主义者的说法,在数学命题中,有些是已经证明了的,它便是真,有些已导致矛盾,它便是假,此外还有许多命题,既未曾证明也未导致矛盾,但这只反映出我们目前的知识情况,并没有刻画出该命题的本质.因为,对该命题而言,今后可能证明其真,亦可能由它导致矛盾,那么它们便应归到前两类去了.有没有今后仍未能证明其真或证明其假的呢?当然有,但这仍只反映我们今后的知识情况,仍未能反映该命题的本质.直觉主义断然肯定,不可能有(亦即不可能举出)一个命题而能断定决不能证明其真亦决不能证明其假.直觉主义者既断定没有这种命题,当然不承认有第三值了.

至于布劳威尔肯定排中律不假，这也很容易看出的．排中律说“A 或非 A 必有一真”，如果说排中律假，那便必须说：A 及非 A 都不真，但“A 不真”即“A 假”即“非 A 真”，于是说排中律假便必须说“非 A 既真又不真”，这与矛盾律相冲突，直觉主义是承认矛盾律的．直觉主义既不承认排中律（即不承认它为真），又承认排中律不假，很使人迷惑不解，其实这只是因为直觉主义区别了“真”与“不假”，而通常说法则不加区别罢了．

对直觉主义说来，每一命题可以有下列三个情况之一：

（1）真；（2）不真（＝假）；（3）不假．

换句话说，对每一命题，可以说出三个情况．例如，对直觉主义说，“如果 A 则 A”是真命题，“A 既真又假”是假命题，而“A 或非 A”（即排中律）是不假命题（它虽不假，但不能算真命题）．于是有人便说，这便清楚地表明直觉主义使用三个值：真、假、不假．既然如此，为什么直觉主义不敢承认自己采用三值逻辑呢？这是因为，这三个情况并未穷尽了一切情况．

其实，如果用这三个情况对直觉主义所承认的逻辑规律从形式上做分类：有些规律不以否定开始，有些规律以一个否定开始，有些规律以两个否定开始，这倒是很好的，但它并未反映出每个命题的本质．最明显的是：如果命题只有三值，那么直觉主义系统内应有下列的逻辑规律：“或 A 或非 A 或非非 A”，而它并非直觉主义的逻辑规律．足见对逻辑规律所做的形式分类与命题的本质无关，说直觉主义采用真、假、不假三值是没有根据的．

据逻辑家们的研究可知，直觉主义不但承认排中律不假，而且在命题演算范围内凡是古典逻辑的规律，直觉主义都承认不假(但只承认其中一部分为真)，因此，在命题演算内，直觉主义逻辑只是古典逻辑的一部分，只是在古典逻辑的规律中，分成两部分，一部分仍承认其真，承认它为规律，另一部分则不承认为规律，只承认它不假罢了.

在谓词演算内情况又大不相同. 在这部分内，古典逻辑的逻辑规律，对直觉主义说来，可分成三种：

第一种，承认它为真，即仍承认它为逻辑规律. 例如“$\forall xA(x) \supseteq \exists xA(x)$”(如果任何 x 都使 $A(x)$ 真，则有 x 使 $A(x)$ 真).

第二种，承认它不假，即虽不承认它为逻辑规律，但认为是不能举出反例的. 例如，“$\overline{\overline{\forall}} xA(x) \supseteq \forall xA(x)$”(如果任何 x 都使 $A(x)$ 成立这句话不假，则任何 x 都使 $A(x)$ 成立)，它虽不是直觉主义逻辑规律，但不可能举出反例.

第三种，认为它是假的，即不但不承认它为逻辑规律，而且认为可以由它导致矛盾，故可以举出反例的. 例如，“$\forall x\overline{\overline{A}}(x) \supseteq \overline{\overline{\forall}} xA(x)$”(如果任何 x 均使得 $A(x)$ 不假，那么，说任何 x 均使得 $A(x)$ 成立这句话也是不假的). 直觉主义逻辑认为，这个公式不但不是逻辑定律，而且它是错误的，可以举出反例的.

因此，尽管在命题演算内，直觉主义逻辑是古典逻辑的一部分，但在谓词演算内，直觉主义逻辑除包含古典逻辑的一部分外，还有一部分是和古典逻辑互相冲突的，这可是一个惊人的现象.

在命题演算内，直觉主义之所以只是古典逻辑的一部分而不是全部，这并不奇怪，因为古典逻辑不注重

能行性，在其逻辑规律中，具能行性的规律固然不少，但不具能行性也不少. 对直觉主义说来，既然强调能行性，后面这部分规律自然只能删除了，所以直觉主义只是古典逻辑的一部分了.

但在谓词演算内，为什么居然出现两者互相矛盾的说法呢？以前欧氏几何与非欧几何所以不同，由于两者的公理不同，现在大家都使用有具体内容的量词，并非任意假设的公理，为什么会得到互相矛盾的说法呢？问题在于，“量词”虽有具体内容，不是任意假设的东西，但双方对量词的解释不同. 既然解释不同，当然会得出相反的结论了，这是一点也不奇怪的.

以上我们只是在纯逻辑部分（命题演算与谓词演算）内介绍直觉主义，在别的部分内直觉主义也有其独特的理论. 例如，在集合论、自然数论、实数论内，直觉主义的说法都和古典说法截然不同，尤其是他关于实数论、连续统的处理，更和古典说法大大不同；对于这一切，这里就不能过多介绍了.

现在大家对直觉主义的看法，总结起来有下列几点：

第一，直觉主义逻辑有其哲学上的根据，须同时与其哲学一起讨论才能见其全貌.

第二，直觉主义强调能行性，大家都认为这是很对的，是很重要的.

第三，直觉主义因强调能行性而反对古典逻辑，一般认为这是不必的，一般都主张利用古典逻辑来研究能行性.

第四，直觉主义因反对古典逻辑，从而需把整个逻辑及数学全盘改造，连人们日常认为最简单的、最明白无讹的部分也需重新审查.这显然是一件非常艰巨的工程.再由于直觉主义逻辑过于强调能行性,反变得啰唆、不方便起来,从而这个数学改造运动进展极慢,几乎可以肯定难于成功.

§3 形式主义派

在数学基础问题上,围绕着形式主义发生的争论最多,主要问题是:数学的真理性体现在什么地方?这问题的争论由于非欧几何的建立而更为尖锐.

当非欧几何得到人们的承认,亦即当得出互相矛盾的定理的两种几何都证明了不自相矛盾的时候,人们便要问:数学的真理体现在哪里?

试想想,一个几何说,过直线外一点只能作一条直线不与原有的直线相交;另一个几何说,过直线外一点至少可作两条直线不与原有的直线相交;这两个几何不是互相打架了吗?理应至少有一个是错误的,为什么两个几何都不矛盾、都能成立呢?

人们回答说:几何的真理不体现在它所说的定理上,而体现在"如果某某公理真则某某定理成立"这种蕴涵式上.依照这种解释,那么几何学应该说"如果某某公理真则某某定理",只是因为整本几何都以同样的公理为前提,即"如果某某公理真"这顶帽子是从头到尾都戴着的,所以省略不说罢了.

代数、算术(实数论、自然数论)等也有同样的现象,人们也可以把其中某些公理替换,得出新的代数、新的算术,因此代数的真理、算术的真理也不是体现在

其定理上，而体现在“如果某某公理真则某某定理成立”这种蕴涵式上.

依照公理法，例如在希尔伯特的《几何基础》中所说的，每个公理系统都要有一些基本概念，用以定义别的概念，而它本身却不能再有定义（否则便成了循环定义了）；又都要有一些公理，用以推导别的定理，而它本身却不能再行推导（否则便成了循环推导了）. 可以说，基本概念没有任何内容，它的任何性质只能依靠公理而确定，这是公理法所必须坚持的，如果容许对基本概念私添内容性质而不写到公理中去，那便不成其为公理系统了（欧几里得除掉利用写在公理中的性质以外，还从直觉上借来许多性质，于是人们都认为欧几里得的公理不够，须加补充，这个补充到 19 世纪最末一年才算完成）. 但是公理又是用基本概念写成的，基本概念的含意未定，公理含意也未定，含意未定的东西，哪能用以确定基本概念的内容性质？因此，依照公理法说来，基本概念的确定须依靠公理，而公理意义的确定又须依靠基本概念，互相依靠，到头来谁也依靠不了，根本成了没有任何内容的东西.

这个情况可用罗素下列这句话表达出来：“数学这门科学是既不知道它说些什么、也不知道它所说的是否真确的一门学问.”这话并不完全是笑话，而是有一部分理由的. 因为基本概念没有定义，所以人们不知道数学到底“说些什么”，又因为公理是没有证明的，所以人们不知道数学“说的是否真确”.

当然，这句话是一句俏皮话，罗素本人也并没有采用这句话所提的看法，一般人也不这样看. 大家都认为，基本概念等于未知数，公理等于方程式，由公理而确定基本概念,正如由方程式而确定其根一样,是完全可以的,只需解方程便成了.

但是,在方程中除了未知数以外,别的全是知道的,比如,数学中的运算符号、等号,等等,如果没有这些已知的东西作为骨架,全部都是未知,那是不成其为方程的,更不能用以确定未知数的.

同样,公理系统中的公理,要能用以确定基本概念,则公理中也必须有一些已知东西作为骨架才成.这些比数学的基本概念更为基本的东西是什么呢?罗素说,它们就是逻辑中的基本概念,从而逻辑概念必须是已知的具有内容的东西.于是,罗素便真正地给出他的关于数学的定义如下:

“数学是形为‘p 蕴涵 q’的一切命题的集合,这里 p,q 是包含有若干变元的命题,两命题中所含的变元都一样,而且除逻辑常项外,p 和 q 不再含别的常项.”(《数学的原理》,1903 年).

这样回答对纯数学说来,似乎说得相当完满的了(虽然一般人认为,数学的真理体现在定理上而不是在“公理蕴涵定理”这个蕴涵式上),但就是罗素本人,就是在说这句话的时候,他正在从事把逻辑公理化,即正在对逻辑构作一个公理系统,在其中也列出无定义的基本概念和无证明的公理,总之,在纯数学中出现的情况在纯逻辑学内又重复出现了.人们又要问:逻辑的真理体现在哪里?

这时罗素采用逻辑主义了,他对他所建立的关于逻辑的公理系统,不再看作无内容的形式系统,而看作是对一个有内容的(其内容为逻辑)理论所做的公理系统,因而他对“逻辑真理”的问题,回答也就不一样

了.他的回答最好和他的学生维特根斯坦的回答一起介绍.

维特根斯坦对什么是逻辑真理的问题做了下述的回答.他认为,逻辑规律的真理性,体现于它穷尽了一切可能性.能够穷尽一切可能性的那些话,他叫作重言式(tautology).他说,逻辑规律都是重言式,穷尽了一切可能性.由于它穷尽一切可能性而不对任何可能性有所排除,因此它不会假,但它既穷尽了一切可能性,实际上便不对任何事实有所肯定,从而它也根本没有告诉我们任何事实知识,等于一句废话.总之,依照维氏,逻辑规律穷尽一切可能,对事实不做任何肯定,其为真理便由于这个缘故.

举个例说,如果我说“今天下雨”,我便对事实有所肯定,我这句话便可真可假,符合事实的为真,不符合事实的为假,其真假靠外界事实来决定.但是,如果我说,“今天或者下雨或者不下雨”,我便不对事实做任何肯定,我已经穷尽了一切可能,我这句话便永是真的,不会被任何事实所驳倒.由于我这句话不对事实做任何肯定,别人听了我这句话后,对事实的知识丝毫也没有增加,所以我这句话也就成了一句废话.

假如别人要我猜明天天气怎样.我无论猜“下雨”或“不下雨”,都对明天的事实有所肯定,都有可能被明天的事实所驳倒(当然也都可能被明天的事实所证实),但如果我猜:“明天或下雨或不下雨”,我便穷尽了一切可能,绝不会被明天的事实所驳倒,我必定能“猜中”.但这也等于没有猜,是一句废话,别人也绝不会夸奖我!

维氏的理论是由命题演算的结果所启发的.在命

题演算中,我们使用二值逻辑,对其中的变元无论用真值代入或用假值代入,都永远得出真值,换句话说,命题演算中的逻辑定律都是永真式,已经穷尽了一切可能的代入,这也就使逻辑规则穷尽了一切可能,维氏不过把它推广到一切逻辑规律罢了.

但是,在谓词演算乃至集合论、数学内,说其中的定律之所以为真,由于它们穷尽了一切可能,由于它们是废话,这却很难使人相信了.所以赞成维氏理论的人极少,罗素也不赞成.如今,“重言式”一词,只用以指命题演算内的永真式,因为只在命题演算内才有“穷尽一切可能”的味道.

罗素对逻辑真理的看法是:“它是依形式而真的”.他也承认要解释这句话是比较困难的,但其实质意思不外是:逻辑规律之所以成立,不依赖于所说的内容,仅凭形式便可断定其为真.因此,可以说(他也这样说过),如把逻辑规律中所说的内容换为变元,结果仍然成立,这便是由于逻辑规律是只依形式而真的.

这个说法是从公理法而得到启发的,也是上面提到过的罗素说法的一个发展.既然公理体系中的基本概念是无定义的,只依公理而获得其性质,那么当把基本概念换为变元时,“如果公理成立则定理成立”这个蕴涵式当然仍成立,这便得到罗素的新说法.但是这个说法是站不住脚的,因为绝不能把“逻辑常项”换为变元,亦即逻辑常项必须具有一定内容,不能换为变元的.而目前人们正是问“逻辑常项的性质是什么?由逻辑常项所表达的逻辑规律其真理性体现在哪里?”对这个问题,用罗素的“依形式而真”的说法是不能解答的.

于是形式主义便提出他们的看法了.形式主义认为:无论是数学的公理系统或逻辑的公理系统,其中基本概念都是没有意义的,其公理也只是一行行的符号,无所谓真假,只要能够证明该公理系统是相容的,不互相矛盾的,该公理系统便获得承认,它便代表某一方面的真理.

可以看见,形式主义和逻辑主义一样,都从公理系统出发,不同的是:逻辑主义者当追到逻辑公理系统时,不再持原来的对公理体系的观点,而要求逻辑公理系统具有内容,而且想方设法探求逻辑规律的真理性究竟体现在什么地方,形式主义者则不然,他们把对公理的看法贯彻到底,连逻辑公理系统也认为是没有内容的,不能由内容方面保证其真理性,于是便只留下"相容性"即"不自相矛盾性"作为真理所在了.

这种看法也受到很多人的责难,主要有三点:

第一,要想证明逻辑公理系统的相容性是没有意义的;

第二,相容性不足以作为真理的标准(不充分);

第三,相容性不是真理所必需的(不必要).

现在我们逐点讨论:

第一,人们问:要对逻辑公理系统而证明它的相容性,这是否可能?是否有意义?因为,在证明的过程中,必然要用到逻辑规律,必然要使用逻辑公理作工具.因此,从理论上说,对别的公理系统而讨论它的相容性,是可能的,是有意义的.但要对逻辑公理系统也讨论它的相容性,寻找其证明,在理论上说,其可能性便很成问题了,从实际上说,即使可能,似乎也没有什么意义,很少价值.

对逻辑公理系统而证明其不矛盾性，这有什么价值呢？如果你承认逻辑规律没有问题，是不自相矛盾的，你还证明做什么？如果你认为逻辑规律有问题，需要证明相应公理系统的相容性，但你使用有问题的逻辑规律去从事证明，这个证明的结果有什么意义呢？看来，至少就逻辑公理系统而言，其相容性的证明是没有意义的.

形式主义对这个的回答是：我们要分成两层，一层是要求证明其相容性的那个系统，叫作对象理论，另一层是用以证明的那个理论（作为证明工具的那个理论），叫作元理论. 对象理论没有内容，但元理论是有内容的，而且要求它尽量简单明晰，使其没有任何疑问，其正确性、可靠性是信得过的. 对象理论可以是很复杂的，很有问题的，但经过证明其相容性以后，也就可以放心使用了. 这就是希氏规划，也是形式主义的主张的一个重要支柱.

如果能够这样做，当然是很好的. 但是，哥德尔证明了，要在元理论内证明某个对象理论的相容性，元理论必不能比对象理论更简单，在一定意义上还可说元理论必须比对象理论更复杂、更强有力. 换句话说，一般说来，元理论必须比对象理论更可疑更不可靠，因此，就希氏规划而言，从理论上便可断定它是行不通的.

自从哥德尔的结果发表以后，这种规划只好终止了. 根据这个规划而引申出来的形式主义观点，至少也不能保留原来的形式，要加以修改.

第二，人们指出，相容性（不自相矛盾性）不是真理的充分条件，当然，作为真理，它必须是相容的，不自

相矛盾的;但仅仅相容,仅仅不自相矛盾,并不能构成真理. 最明显的例子是:存心欺骗人的人,他可以编出一套很动听的话,说得头头是道,毫无破绽(即不自相矛盾),但因为它是骗人的,不符合事实的,即使不自相矛盾,仍然不是真理. 因此形式主义以为对一个公理系统而能证明其相容(不自相矛盾),便可保证它为真理,这种看法是不妥当的.

对此,形式主义者做下列的回答.

首先,任何谎言,绝对不会没有破绽,只要细心追问下去,迟早会找出其漏洞的. 反过来说,一个理论系统如果追不出破绽,亦即如果证明了它的相容性,那么它的确是有资格叫作真理的.

其次,我们所讨论的理论体系,是数学、逻辑等所谓抽象的理论,它们不是关于外界的客观事物的,从而不能用实验来验证或驳斥的. 对于这种理论体系,只要没有矛盾,便可以(而且亦应该)承认它是真理、是真确的. 如果对这类理论也要求实验来证实,那是办不到的.

关于这方面的双方论据,便只介绍这么多,读者可以做出自己的结论.

第三,人们又指出说,相容性并不是某个理论得以承认的必要条件. 当然,相容性是绝对真理的必要条件,所谓绝对真理,必须相容,必须不自相矛盾. 但这里我们不谈绝对真理,现在讨论的是一个一个具体的理论体系,对于具体的理论体系,它当然最好是相容的,不要自相矛盾;但即使一时达不到相容性,一时之间偶尔出现一些自相矛盾的现象,那也是一个理论在发展中的正常现象,每个理论都是在不断地克服缺点、改正错误中前进的.事实上,每当一个理论暴露出大量的缺点、出现大量矛盾现象、大家手忙脚乱地去设法解决矛盾的时候,正是该理论发展最迅速、成熟最快的时候.理论并不是在没有矛盾的、风平浪静的小河上前进的.所以形式主义追求的相容性,其实不值得这么重视.

对此,形式主义者回答说:尽管矛盾的出现及其解决是一个理论发展的推动力,但要使它成为推动力,必须提出"相容性,不许自相矛盾"这个目标,必须朝着这个目标前进.如果因为矛盾可以推动理论发展,便自安于矛盾而不想解决,甚至于以出现矛盾为光荣幻想有一天该理论可以大大发展),不许人们去克服矛盾,那么该理论必因有矛盾(而始终不得解决)而停止发展,甚至于因有矛盾而灭亡.总之,矛盾有两面性,善于处理矛盾(解决矛盾)则理论便可发展,不善于处理矛盾则理论便会灭亡.要善于处理矛盾,必须提出"相容性""克服矛盾"这个目标,所以相容性必须是一个理论系统的最起码的要求.

围绕形式主义观点而起的争论,便介绍这些.

最后,我们提出一点.形式主义派的观点显然是因为希尔伯特提出他的希氏规划、建议从事元数学的研究以后才形成的,因此所有的形式主义者都奉希尔伯特为他们的创始人.但是希尔伯特建议希氏规划、建议元数学,只是提出一个新的研究方向、新的研究项目罢了,他本人是否有上述的形式主义派观点,很有疑问.我们查阅他的全集,没有类似的主张,他的学生如伯尔奈斯(P. Bernays)等,更是公认的柏拉图主义者,与形式主义刚巧互相对立的,不过持上面所述的形式主义观点倒确有其人,而且他们的确奉希尔伯特为创始人.

他们之所以推希氏为创始人,也许另有根据,说明希氏和他们观点相同,也许不过因为希尔伯特提出希氏规划、提出元数学方向从而演变而成他们的观点.如属后者,则我们批评形式主义派观点时,似应把这派观点和希尔伯特本人的观点适当地加以区别.

还应说一点,尽管形式主义观点是由于希氏规划和元数学的研究发展而来的,但形式主义观点和元数学究竟是两回事,我们不能因为不赞成形式主义观点便主张取消元数学.如果说,没有元数学便不会有形式主义观点,既然反对形式主义,便应取消元数学.这就如同当某地出现一个坏人时,便说没有某地便不会出某坏人,要反对该坏人便应把某地扫荡干净.后面这种说法是荒谬可笑的,由此可见前面的说法自亦不能成立.

第10章 数理逻辑中一些基本概念

在介绍了数理逻辑各部门的主要内容，以及三大流派的主要观点以后，我们还想介绍数理逻辑中一些最根本的概念. 这些概念是非常基本的，不但对数理逻辑非常重要，而且对数学、别的演绎科学也很重要. 而讨论它，又经常牵涉到哲学问题，因此研究哲学的人也应该注意有关概念的讨论. 虽然很多数理逻辑的书都讨论了它，虽然这些概念是普遍使用的，看来又是非常简单的，但讨论起来却非常麻烦、琐碎. 据作者看来，目前各书的讨论都或多或少地有些毛病，不够完美，值得我们细致地讨论它.

当然，在我们这本极浅近的入门书中，是不能详细地讨论它们的. 我们这里粗略地讨论它们，只希望读者知道其间有什么问题，目前一般有什么意见，这样便于以后继续看别的书，做详细的研究.

这里我们想只就下列三点进行讨论：

(1) 记号与符号 —— 包括自名用法等；

(2) 变元;

(3) 函数与约束词.

§1　记号与符号

所谓记号是指一些我们感觉得到的外界事物,它们可以彼此区别,并且可以根据一定规则而对应于别的事物.

所谓感觉到的,最常用的是用耳、用目感觉到,用耳感觉到的主要是声音,用目感觉到的主要是图形(或文字),当然也可有别的事物(如电波,借助于收报机而感觉到).为讨论方便起见,下文专就用目感觉到的事物——即图形(文字)而立论.

所谓彼此可以区别,是指可以分辨出,在什么情况之下所见的是一个记号,在什么情况之下所见的是两个乃至多个记号.注意,在一般情况之下,可以说简单的图形含有较少的记号,较繁杂的图形含有较多的记号,但也不必一定如此,而必须注意到会有各种各样的约定.比如,照中国文字的约定,“一二”是两个记号(尽管它很简单,合起来只有三画),而“颠”却只是一个记号(尽管它较繁杂,笔画较多);又如在数学上,“$x+y=5$”是五个记号,而“arccsc x”却只算两个记号(前六个字母只组成一个记号).此外,又须注意,记号是具体的物理事物,只要两图形在空间上占不同的位置,便是两个记号,例如,如果把某个字母连写三次,便得三个记号.

各记号之间有一种关系叫作同型关系.到底哪些

记号和哪些记号同型,又和哪些记号不同型,基本上全是人为约定,很难说出什么必然的理由的. 比如,就中国文字而言,活字体和手写体可以相差很远,但它们同型;活字体的"人"和"入",是很相似的,但不同型;又如,拉丁字母的"O"和阿拉伯数字"0",几乎没有什么外形差别,但不同型,等等. 因此,同型与否基本上全是人为规定,说不出什么理由的. 但无论如何,同型关系必须具有自反性(每个记号与自己同型)、对称性(如果甲与乙同型,则乙与甲同型)和可传递性(如果甲与乙同型,乙与丙同型,则甲与丙同型). 因此,我们可以对同型的记号施以"同一性的抽象"而得出符号的概念. 我们认为,凡同型的记号都是同一个符号的具体代表,或说凡同型的记号都是同一个符号的各个出现;从不同型的记号抽象得不同的符号,我们说,不同型的记号是不同型符号的具体代表(或出现). 必须注意,记号是具体的物理事物,而符号则是经过抽象而得的抽象东西.

每个记号(因而从它们抽象而得的符号)都根据一定的规则而对应于别的一些事物,我们说该记号或符号表示该事物. 例如,根据中国文字的规则,"北京"这个记号(及符号)表示一个城市(它是中国的首都),而"上海"这个记号(及符号)则表示另一个城市. 可以说,符号的用处便在于:可以用它来表示一些事物. 这种"表示"有什么用处呢?

当我们讨论或提到某一事物时,在一般情形下,绝不能使用这事物的本身,而只能使用表示该事物的符号. 为什么呢? 可以举出下列这些理由:

第一,当我们讨论事物时,一般这些事物都是不能

携带的(如泰山、东海、太阳等),或难于携带的(如床、书柜等),或不便于携带的(如空气、烟火等). 当我提到太阳时,我无法把太阳携带进来;当我提到书柜时,要马上去搬书柜,那未免小题大做. 凡此种种,都不应该使用所提到的事物本身,而应该使用表示该事物的符号.

第二,有时即使所提到的东西便于携带,甚至于已携在手边,但仍不应使用该事物本身而应使用其表示符号. 例如,珍珠是可以携带的了,但当我要说"我没有珍珠"或"我丢掉了珍珠"时,我当然拿不出珍珠而只能使用表示珍珠的符号(文字)了.

第三,当我们要提到的是一般性的事物而不是某个个别事物时,也不能使用该事物本身. 当我说"这个苹果很好吃"的时候,我固然可以把该苹果拿来,指着它说"很好吃",但当我说"任何苹果都好吃"时,我哪里能够拿出"任何苹果"来?

第四,更主要的是,我们使用符号必须要有一套使用规则,根据这套规则,很难把符号和实物放在一处混用. 因此除却完全不使用符号的情况外(这种情况少之又少),只要略为使用符号,便不能和实物混用. 例如,如果我在一张纸上放一个苹果,后面写"很好吃"三个字,这根本破坏了语言规则,不成一句话,除在广告上偶尔有这种做法外,恐怕没有这种做法的. 又如果我想说:"这张纸上有斑点,真是讨厌."如果我只写"真是讨厌"四个字,别人必不知道我说是什么东西讨厌,即使猜出大概指这张纸本身,也不会知道它被讨厌的原因在哪里(由于太薄或由于渗透墨水,等等);如果我写"这张纸上有'·'真是讨厌",别人必把我所附注的点和纸上原有的斑点混淆起来,以为我这里漏写了一个字,语句欠通了.

由上所论,可见在讨论或提到一个事物时,一般情况下,不能使用该事物的本身,而须使用表示该事物的符号,这便是人们之所以造符号的缘故.

当然,事物本身的性质或事物本身之间的关系,也不能和表示它的符号的性质或表示它的符号之间的关系相混.例如,"李四唱歌"绝不能解释为李四唱"歌"字(即"歌"这个符号),也不能解释为"李四"这个符号唱歌,也不能解释为"李四"这个符号唱"歌"这个符号.这个现象可以表述为:符号只表示该事物而不能代替该事物,它们之间是表示的关系而不是代替的关系.

但是一些符号和另一些符号之间可有代替的关系而不是表示的关系.可以举出下列两种.

第一种是缩写.在数学中每当有一个式子或方程,预计后面要用到时,我们每每给以一个临时编号(1)(2)(3)等,以后再提到这个式子或方程时,便不必再提这个式子或方程,转而提(1)(2)(3)等.这里是不是用(1)(2)(3)等来"表示"该式子或方程?不是!因为后面写(1)(2)(3)的地方,可以写成原式子或原方程,意义一点也没有改变,而表示符号与所表示的东西之间是不能互相代替的.所以编号(1)(2)(3)等实际起着"代替"作用不是"表示"作用,这种编号实际上是缩写,把一个长长的式子或方程缩写为(1)(2)(3)等罢了.

在我国,常常把一些省名或城市名用缩写称呼.如湖南省又名"湘",上海市又名"沪".凡用"湖南"的地方,一律可换为"湘",凡用"湘"的地方,一律可换为

“湖南”，意义没有任何改变，因此这也是缩写，是把“湖南”缩写为“湘”，而不是“表示”. 亦即，“湘”和“湖南”这两个符号都和我国某个省份有表示的关系，但“湘”和“湖南”之间只有代替的关系、缩写的关系.

通常所说的定义（显式定义），实际上包含有两个过程，迭置法和缩写. 例如，把 $\tan x$ 定义为 $\frac{\sin x}{\cos x}$，这实际上是先使用迭置法做成函数 $\frac{\sin x}{\cos x}$，然后再利用缩写法把这个函数缩写为 $\tan x$. 古典逻辑中所讨论的定义一般都是显式定义，因此一般也包含有这两种过程，即先用迭置法做出定义式右端，而后用缩写法说，把右端缩写为左端. 但是这种极明显的缩写过程却常常被人们误解，至少在用语上常常使人迷惑不解. 比如上述的定义过程通常总是如下表述：

(1) 今以 $\tan x$ 表 $\frac{\sin x}{\cos x}$（似乎说成“表示”关系？）

(2) 今令 $\tan x=\frac{\sin x}{\cos x}$（这“令”字及“=”号使人不解）.

其实正确的说法应该是：

(1) 今以 $\tan x$ 代 $\frac{\sin x}{\cos x}$；

(2) 今把 $\frac{\sin x}{\cos x}$ 缩写为 $\tan x$.

理论上说，定义只是引进新符号而不是引进新概念. 例如上述情况，概念 $\frac{\sin x}{\cos x}$ 早已由迭置法造成，并且早已有适当单符号（即“$\frac{\sin x}{\cos x}$”）表示它，现在的定义只是引进符号“$\tan x$”以代替符号“$\frac{\sin x}{\cos x}$”罢了，应该表述为“代”或“缩写为”，这才能显示定义的真正本质．如果有人误以为定义是引入新概念或表示新旧概念之间的关系，那便是为旧式的叙述方法所误了．

起代替作用的另一情况是使用变元．缩写的目的是用简单来代替复杂，而变元的目的则是代替某一类符号中任意的一个符号，或尚未确定的一个符号．假如我使用自然数变元 x，那便意指在 x 的地方可以用任意一个自然数符号（如 1，2，3 等）来代替它．所谓变元，应该是指符号而不应该指事物（数量），已经有很多人提过，也逐渐获得大多数人的同意．我们试想想，数量是无所谓“变”、无所谓“任意”的，只有符号才可有“变”符号、“任意”符号（指它所在的地方可换以别的符号，故“变”，可换以任意的符号，故为“任意”），如果不就符号立论，变元的概念便很难说得清楚了．关于这点，我们在下节还将讨论．

能够起代替作用的，必是彼此本质上相同的．故就缩写而言，必是把复杂的符号写成简单的符号，这只能对符号而言，若对外界事物，哪能因为“缩写”便把外界事物变得简单？同理，变元也只能是符号，才能在该符号所在部位代替以别的符号（别的未定的、任意的一个）．一般读者把变元看作“变量”，以为是外界的量的一种，这种看法是不够妥当的．

记号是具体的物理事物，符号则是由记号抽象而得的抽象东西，两者虽然不同，我们仍然可以表述、讨论、研究它们的性质．例如说，“人字有两画”“人字与仁字同音”，等等，这是说的符号．又如说，“这块黑板上的

人字写得太大”,等等,这是说的记号.

在讨论符号、记号本身时,我们该使用什么呢?

能不能使用该符号该记号本身?上文我们说过,要讨论或提到某事物时,不能使用该事物本身而只能使用表示该事物的符号,但那是就一般情况而说的.如果所讨论的事物就是符号或记号,情况就不同了.理论上说来,它本身是符号,表示它的也是符号,既然可以使用表示它的符号,则使用它本身(也是符号)当然也可以,与上面讨论的一般情况不同.因此当讨论、提到符号性质时,可以使用符号本身.这种用法叫作自名用法.

当然,照一般情况那样,也可以使用表示该符号的符号,这种用法因为和一般情况相同,可以叫作正常用法.

两种方法都有人使用,两法各有优劣,我们可以加以比较如下.

自名用法本来最简便,而且人们也或明或暗地、经常使用着,最符合人们习惯,这是自名用法的优点.但它却有一个最大的缺点,那便是每个符号既表示外界的某些事物,也表示该符号本身,同一符号可以表示不同的东西,常常导致混乱和错误.例如

上海有十三画(比较:上海有两千多万人口)

上海写在黑板上(比较:上海在吴淞江边)

上海和土诲很近(比较:上海和无锡很近)

在上面三句中,“上海”是自名用法,它便表示它自己,不再表示我国某个大城市了.如果说,读者由上下文便可以知道,什么时候“上海”指大城市,什么时候“上海”指两个中国字,但这种依靠上下文而确定的办法

是很不可靠的.尤其是当我们讨论符号本身和它所表示的事物之间的关系时,常常在同一句中同一符号便表示不同的东西,这无论如何是极易引起混乱的.例如:

(1)上海虽只有十三画,但上海却有两千多万人口.

(2)上海是上海的中文名称,Shang Hai 是上海的英文名称,Shang Hai 是和上海同义的英文名词.

(3)任何人不能用黑墨写白字,我能用黑墨写白字.

(4)任何人不能一手遮天,他能一手遮天.

(5)当你看见车站的牌子写着上海时,你便到达上海了.显然这些语句都是极令人费解的.其实这些还只是一两个短句,其中所说的事又极明显易知,如果在一篇长文章里,大量的使用自名用法,所说的事又不是明显易知的,可以断定,读者必将莫明其妙.

因此可以断定,自名用法是有流弊的.不过如果在同一文章中,某些符号永是正常用法,某些符号永是自名用法,从没有两个用法同时出现(上列各句,便是两种用法同时出现的),那么大体上很少引起混乱.在这种情况之下,适当地使用自名用法,未为不可(在数理逻辑中,有好些作者便公开使用自名用法,但同时又极力注意,使得同一段落中,两种用法不同时出现).

现在再讨论正常用法.要贯彻正常用法,即不允许用符号表示其自身,那就必须引进表示符号的符号.假如我们把非符号的事物叫作 0 级符号,表示 0 级符号的符号叫作 1 级符号,一般地,表示 n 级符号的符号叫作 $n+1$ 级符号.我们必须引进一切 n 级符号.如果一

个一个地造，那当然是不成的. 我们应该在 1 级符号的基础上造 2 级符号，在 2 级符号的基础上造 3 级符号，如此等等.

现在大家大体上都仿照弗雷格，使用单引号的办法，其办法是：在 n 级符号上加添单引号便做成表示该 n 级符号的($n+1$ 级) 符号. 试举一例.

我国的城市当然不是符号，故它可算 0 级符号(该 0 级符号位在长江口，有两千多万人). 表示它的符号是 1 级符号(即上海两字)，表示 1 级符号的符号便是 2 级符号，它由上海两字加单引号而得(即‘上海’)，……如此类推. 有了各级符号后，上面由于自名用法而导致混乱的五个句子，可恢复正常用法而表成：

(1)‘上海’虽只有十三画，但上海却有两千多万人口.

(2)‘上海’是上海的中文名称，Shang Hai 是上海的英文名称，‘Shang Hai’是和‘上海’同义的英文名词.

(3) 任何人不能用黑墨写白字，我能用黑墨写‘白’字.

(4) 任何人不能一手遮天，他能一手遮‘天’.

(5) 当你看见车站的牌子写着‘上海’时，你便到达上海了.

这样一来，任何混乱、任何误解都没有了.

照这样看来，贯彻正常用法(从而引入各级符号)应该是最好的了. 但要贯彻正常用法，也有其困难之点.

第一，人们总是把‘x’看作由 x 而决定的，换句话说，如果 x 与 y 相同，那么‘x’与‘y’也应该相同，但当用单引号表示高级符号时，却并非如此. 比如说，上海与沪是同一地方，因而上海与沪是相同的（在任何地方均可互换），但‘上海’和‘沪’却截然不同，前者是两个中国字，读音和‘尚孩’相近，后者则是一个中国字，读音同‘户’. 凡是介绍单引号时，都必须强调说：单引号和单引号内的符号合起来组成一个不能拆开的符号，绝不能拆开而看单引号内的符号是否相同. 但做这种强调后，单引号丧失了它的很多有用性了.

其次，单引号的使用带来一个极大的不便，便是纸上写的和实际用的差了一级. 例如，我们应该说：

上海是一个大城市；

‘上海’是两个中国字；

‘上海’是两个中国字再加上一对单引号；

‘‘上海’’是两个中国字再加上两对单引号.

如果叫一个初学者来叙述，他一定会说错的. 只有受过长久训练的人，才能正确无误地叙述上述事实.

上面说过，定义本来是把某些符号缩写为某些符号的过程，如果贯彻正常用法，那便需使用 2 级符号才成. 因此，就上述的有关 $\tan x$ 的定义而言，上面的说法也不够完全正确而须以身改述为：

（1）今以‘$\tan x$’代‘$\dfrac{\sin x}{\cos y}$’；

（2）今把‘$\dfrac{\sin x}{\cos x}$’缩写为‘$\tan x$’.

而这种叙述法，对初学者只会带来混乱，别无好处.

但是，最重大的一个缺点是，在日常|“不正常”的用法中，其用法是千差万别的，不止一种，什么时候是表示符号自身，什么时候又是别的“不正常”用法，常

常是很难弄清楚的，而单引号用法系统中，却常常很简单地归结为“表示符号本身”，实在没有说服力. 因此，同是坚持正常用法，同是使用单引号法系统，而且同在讨论单引号用法的地方，各家的说法也不相同，这可证明其间仍有很大的问题尚待解决. 我们试举一例.

初学者每每奇怪，既然$\frac{2}{3}=\frac{4}{6}$，为什么$\frac{2}{3}$的分母和$\frac{4}{6}$的分母不相同？好些数理逻辑家回答说，当说$\frac{2}{3}=\frac{4}{6}$时，所说的是它们所表示的数相等，当说两者的分母不相等时，所说的是符号本身. 换句话说，他们认为：尽管$\frac{2}{3}=\frac{4}{6}$，但‘$\frac{2}{3}$’的分母与‘$\frac{4}{6}$’的分母不相同.

这样的解释表面看来，很能解决问题，但是细究起来，是站不住脚的. 在数学中，无论是初学的人或者大数学家，没有一个人说“分子分母是指表示分数的符号本身而言”，都说是就分数本身而言的. 其所以同一的分数而有不同的分母，应该从摹状词的理论中寻找. ‘$\frac{2}{3}$’是说三分之二，即“三除二的商”，这和“史记的作者”“某某汽车的驾驶员”等同样，是摹状词. 我们知道，虽然“史记的作者＝司马谈的儿子”，但“司马谈的儿子著作史记”这句话告诉我们一件历史事实，而“史记的作者著作史记”却是一句逻辑真理，与历史事实无关. 为什么出现这种现象呢？摹状词理论告诉我们，尽管摹状词(“史记的作者”和“司马谈的儿子”)相同，但把这两个摹状词相互替换后，所得的句子未必意义相同(当然仍同真假),这是摹状词的含义问题与符号本身无关.碰巧我们可以由‘$\frac{2}{3}$’这个符号本身看出“$\frac{2}{3}$的分母”为3,但分母的概念并非就符号本身而言,这是可以肯定的.如果把摹状词的含义也归结于符号本身,那么通常科学上所讨论的各种性质,绝大部分也将变成关于符号的性质了.这种看法是站不住脚的.

为什么会发生这种错误呢?因为提出这种解决方案的人,对于符号的用法只知道两种,其一是表示某个东西(这是正常用法),其二是表示符号自己(这是自名用法),以为此外不可能再有别种用法了.现在的情况,既然‘$\frac{2}{3}$’与‘$\frac{4}{6}$’所表示的东西(数)是相同的,而它们又有不同的分母,足见分子分母不是指所表示的分数而言,那就只能指符号本身而言了.假定符号只有上述两种用法,这段推论是对的,但既然这段推论所得结果是错误的(分子分母不是就符号本身而言),从反证法可以知道这段推论的前提是错误的,亦即符号的用法绝不限于上述两种.

试举一个简单例子,考虑下列三句:

(1)‘八’只有两画;

(2)‘八’是一个数词;

(3)在某页中,‘八’出现三次.

这里加上单引号当然是对的,但绝不能简单地认为“它考虑符号本身”,便不再追问下去,其实这三者的用法仍是很值得仔细推敲的.

假定上述三句出现在一本小说中,有这样一段叙述:在那里爸爸教他的儿子学习‘八’这个字,说‘八’

只有两画，'八'是一个数词，又叫他的儿子在某书某页上找出共有几个'八'，儿子回答说，共有三个.

假定要把这本书翻译成英文，该怎样译呢？对整段似乎应该译为：爸爸教儿子学习'eight'字，从而(2)(3)当然译为：

(2)'eight' is a numeral word.

(3) On page——，'eight' appears three times. 对(1)则必须改译，根据全书的叙述，似应改译为：

(1.1)'eight' consists of five letters，这在字面上便跟原句"牛头不对马嘴"了，但就全书看来，这样译才最妥当. 我们问，如果不顾全书，只就这句而论，从字面上该怎样译呢？看来，最贴近原意的将是：

(1.2)In Chinese，the word '八' consists of two strokes. 同样的对'八'的非正常用法，但在(1.2)和(2)(3)中却须做不同的翻译，便可知道"非正常"用法也有各种各样的，绝不能一概而论的. 此外，由上面所论，也可见"单引号和单引号内的符号组成一个不可拆开的符号"云云，也是不一定对的. 当翻译'八'时，不也译成 eight 吗？

依作者的意见，引进高级符号从而引进单引号系统并不见得是最好的办法，建议采用下述的办法.

我们只区别符号的正常用法和非正常用法，对于非正常用法则加单引号以区别之. 但注意，加了单引号后，仍是原来的 1 级符号，并没有变成 2 级符号，单引号只表示用法的改变(由正常用法变成非正常用法)，并非引入新的符号.

换句话说，依照弗雷格，在下列语句中：

'上海'有十三画，但上海有两千多万人口，使用了一级符号(上海)及二级符号('上海'),既有二级符号,便有三级乃至更高级的符号了.但依我们的说法,上句中只使用一级符号,不过一个是正常用法,一个是非正常用法罢了.单引号只用以显示非正常用法,离开用法(即离开使用过程)便不再存在.同时我们只需标出非正常用法,在各种非正常用法中,不再添用符号做出区别,由读者根据上下文决定.这种办法看来是能令人满意的.

§2 变 元

变元是一个很重要的概念,不论在数学中、数理逻辑中乃至日常语言中都占着非常重要、非常关键的地位.但是也极难分析,以往所做的分析,看来很难满意.这里我们略做讨论,希望能对读者有所帮助.

首先,我们指出一个很奇怪的现象.变元是有非常大的用场的,但它的用处究竟在哪里?在什么地方非用它不可呢?谁也指不出来.因此有些数学家便说:"变元的概念并不是逻辑上必须的,可以根本不必引入."这么重要的概念竟然可以根本不必引入,岂非咄咄怪事!

通常使用的变元概念有多种,从而人们便给以各式各样的定义,但经我们分析,有很多是出于误会的,不应该算作变元的.真正的变元概念只有一种,也就是上面所讨论过的那一种,我们现在便先从它谈起.

根据上面所说,变元是一种符号,用以代替一类符号中的任意一个符号的.

因此,变元和缩写一样,都是用以代替别的符号的,不同的是,缩写是代替固定的符号的,变元则是代替(一类中)任意的符号的,未定的符号的.所代替的符号所表示的东西叫作变元的变值,变值组成的集合叫作变元的变域.

我们说变元可代替任意一个符号,别的书则说变元可表示任意一个(变域中的)事物,例如罗素说,变元所指的是含混的因而是不确定的事物.这两种说法本质相向,但看来前面的说法更好些,更少毛病.无论如何,所谓"任意",所谓"不确定",应该就符号而言,不应该就外界的事物而言,例如,设有一家书店说:"本书店可以供应任何书籍."其意不外是:该书店可以向顾客发一张空白订单,由顾客任意填以书名,该书店都可以供应,这时"任意"体现在顾客填书单时可以任意填写,但绝不意味着该书店配备有一本书,这是一本任意书籍,顾客得了它以后便等于得了任何书籍,亦即,绝对没有一本书等于任何书籍的(假使当时真有一本书,书名叫作《任何书籍》,但这只是一本特定的书籍,不是任意书籍,书店的广告所说的并不是说只供应它这一本).

就这样的意思而论,变元等于空位,"供应任何书籍"等于供应一张空白订单.变元可代替别的任何符号,反过来,它的位置便可由别的任何符号来填入,这便表明变元实际上等于空位.当一个公式中或一句中出现多个空位时,我们必须规定:哪些空位必须同时填以相同的符号的,哪些空位则是可以填以不同(相同亦可)的符号的,各空位之间这个对应,是使用空位时必须明确规定的.但要把这种联系能够简单而明晰地给出，最好是对各空位编号，须填以相同的符号的给以相同的编号，可以填以不同的符号的则给以不同的编号，此外如果能把变域明确起来，也是很方便的，因而经常都这样做了. 例如，设以实数为变域的空位用 e 表示，以自然数为变域的空位用 n 表示，那么，在

$$e_1 - n_2 \cdot e_3 = e_3 + n_4 \cdot e_1$$

这式中，对各空位应该怎样填便很确定了. 而这 e_1，e_3，n_2，n_4 等也正是通常人所说的实数变元和自然数变元.

由这可见，所谓变元基本上就是空位. 好些人说：变元并没有逻辑上的必要性，可以根本不必引入云云，大概就是因为这个缘故.

但是，变元和空位毕竟是不相同的，至少可以提出两点区别：

第一，含有空位的式子是不完全的，语意不完整的. 因此它们只能是一些函数、谓词，而含有变元的式子，语意是完整的（虽然其值是未定的），因此它们是项或公式. 就上面所举的例子说，“本书店可以供应任何书籍”和“本书店可以供应____”（空白书单）是不相同的，前者已把意思说得清楚完全了，后者则要求顾客填写，即要求顾客补全书店未说完的话.

第二，大体说来，变元相当于数学上的任意常数或任意参数，而空位相当于数学中通常使用的变元. 例如，在解析几何中，我们讨论直线时，经常写出其方程

$$ax + by + c = 0$$

严格地说，a，b，c，x，y 五个都是变元，但其间略有区别. 它们虽然都可取无穷多个值，但对 a，b，c 我们只要它们的一组变值，这组变值可以是任意的，不受限制的，但我们只要一组，把随便一组变值给我们后，我们

便不再管别的变值组了，从头到尾只讨论这组变值了.换句话说，对我们的讨论说来，a，b，c 和常数一样，虽然其值没有确定，但从头到尾没有变化.为此，它们又叫作任意常数(或参数).对 x，y 则不同，不但知道其值是不定的，知道其值是无穷多个的，而且恰恰是把这无穷多值一起讨论，才能表示一条直线，才有资格叫作直线的方程.如果别人只给 x，y 的一组变值，我们也只考虑这组变值，是不能表示直线的，是不能叫作直线方程的.

凡考虑、想象其全体变值的，便和空位相当；凡只考虑一值(虽然可以任给)的，便和变元相当，因为既已把全体变值一起考虑，则这符号的值便已确定(整个变值域)，已经不可能叫作变元了.

还可指出，在一句中如果所出现的变元都是不同变域的，那么在通常的语言中便干脆不用变元而用相应于变域的普通名词来代替了.试设变元 x 以猫类为变域，变元 y 以鼠类为变域，则：

任何 x 必捕任何 y，说成：任何猫必捕任何鼠；

有 x 有 y，x 捕 y，说成：有猫捕某(=有)鼠.

这里，猫鼠这两个普通名词便起了"明确标出变域的变元"的作用了.变元不再使用，而改用普通名词来代替了.

如果在一句中有几个变元具有相同变域，上述办法便不能适用了，但在通常语言中还是想方设法地只使用相应于变域的普通名词，而不明显地使用变元.例如，设 e 以实数为变域，则：

$e_1+e_2=e_2+e_1$，说成："两数之和与其相加次序无关"；

$e_1^2=e_1\cdot e_1$，说成："一数的平方等于该数与自己相乘"；

$(e_1+e_2)\cdot(e_1-e_2)=e_1^2-e_2^2$，说成："两数和差之积等于其平方差".

……

这种想方设法地避免使用变元，有时的确可使得语句简洁生动，便于理解便于记忆，但依照这种语句而进行推演是困难的、不方便的，而且绝大多数的语句也是不能用这种方式表达的. 因此长远说来，必须引进变元的概念及符号，否则数学是不能向前发展的.

还可指出，有些人说，普通名词表示集合，这是不对的. 普通名词（如这里的猫鼠）只表示"明确标出变域的变元"，或又表示谓词，但绝不表示集合. 表示集合的是所谓集合名词. 甚至于在集合名词中也有分配用法和非分配用法之分，作分配用法时该集合名词已等同于普通名词，表示一个谓词或表示明确标出变域的变元了，只有作非分配用法时，才表示集合. 表示谓词与表示集合是有区别的，一般（除非不正确地混用）是不能代用的.

例如，我们说（"猫"是普通名词，"猫类"是集合名词）

阿花是一只猫（不说：阿花是一只猫类）

阿花属于猫类（不说：阿花属于猫）

足见两者是有区别的. 当表示明确标出变域的变元时，一般使用普通名词而不使用集合名词. 例如，我们说

猫必捕鼠（不说："猫类必捕鼠类"）

如果有人说"猫类必捕鼠类"，那或者是类推致误，或者是"猫类分子必捕鼠类分子"之误.

以上是真正的变元.通常数学中除此而外的变元,便都不是真正的变元而是空位了.由上面的讨论可见,变元与空位非常相似,极难区别,所以通常数学中把空位也叫作变元,并不足怪.但严格说来,变元与空位应该区别开来.我们依次讨论这些数学中所谓的变元.

首先应该考虑的是所谓全总变元.对这种变元,我们不但知道它可取得很多值,而且已经把它的全部变值都考虑进来了,如果不考虑其一切变值,变元的作用也就不显著.例如上面提到的在直线方程中的 x,y 便是全总变元.有时我们更进一步,想象该变元是按照一定的次序而取尽它的一切变值的,这时又叫作有序变元.例如,当一变元以自然数域或实数域为变域时,我们总想象它是依大小次序而取得各值的,即它是依大小次序而变化的;当一变元以某曲线上的点集为变域时,我们也想象它是由曲线这一端变到另一端的,当变元以某有序集为变域时,每每想象它依该集的次序而取得其值.如果对变域不易确定其次序,当然不必勉强规定变化次序.如果能定出变元的变化次序,其用处是非常大的,常常可以帮助我们的理解或思考.例如对极限的定义,严格说来,一点也不牵涉到变元的变化次序,但对初学者来说,应该教他们想象,变元是依次序而变化的,当自变元逐渐变化时依变元则如何如何变化,等等,这样他们便会很快地掌握极限的概念.如果不这样做,他们便较难理解极限的概念了.

由于这种变元已取尽其一切变值,它已经是“确定的”,没有“变”的味道,因此它应该改用空位代替才对.

其次是所谓命名变元.在数学体系中,迄今还未有人给出一种方法，可以用它而把一切函数都构造出来，要引用某某函数时，每每引用该函数的填式（即把变元代入其空位后所得的公式），但暗中约定，不同的空位必填以不同的变元.这个填式便叫作该函数的命名式，所填的变元便叫作命名变元.

例如，我们没有特别的函数符号以表示具有下列性质的函数 f

$$f(x,y)=x^2-xy+y^3$$

要引用 f 时，每每引用 x^2-xy+y^3，但这只是 $f(x,y)$ 而非 f，这样的引用是不对的.因为：

(1) f 是函数，语意不完整，而 $f(x,y)$ 是项，语意完整.

(2) f 是固定的，$f(x,y)$ 是不定的，须随 x,y 而变化.

应该指出，把 f 与 $f(x,y)$ 当作相同的，这是数学界的通病.例如大数学家罗素，便犯这个毛病.他说："关于函数的本质的问题不是容易的问题.但是，看来函数的基本特征是它的含混性.…… 这种含混性便构成了函数的本质.当我们说'ϕx'而 x 未确定时，我们意指函数的一值，但不是确定的值"（《数学原理》一卷39页）.显然，ϕx 是不定的，但 ϕ 却是确定的，罗素把含混性作为"函数"（即 ϕ）的特征，显然是把 ϕx 作为 ϕ 了.这并非罗素自己独犯的错误，而是数学界长期忽视函数 f，经常把填式 $f(x)$ 作为函数 f 的结果.直到今天，当人们提到对数函数时还写 $\log x$ 而不写 $\log$，便是这种混乱还未得到澄清所致.

希尔伯特和伯尔奈斯（P. Bernays）针对这点，特提出命名变元和命名式的概念，说当我们提到函数

$\log x$ 或函数 $x^2 - xy + y^3$，其中的 x, y 是命名变元，命名变元并不变化，只用以显示空位. 含有命名变元的式子叫作命名式，既然命名变元不变，命名式也不变，正好和函数相当. 这样一来，用填式代替函数后所引起的种种毛病和流弊，基本上得到克服了.

现在我们既引入了空位的概念，而且也创造符号表示空位，那么直接把空位写出从而直接把函数写出，当然更好，用不着引入什么命名变元和命名式了. 例如在上例，所提到的函数 f 可以直接表示为

$$e_1^2 - e_1 \cdot e_2 + e_2^3 \quad (e_1, e_2 \text{ 为空位})$$

无论从内容含意上或者从运算结果上，都可以认为它本身是函数，而且便是满足下列条件的函数 f

$$f(x, y) = x^2 - x \cdot y + y^3$$

所以，命名变元完全可以用空位代替.

第三，未定(变) 元. 在数学中尤其是代数中，我们大量使用未定元，例如，要对一数域作扩张(代数扩张或超越扩张)，我们便把一个未定元引进这个数域中，由它和教域内的元素作有理运算从而把该数域扩张了.

未定元根本不是变元，它只是一个符号，它具有它的变域内各变值的公共特性，但却有别于各个变值，和任何一个变值都不相同. 它根本不能变，根本不会取得变值，更不会取一切变值. 换句话说，与其说这种变元是预备给各变值填入的，不如说，这种变元是预备永远不被任何变值填入、从而永远有别于任何变值的.

现在试考虑多项式，或在实数域上的多项式. 并就二次多项式立论，以 $ax^2 + bx + c(a \neq 0)$ 为代表.

和上述讨论直线的方程处那样，这里 a, b, c 是任

意常数或参数(也就是我们意义下的真正变元),而 x 则是通常所说的变元.但这个变元与 a,b,c 不同,绝不是任意给出它的一个变值便够了的.它也不是全总变元,如果把 x 的一切变值取来,再根据 $(x,f(x))$ 而描点,可以得到一支抛物线.但这里我们不是谈解析几何而是谈二次多项式.对"二次多项式"而言,把它的一切变值取来,用处不大;例如,即使把它的变值表完全计算出来,从何知道它是"二次"(而次数是多项式的最重要的概念)?所以对多项式而言,其中的变元 x 也不应是全总变元.还可看见,ax^2+bx+c 之所以叫作二次多项式,主要关键在于其中的 x 永不以实数代入,从而有别于任何实数(只有这样,才可看见"对 x 而言为二次").

现在代数学家已经看出这点,因此规在对多项式已经作下列的定义(在抽象代数中):取实数域中若干元素 $a,b,c(a\neq 0)$ 以及实数域以外的一元素 x(它叫作实数域上的未定元),做成一式 ax^2+bx+c,这式便叫作实数域上的二次多项式.

此外未定元还出现很多,这里就不多说了.

未定元不允许填入,以保持与一切变值有别,这正是空位的特征.未定元永不代入,那便与未填入时的空位相同.因此未定元实际上就是空位,利用未定元做成的式子实际上就是相应的函数(例如,含未定元的二次多项式 ax^2+bx+c,实际上就是函数 ae^2+be+c).未定元的引入与使用,只是由于数学家们不满意于用填式冒充函数,故利用未定元以做区别罢了.也可以说,无论从动机上或从技巧上,未定元实即命名变元,其效果也一样.我们既已引入了空位,对函数已能直接表

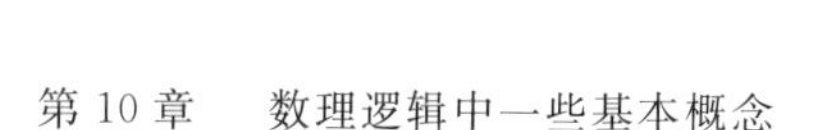

示，那么无论命名变元或未定元，似乎都没有引入的必要了. 但后者有一好处，可以把“函数”作为项或公式而处理，因为依定义，命名式以及含未定元的式是项或公式.

第四是约束变元. 约束变元必和量词或摹状词合用，用数理逻辑的话说，量词和摹状词把作用域中的相应变元约束了，便得约束变元. 下文我们把量词与摹状词合称约束词.

量词(和摹状词)的引入是数理逻辑发展史上一个重要的里程碑. 由于量词的引入，数理逻辑式子的表达力量才大大加强，才能把数学上一切推导过程表达出来，数理逻辑才达到成熟阶段，这一点我们已在本书第七章中介绍过了.

但是约束变元却是一个很古怪的角色，它根本不是变元，它根本不能“变”. 任何一个含约束变元的项或公式，其值根本与该约束变元无关，例如 $\forall xA(x)$ 和 $\forall yA(y)$ 是一样的，其意义都是“一切个体均使 A 成立”. 既然其值根本与约束变元无关，为什么要先对函数 A 而填入 x，再用量词(或摹状词)来约束它，以表明约束变元不能影响该项或该公式的值呢？这不是走了迂回道路了吗？的确，最理想的办法是：既然一公式或项的值根本与约束变元无关，那么约束变元应该根本不用，应该从头到尾没有约束变元的踪迹才对.

就目前的体系说，约束变元虽然不能影响一公式或项的值，但却是起了大作用的，因为依靠它才能弄清楚约束关系，不利用“约束关系”是很难表达各种性质或关系的.

容易看见，约束变元能够显示式子内的约束关系，这个作用完全可用空位来实现，而“约束变元不能变”这个古怪性质完全是空位的应有性质. 因此如果把约束变元改为空位，可以说有约束变元之利而无其弊，是最理想也没有的了，这也正是引入空位的一大成就.

我们除把约束变元改写为空位而外，还做下列改进. 我们可约定最靠近作用域的约束词约束第一个空位，次靠近的约束词约束第二个空位，再次靠近的约束词约束第三个空位，如此类推. 这样约束词后面不必再写空位（只写出作用域所应有的空位）了. 可用下面的例子说明.

用约束变元的写法	用空位的写法
$\forall y \forall x Axy$	$\forall \forall Ae_1e_2$
$\exists y \forall x Axy$	$\exists \forall Ae_1e_2$
$\exists x \forall y Axy$	$\exists \forall Ae_2e_1$
$\exists x \forall y(Axy \supseteq Byx)$	$\exists \forall (Ae_2e_1 \supseteq Be_1e_2)$

在数理逻辑中使用的量词（摹状词）都只约束变元而未引进新的自由变元，在数学中使用的算子，则除约束变元外还引进新的自由变元（这些自由变元当然可用项或公式代入），遇到这些算子，应该先写引进的新自由变元然后再写作用域（有多个新引进的变元的，都应先行全数写完）.

例如[①]，求极限算子“$\lim\limits_{x\to a} f(x)$”应改写为 $\lim af(e)$，求导数算子 $\left.\frac{\mathrm{d}}{\mathrm{d}x}f(x)\right|_{x=a}$ 应该改写为 $Daf(e)$，求积分算子 $\int_a^b (x)\mathrm{d}x$ 应该改写为 $\int abf(e)$（这

① 以下所论，是用约束变元观点讨论数学中的符号体系，不专学数学的人可以略去不读.

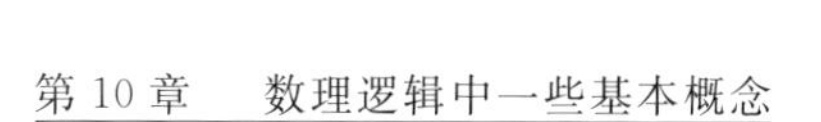

时有两个新引进变元 a 和 b，都应写在算子之后，作用域 $f(e)$ 之前）. 这时，例如，复合函数求导数的规则便可写成

$$Daf(g(e)) = Dg(a)f(e) \cdot Dag(e)$$

这式不管是否便于记忆，但它便于运用（在运用时不易致误），却是没有疑问的.

古典记号之所以难于运用，是因为它对导数使用 $\frac{\mathrm{d}}{\mathrm{d}x}f(x)$ 而不使用 $Daf(e)$（a 为引进变元），而 $\frac{\mathrm{d}}{\mathrm{d}x}f(x)$ 相当于 $Dxf(e)$ 或 $\frac{\mathrm{d}}{\mathrm{d}x}f(x)\Big|_{x=x}$，这无异于规定引进的变元必须与约束变元同名（同用符号 x）. 但引进变元是自由变元，其性质、性状与约束变元截然不同，如今硬性规定两者同名，等于要求冰与炭放在同一盆子里，势必两败俱伤，毫无好处. 例如，照古典写法我们有

$$\frac{\mathrm{d}}{\mathrm{d}x}x^2 = 2x$$

左右两边都同样有 x，但左边的 x 是不能代入的，右边的 x 是可以代入的，如对左边代入无论 $\frac{\mathrm{d}}{\mathrm{d}3}x^2$ 或 $\frac{\mathrm{d}}{\mathrm{d}x}3^2$ 或 $\frac{\mathrm{d}}{\mathrm{d}3}3^2$ 都和原意不同甚至于是荒谬的，而右边的代入结果“$2 \cdot 3$”却的的确确是在 $x=3$ 处求导数所得的值. 左右的 x 具有截然不同的性质，为什么居然使用相等的符号？那是说不出任何理由的.

正是由于规定引进的变元和约束变元同名，于是经常会导致混乱及错误，“到底先代入还是先求导”，成了一个大问题，成了初学者犯错误的一大根源. 如果把引进变元和约束变元根本分开，那么先代入还是先求

导,结果都是一样的,没有任何导致混乱及错误的可能.

如果依照我们的建议,不用约束变元而用约束空位,则引进的变元与约束空位根本没有混乱的可能,一切毛病都自然而然地扫清了.

第五,规则变元.我们先用例子说明什么是规则变元.

在数学中,我们有两条规则,一条叫作代入规则,一条叫作替换规则.

代入规则:如果已经推得 $F(x)$,则可推得 $F(a)$.

替换规则:如果已经推得 $a=b$ 和 $F(a)$,则可推得 $F(b)$.

这里必须强调:在代入规则中的 x 必须是变元,换言之,代入规则应该详细说成:

如果已经推得 $F(x)$,而 x 为变元,则可推得 $F(a)$.

"x 为变元"的意思是什么?强调这个条件有什么用处呢?

表面看来,在两条规则中的 F,a,b 也都是变元,也都可以代入以具体的特例(能被代入的便是变元),为什么不说"F,a,b 为变元"呢?

我们说,当 F,a,b 的特例出现时便可以使用这两规则.例如,设已推得 $2x=x+x$(这是 $F(x)$ 的特例),我们便由代入规则推得 $2\cdot3=3+3$ (3 是 a 的特例,而本式为 $F(3)$).又设已推得 $3=4-1$(3 是 a 的特例,$4-1$ 是 b 的特例)以及 $3^2=9$(这是 $F(3)$ 即 $F(a)$),那么便可以由替换规则推得 $(4-1)^2=9$(这是 $F(b)$).换句话说,当实施代入规则及替换规则时,并不要求 F,a,b 以

变元形式出现，只要它们的特例出现便可以实施这两条规则了.

但在实施代入规则时，“x”必须以变元形式出现，如果只出现 x 的特例，是不能实施代入规则的. 试设 $F(x)$ 为 $x=2x$，这样的 $F(x)$ 我们是不能推出的，但当 x 取特例 0 时，我们却可以推出“$0=2\cdot 0$”的，换句话说，当“x 作为变元”时，我们推不出 $F(x)$，但特例 $F(0)$ 是可以推出的. 我们能否说，当 x 取特例 0 时，我们推出 $F(x)$，故可以推出 $F(3)$（取 a 为 3）呢？当然不可以！因为代入规则没有说由 $F(0)$ 可以推出 $F(3)$，只说当 x 为变元时如能推出 $F(x)$，则可推出 $F(3)$. 正是因为这一点，在代入规则中必须强调“而 x 为变元”这个条件. 附有这个“为变元”的条件的 x，便叫作规则变元.

我们说，代入规则使用了规则变元 x，而替换规则却不使用任何规则变元.

一条规则，如果利用了规则变元，便叫作高等规则；如果不利用任何规则变元，便叫作初等规则.

例如，代入规则是高等规则，而替换规则是初等规则.

根据规则变元的含意，再根据全称量词的含意，我们知道，如果某高等规则含有规则变元，可在前件中添入相应的全称量词，把该规则变元变成约束变元，从而该规则便变成初等规则. 例如，代入规则本是高等规则，利用了规则变元 x. 如果在前件中添入相应的全称量词，便成下规则：

由 $\forall xF(x)$ 可推得 $F(a)$.

这里 F，a 均可作为特例出现，而 x 已不能有特例

(约束变元无特例),无须作为规则变元,所以它已经是初等规则了.

一切高等规则都可用本方法而变成初等规则,只有代入规则是例外.上式虽是初等规则,但它要起作用,仍须借助于代入规则,因在运用上规则时,仍须对 F 及对 a 作代入.例如,由 $\forall xF(x)$ 而推出 $F(3)$,仍须在上规则中“把 a 代入以 3”.换句话说,只有“代入规则”这条高等规则是无法消除的,看来高等规则是非使用不可的了.

但是冯·诺依曼(J. von Neumann)却用很巧妙的方法把代入规则取消了(不能变成初等规则便设法取消,这是很巧妙的).

他首先证明,代入规则可限于只对公理而使用,即如果允许我们对公理作代入,但对推导而得的定理不准代入,结果仍能推出同样多的定理,一点也不减少.既然可限于对公理作代入,我们可以对各公理(在推导之前)先尽量作代入,把代入所能得出的可能结果全数做出.然后我们把代入所得的结果都作为公理而承认下来.这些新公理既是由旧公理尽量代入而得,对新公理可以无须再作代入了.这样,代入原则便可以取消了.

这样,规则变元也彻底地消除了(都用约束变元即空位代替了).

以上是我们对数学和数理逻辑中所使用的变元概念的分析.可以看见,只有一种是真正的变元,其余五种都该用空位去代替(因为它们实质上不是变元),代替后,概念清楚,运算方便,与旧说法相比较,有利而无弊.

§3　函数与约束词

无论在数学中或数理逻辑中，函数都是一个非常重要的概念；但无论在数学中或数理逻辑中，都把函数这个概念说得含混不清，甚至于张冠李戴；已经有好些数学家以及数理逻辑家从事分析，希望整理出一个头绪来，但作者觉得，他们分析所得的结论，仍有问题，而且问题不小. 这里也想给出我们的分析，请求大家批评指正.

除却那些含有明显错误的定义以外，通常书中所作的而且亦曾为大家所接受的定义，可以概述如下：

定义 1　设有两变元 x,y，各在其变域上变化，如果 x 改变时 y 也随之改变，x 的变值确定时，y 的变值也随之确定，便说 y 为 x 的函数，记为 $y=f(x)$. 如果另一变量 z 也是 x 的函数，亦记为 $z=f(x)$，但为区别起见，可记为 $z=g(x)$.

对这个定义，首先应该指出的，"x 改变时 y 也随之改变"这句话对初学者是有用的，可以帮助他们更快地掌握函数的概念，但严格地说，把这句话放入定义中是没有好处的，长远说来，反使初学者对函数的概念产生了混乱的甚至于错误的理解. 因为这句话并不是每个函数都能满足的，例如，$y=x^2$，这时 y 当然是 x 的函数，但当 x 从 -2 变到 2 时，y 的值始终为 4，没有改变. 后来经常需要"把常数看作 x 的函数"，亦即，即使明知 y 的值永为 1，但仍可把 y 看作 x 的函数，如果在函数的定义中放入"x 改变时 y 也改变"的要求，便不容许这样做了.因此,应该在定义中把这个要求删掉,以后我们便不再讨论它了.除却这点以外,我们还可做下列的讨论.

第一,变元之取得其变值,完全是任意的,不受任何限制的.上面我们说,对有序变元可想象其依大小次序取值,但这只是为我们思考方便而做的想象,并不是真的有取值次序.因此当把两个变元放在一起讨论时,如果它们不是同一变元的不同出现,它们的值是不能彼此影响、彼此决定的.如果真的当 x 的变值确定时 y 的变值也随之确定,那就首先必须把这两个变元定为全总变元,彼此历经其变域中的各变值,其次又必须把"x 的取值"和"y 的取值"做出对应,使得我们能够说 x 的哪些变值和 y 的哪些变值是对应的,和哪些 y 的变值则不是对应的,有了对应关系后,才能看看是不是"x 的值确定时 y 的值也随之确定",如果没有建立对应这步预备动作,整个定义是完全没有意义的.

不要以为,当 x 的变域、y 的变域都确定以后,x 与 y 变值的对应便自然而然地确定了,这不是事实.例如,设 x 与 y 的变域都是[0,1]这个区间,但在一种对应之下,有 $y=x^2$ 的关系,在另一种对应之下则有 $y=1-x$ 的关系,等等,总之,变值之间的对应关系必须先行确定,不是由变域确定的.

一般数学书中为什么不强调先建立对应关系呢?那是因为在日常生活中、在生产实践过程中,各变量之间都已经"天然地"建立了对应关系.比如,我们要讨论正方形面积 y 与正方形边长 x 的关系,我们当然把出现于同一正方形上的面积值与边长值相对应,决不会把这个正方形的面积值和另一个正方形边长值相对

应的. 又如,物理学上说,气体的压力 p 与体积 v 成反比,与绝对温度 T 成正比,这当然是把在同一时间同一气体所取得的压力值、体积值、温度值做对应的,断没有在第一个气体上取压力值,第二个气体上取体积值,第三个气体上取温度值,而以这三个值相对应的. 我们认为,一般书上也是这样地做对应的,因为是大家公认的,所以省略不说了.

但是,我们没有理由认为,任何两变量的变值之间都会出现大家公认的、不消明说的对应方法,所以在作定义时,如果不提,应该算是省略,毕竟还是应该提一提:“设有两变元 x,y…… 如果依某种方式在其变值之间做出对应,使得 ……”.

第二,把“y 为 x 的函数”这个事实,“记为 $y=f(x)$”,这表面看来,没有什么问题,其实这里暴露了一个大问题,暴露了函数概念的旧说法的一个致命缺陷,对此我们须做较详细的讨论.

照字面所说,“y 为 x 的函数”与“$y=f(x)$”是一回事,那么“z 为 x 的函数”当然也和“$z=f(x)$”是一回事,为什么又要“为区别起见记为 $z=g(x)$”呢?“区别”什么呢? 在算式中可以区别了,这个区别怎样反映到语言中去呢? 在语言中,除了说“z 为 x 的函数”以外,还能说些什么话呢? 对这一连串问题,旧说法是没有办法回答的.

显然,在“y 为 x 的函数”和“z 为 x 的函数”之间,除有公共点(大家都是 x 的函数)以外,还应该有所区别,但应该做出什么区别呢? 在上述定义中说应该区别“f”和“g”,我们要问:f 是什么? g 是什么? 这正是问题的所在,是函数概念的核心问题. 旧说法把这个问题完全忽视了，只是为了“区别”y 和 z 起见，不得不临时请 f 与 g 来帮忙. 但对这个“救命”恩人的本质却一句话也不提，这便招致旧说法的致命缺陷.

原来，在讨论函数的时候，除却应该注意两个变元（x 与 y）的变值的对应以外，还有同样重要（甚至于更重要）的东西要讨论到. 这个同样重要的东西是什么呢？试举一例. 气象台记录了一天或几天的天气情况以后，得到了一大批资料，这些资料可以说便是自变元（时间）与依变元（温度风速等）之间的变值对应表、得到这些对应表后，是不是便解决问题，可以进行有关明天天气的预报呢？并不，得到这些对应表后，气象台的工作才刚开始呢！气象台必须开始分析，找出其对应规律.“对应规律”，这便是函数概念里面和“变值对应”居于同样重要位置的东西！

当 y 为 x 的函数时，既然 x 的变值确定时 y 的值也随之确定，那么必然有一规律，可以由 x 的变值而确定 y 的变值，换句话说，必然有一个算法，根据这个算法可由 x 的值而算出 y 的值. 这个规律叫作 y 与 x 的对应规律，这个算法，叫作由 x 算 y 的算法.

不要以为对应确定了，即对应表确定了，算法也可以到手了，并不是这么一回事. 上面说过，尽管气象台得到温度记录表、风速记录表，但其间的规律（算法）还要花费巨大的人力、时间才能求得. 又如，给出一张三角函数表或对数表或别的函数表，但这些函数的“规律”我们仍然所知极少，甚至于可以说一无所知呢！

在函数定义的旧说法中，根本不提对应规律（或相应的算法），这是它的致命缺点，必须补充进来. 因此，正确的定义应该是：

定义 2　设有两变元 x,y,各自在其变域上变化,如果对这些变元的变值做出对应,使得 x 的每一个变值只对应于 y 的一个变值,我们便说 y 为 x 的函数(或 y 为 x 的依变元),亦说 y 依赖于 x;这时必有一规律以使由 x 的变值而确定 y 的相应的变值,这规律叫作 x 到 y 的函数关系,亦叫作由 x 求 y 的运算(或算法). 如果 y 为 x 的函数,由 x 求 y 的运算为 f,则可记为 $y=f(x)$. 如果 z 亦为 x 的函数,但由 x 求 z 的运算为 g,则可记为 $z=g(x)$.

这样,才把一切可责难之点搞清楚了.

在旧说法中,由于根本忽视运算 f,于是便用 y(亦即 $f(x)$)来冒充 f,亦即用函数(依变元)来冒充函数关系(算法). 在最初等的数学里,人们还有算法的概念,还有几个算法未曾被相应的依变元“吞掉”,例如

加(算法)与和(函数)
减(算法)与差(函数)
乘(算法)与积(函数)
除(算法)与商(函数)
乘方(算法)与幂(函数)
开方(算法)与方根(函数)

但自此以后,大家都绝口不谈算法、运算,只谈函数了. 人们只有正弦函数 $\sin x$,对数函数 $\log x$,对“求正弦”“求对数”只作为口头语,从未认真讨论它,甚至于很多书竟公开说,sin,log 等是没有意义的符号,必须写成 $\sin x$,$\log x$ 才对. 但是,从上面所说,算法是很重要的,不容忽视.

近代数学兴起了,认出算法(函数关系)和函数(依变元)是不相同的,总结起来,其不同点如下:

(1) 依变元(函数)是项,意义是完整的,算法(函数关系)具有空位,意义是不完整的(按:我们上文说"函数具有空位",是指这里所说的"函数关系",不是指这里所说的"函数").

(2) 依变元(函数)含有变元 x,是变元,不确定,函数关系(算法)则是确定的,没有不定的因素在内.

因此近代数学认为不能用依变元来冒充算法(函数关系),应该把它独立出来,而且独立地进行研究.把算法从依变元分出来,可以说是近代数学的一个功绩.可惜近代数学家又犯了一个小错误.

近代数学家把函数关系(算法)便叫作函数,对依变元不给特殊名称,偶然提到时仍称为"函数"或"x 的函数",这仍继续历代相沿下来的把两者混称的习惯,这倒还不用管它.最成问题的是:把函数(即运算)定义为由自变元 x 与依变元 y 的对应变值所组成的对偶集,用上面讨论的话说来,便是把函数(运算)定义为两变元的变值对应表.

运算与变值对应表当然有非常密切的关系,而且两者是彼此确定的,给出详尽无缺的变值对应表后,当然只能得出唯一的对应规律(运算),反之,给出对应规律(即运算)后,人们根据这个运算当然只能做出唯一的一张变值对应表.但两者虽然可以彼此确定,到底是两个不同的东西.上面说过,由变值对应表而求对应规律,这绝非易事(它相当于总结实验资料而求规律,是一大难事);反之,给出对应规律后,要做出变值对应表,也许容易一些,但也不是举手之劳,中学生老早已经学了三角函数的定义(即学了对应规律),但要求中学生做出三角函数表,恐怕也是很难做出的.

在概念上，两者更是根本不同．当然，无论变值对应表或运算，都是确定的，两者都没有不确定因素在内．但变值对应表是对偶集，是集合，是项，意义是完整的，而运算（函数关系）则具有空位，是意义不完整的．当我们看见运算 log 时，便想到把它作用于一些数 1，2，3，… 之上以得出一些新数，它是生产工具，但当我们看见变值对应表时，等于看见原料产品对应表，我们决不会想到把这张表作用到什么数去以得出新数．两者概念是截然不同的，哪能等同起来？

由上所论，在研究函数概念时，有三个东西是必须讨论到的（如把自变元 x 也计算，则有四个），即：

（1）自变元 x，依变元 y（它即 $f(x)$）．

（2）x 与 y 的变值对应．

（3）由 x 求 y 的运算（或对应关系）f．

这三者都很重要，都值得仔细讨论的．旧说法取消（3），当需要（3）时便用（1）来冒充．近代数学则恢复（3），并对（3）做独立研究，但又把（3）定义为（2），把（3）和（2）等同起来，这实质上仍是取消（3）．照我们看来，这三者概念上是不同的，实际应用上是各有用处、不容替换的，应该同等重视，不应抹杀任何一个．

举个例说，数学上反函数的概念，应该用“运算”来讨论才最方便，如用依变元的概念来讨论，那便很难讨论清楚了．用变值对应来讨论当然也可以，但这时却不易解释，为什么画反正弦函数的图像时，应该照方程，$y=\arcsin x$ 来画，而不是照方程 $x=\arcsin y$ 来画（它才相当于 $y=\sin x$，后者对应于正弦函数的图像），这在初学者是不易理解的．

我们再讨论所谓高级函数．

为了在逻辑中发展自然数论，戴德金利用了集合论.弗雷格则一方面以为集合的概念不是纯逻辑所有，另一方面以为从集合的元素舍弃其各自特点而抽象出基数这种做法不妥当，应该使用相当于“集合的集合”的概念，换言之，他讨论了（实质上）谓词的谓词.罗素为了解决集合论的悖论，提出无类论（罗素所说的类实即集合，故实即无集合论），既然没有集合，要定义基数，实质上也只能定义“谓词的谓词”.谓词是函数（指函数关系——下同）的一种，因此罗素和弗雷格实质上便发展了函数的函数理论，这种函数叫作二级函数.

依次类推，以二级函数为其变目的函数便叫作三级函数，一般以 n 级函数为其变目的函数便叫作 $n+1$ 级函数.

量词 $\forall x$ 与 $\exists x$，当 x 为个体变元时可叫作一级量词，当 x 为 n 级函数变元时，可以叫作 $n+1$ 级量词（摹状词仿此定义）.量词与摹状词合称约束词.

罗素主张 n 级谓词与 n 级量词、n 级函数与 n 级摹状词都是相当的：凡讨论 n 级函数与 n 级约束词的，可叫作 n 级谓词演算.只讨论以个体为变目的（一级）函数以及以个体变元为约束变元的约束词的，便是一级谓词演算，也叫作狭义谓词演算.罗素的主张虽经多次变化，后人对他的主张也累加修改，但这样的基本论点一直被人采用到现在.

关于罗素的类型论，我们在上文已略作评介，这里不再多说.在这里我们只想指出下面几点：

第一，所谓二级谓词（函数）乃至高级谓词是说不通的.

第二，所谓二级谓词实即一级量词.

第三，如果有高级谓词，那么 $n+1$ 级谓词实即 n 级量词（由此足见把 n 级谓词与 n 级量词放在一起，算是 n 级谓词演算，这是根本错误的）.

现在我们就这三点依次讨论.

第一，为什么二级谓词（函数）说不通呢？照旧说法，设 φ 为二级谓词，它以二元一级谓词 A 为变目，这时

$$\varphi(A)$$

便是一公式，有真假之可言. 但这时 A 的两个空位根本未填任何东西，照理应该是语意不完整，现在为什么突然语意完整起来而能分真假了呢？这是说不通的. 如果说，φ 已经把 A 改造成不再具有空位的东西，因而 $\varphi(A)$ 意义便完整了，这样一来，φ 仍以意义完整的东西（项或公式）为变目，并非以谓词（或函数）为变目，那么为什么又叫作二级函数呢？说来说去，所谓二级谓词（函数），从概念上便是说不通的.

第二，只要我们对量词和摹状词的性质和作用稍加研究，再和通常所说的二级量词（函数）相对照，马上可以看出，二级谓词和一级量词是一样的，二级函数和一级摹状词也是一样的. 今试就二级谓词而论.

上面的 $\varphi(A)$ 实际上对应于一个一级量词 φ_{xy}，它约束两个个体变元 x,y 而以填式 Axy 为作用域. 这时我们有

$$\varphi(A) \text{ 等价于 } \varphi_{xy}A(x,y)$$

换句话说，所有用二级谓词而表达的式子都可改用一级量词而表达.

反过来，设有一级量词 φ，它约束（比如说）三个个体变元 x,y,z，而以三元函数填式为作用域，这时例如

我们有 $\varphi_{xyz}A(x,y,z)$. 我们可以引进一个二级谓词 φ，它以一个三元一级谓词为变目. 只需我们引入相应于 $A(x,y,z)$ 的谓词 A°(即有 $A^{\circ}xyz=A(x,y,z)$)，我们便得

$$\varphi(A^{\circ}) \text{ 等价于 } \varphi_{xyz}A(x,y,z)$$

换句话说,所有可用一级谓词而表达的式子都可改用二级谓词来表达.

由此自可得出结论:两者是一样的.

第三,推而广之,如果有高级谓词和高级量词的话,那么 $n+1$ 级谓词便和 n 级量词可以互相表达.

设有 $n+1$ 级谓词 φ,它以三元 n 级谓词 A 为变目,这时 $\varphi(A)$ 便是一个公式,有真假之可言. 我们可引入 n 级量词 φ,它约束三个 $n-1$ 级谓词变元 x,y,z. A 既为三元 n 级谓词,它的三个空位便可填以 $n-1$ 级谓词,即 $Axyz$ 是合适的填式,可用作 φ_{xyz} 的作用域,这时便有

$$\varphi(A) \text{ 与 } \varphi_{xyz}A(x,y,z) \text{ 同真假}$$

足见 $n+1$ 级谓词可改用 n 级量词代替.

反之,仿上可见,n 级量词可改用 $n+1$ 级谓词代替. 从而可见,两者实质是一样的,照我们的意见,高级谓词与高级函数(从而高级量词与高级摹状词)是没有的,用不着进行讨论.

在运用上,量词的力量非常强,利用它可以把数学中一切推理都表达出来,因此我们应该引入约束词论而不应该引入二级函数、二级谓词(更何况二级谓词、二级函数两个概念本身便是讲不通的).

但是旧式的约束词论有其缺点.

第一，比如 $\varphi(A)$，它本来只与谓词 φ 及 A 有关，如今使用约束词，表成 $\varphi_{xyz}A(x,y,z)$，不使用 A 而使用 $A(x,y,z)$，后者是 A 的填式，除依赖于 A 外，还依赖于 x,y,z，这是很不妥当的，如果不加以澄清，还可说是谬误. 因此使用约束词时，必须把 xyz 变成约束变元，即约束词必须添足码 x,y,z(它们叫作约束词的指导变元或作用变元)，以约束作用域中的 x,y,z，表明全式的值和作用域中的 x,y,z 无关. 这种先引进来，再行约束以表示无关，完全是一种兜圈子的行为，非常迂回曲折，不够直接.

第二，约束词所使用的指导变元及作用域上被约束的变元(它们都是约束变元)，不但在理论上出现迂回曲折不够直接的现象，更重要的是在运算上也因约束变元而带有种种麻烦，种种不方便. 我们必须在作用域中区分自由变元和约束变元，区分一变元的自由出现和约束出现，必须探究哪个约束变元是被哪个指导变元所约束的(这叫作约束关系). 约束变元可以改名，但改名要受一定的限制. 自由变元可以被代入，但代入时不能"盲目代入"，亦要受一定的限制，遵从一定的手续. 要把这种手续严格地妥善规定是一件很麻烦的事情，经过好几个数理逻辑家十多年的反复讨论辩难，反复修正改进，才算完善. 如果不使用约束变元，是不会出现这许多麻烦的.

话又说回来，约束词的理论本身是完善的，唯一的缺点在于以填式为作用域，被迫引入约束变元. 但上面我们说过，约束变元可改用约束空位代替，约束词既不是以函数作变目，也不是以函数的填式为变目(为作用域)，而是：约束词约束(相当于填入) 函数(谓词) 的空位，这便把旧式约束词论的缺点一扫而光了.而高级谓词理论再也没有考虑的必要了.

第三编

历史与进展

第11章 林夏水、张尚水介绍数理逻辑在中国[①]

20世纪初,我国少数学者到西方留学,开始接触到数理逻辑这一新兴学科.1920年,英国哲学家和逻辑学家罗素来我国上海、杭州、长沙、北京等地浏览、讲学.他在北京大学讲了"哲学问题""心的分析""物的分析""社会结构""数理逻辑"等问题.罗素在"数理逻辑"的讲演中,简单地介绍了数理逻辑的内容——命题演算和逻辑代数[②].这一讲演促使我国一些逻辑学者去研究数理逻辑.20世纪20年代初期,俞大维、沈有乾等少数人曾经从不同方面研究过数理逻辑,但他们后来没有继续做这方面的工作,所以,对我国数理逻辑的发展并没有产生什么影响.

---

① 本文原为作者参加1981年11月9日至13日在新加坡召开的东南亚数理逻辑会议而作,后因故未能出席.后于1983年发表在《自然科学史研究》第2卷第2期175页至182页.

② 罗素.数理逻辑(罗素五大讲演),吴范寰记录、整理,北京大学新知出版社,1921年10月,44页.

从1927年起，金岳霖在清华大学讲授普通逻辑的同时，还开始讲授数理逻辑，为我国培养出一批研究数理逻辑的人才，其中有沈有鼎、王宪钧、胡世华等人. 金岳霖是第一个在我国系统地传授数理逻辑的人. 他著的《逻辑》一书1936年出版以后，又于1961年、1978年两次再版，对我国数理逻辑的发展产生过一定的影响.

此外，还有一些学者撰文或翻译介绍这一学科的内容. 1922年，傅种孙、张邦铭翻译出版了罗素著的《罗素算理哲学》. 该书又于1924年再版. 1930年作为世界名著第二次重印，书名改为《算理哲学》. 1982年商务印书馆出版新译本，取名为《数理哲学导论》. 肖文灿于1931年发表《无理数之理论》[①]，系统地介绍了无理数理论，其中包括戴德金和康托的理论；1933～1934年又发表连载文章《集合论》[②]，系统地介绍集合论的内容. 朱言钧于1934年和1936年发表《数理逻辑纲要》[③]《数理逻辑导论》[④]，分别介绍论断逻辑和命题演算及谓词演算. 朱言钧还在1936年翻译了戴德金的论文《数之意义》，介绍集合和映射.

为了发展我国的数理逻辑，一些有志于这门学科的学者，在20世纪20年代末和20世纪30年代先后到

---

① 载《理科季刊》(武汉大学)，1932年，第2卷第4期.

② 载《理科季刊》(武汉大学)，1933年，第4卷第2期；1934年，第4卷第4期；1934年，第5卷第1期；1934年，第5卷第2期. 这些文章后来汇集成《集合论初步》一书，1939年由商务印书馆出版.

③ 载《理科季刊》(武汉大学)，1934年，第5卷第2期.

④ 载《数学杂志》，1936年，第1卷第1期. 朱言钧还发表了《数学认识之本源》，载《数学杂志》，1936年，第1卷第1期；《存在释义》，载《数学杂志》，1936年，第1卷第2期.

美国、德国、英国等地求学，向怀特海、策梅罗、哥德尔、肖尔兹等著名数理逻辑学家和教育家学习. 1938年，王宪钧回国后，在当时的西南联大讲授集合论和数理逻辑的其他内容. 1941年，胡世华回国后，也从事于数理逻辑的教育和研究工作. 他们对国外数理逻辑的传播，使我国数理逻辑的教学开始从逻辑学方面转到数学方面. 当时，我国数理逻辑的课程一般是设在哲学系，但选修这门课程的大多是数学系的学生.

抗日战争时期，金岳霖、沈有鼎、王宪钧继续在西南联大(抗战后在清华大学)讲授数理逻辑. 胡世华在中山大学、中央大学、北京大学讲授数理逻辑. 他们为我国培养了研究数理逻辑的第三代人才. 20世纪40年代，我国又有一些数理逻辑的学者到国外学习. 莫绍揆去瑞士学习. 王浩到美国学习，他现在仍在美国从事数理逻辑的研究工作，是知名的数理逻辑学家.

1949年以前，做过数理逻辑的教育和研究工作的还有汪奠基、张崧年，张荫麟、汤璪真①、曾鼎和②、王湘浩③等人.

中华人民共和国成立前，从事数理逻辑工作的人

---

① Tsao-Chen, Tang, *A paradox of Lewis's strict implication*, Bull. A. M. S., Vol. 42(1936), 707-709; *The theorem "$p \prec q$ $\cdot = \cdot$ $pq = p$" and Huntington's relation between Lewis's strict implication and Boolean Algebra*. Ibid., 743-746; *Algebrqic postulates and a geometric interpretation for the Lewis Calculus of strict implication*, Ibid., Vol. 44(1938), 737-744.

② Tseng Ting-He. *La philosophic mathematique et la théorie des ensembles*, Thesis Paris, 1938, 166pp.

③ Wan Shianghaw, *A system of completely independent axioms for the sequence of natural numbers*, J. S. L., *Vol*. 8, 41-44, 1943.

是屈指可数的，而其中一些人后来又改做其他工作，剩下的少数人只能集中精力于教育.所以，当时我国的数理逻辑工作除了培养人才以外，科研成果甚少.

1949 年以后，在中国共产党的领导下，我国的科学事业获得了新生，数理逻辑学科的发展也有了良好条件.特别是知识分子学习了辩证唯物主义和在数学界讨论数学哲学问题以后，数学界和逻辑学界开始运用辩证唯物主义的观点和方法，分析批判了数理逻辑中所混杂的唯心主义，把数理逻辑的科学内容和唯心主义的歪曲区别开来.这一工作在消除人们对数理逻辑的误解方面起了一定的作用.1955 年，中国科学院数学研究所设立了数理逻辑研究组.同年，中国科学院哲学研究所（现改名为中国社会科学院哲学研究所）也建立了逻辑研究组，其中有少数人从事数理逻辑工作.研究机构的设立，标志着我国数理逻辑的发展已经从与教学相结合的阶段进入到部分学者从事专门研究的阶段.

1956 年，数理逻辑与其他学科一样，制订了十二年远景发展规划，但它的执行还缺乏群众基础.一般人仍然没有认识到数理逻辑在科学技术发展中的重要性和哲学上的意义，甚至有少数人错误地认为数理逻辑是应该批判和否定的东西.所以，当时依然存在着数理逻辑要不要发展的问题.这就要求数理逻辑工作者通俗地介绍数理逻辑的内容，进一步划清数理逻辑与唯心主义的界限.王宪钧发表了《数理逻辑里的真值函项是复合命题的逻辑抽象》[①]《批判逻辑实证主义的意义

① 载《北京大学学报》，1956 年，第 2 期第 47 ～ 57 页.

理论》[1]，胡世华发表了《数理逻辑是应该重视的一门科学》[2]《数理逻辑的基本特征与科学意义》[3]，晏成书发表了《什么是数理逻辑》[4]. 这些文章介绍了数理逻辑的对象、内容以及数理逻辑与数学、逻辑学、计算机、语言学等学科的本质联系；论述了数理逻辑的科学性质及其在科学技术发展中的地位；批判了唯心主义对数理逻辑的歪曲和利用，说明研究数理逻辑的哲学意义. 这些文章对于改变人们对数理逻辑的错误看法以及引起人们对这一学科的重视起了一定作用，使许多人对数理逻辑开始产生兴趣. 1957 年秋，北京大学数学力学系设立了我国第一个数理逻辑专门化课程；北京大学哲学系、南京大学数学系、北京师范大学数学系也先后开设了数理逻辑课程，为我国数理逻辑的发展培养人才.

1958 年，数理逻辑工作者在理论联系实际的思想指导下，投入到生产实践中去，参加设计通用和专用的电子计算机，解决计算机发展中提出的逻辑问题. 为了适应数理逻辑发展的需要，1958 年秋，全国各地又有一些单位设置专业或举办训练班；同时还翻译出版了希尔伯特和 Ackermann 合著的《数理逻辑基础》、培特著的《递归函数论》两本书. 在学术交流方面，当时我国邀请匈牙利的数理逻辑学家卡尔马(L. Kalmar) 来华访问. 在访问期间，他介绍了数理逻辑在工程技术中

---

① 载《北京大学党报》，1959 年，第 2 期第 95 ～ 102 页.

② 载《人民日报》，1956 年 6 月 8 日.

③ 载《哲学研究》，1957 年，第 1 期第 1 ～ 45 页.

④ 载《光明日报》，1956 年 4 月 18 日.

的应用和匈牙利数理逻辑的概况[①]. 上述工作对我国数理逻辑的发展起到了促进作用.

1960 年,南京大学数学系设置了数理逻辑专业. 1962 年,中国科学院数学研究所的数理逻辑组合并到中国科学院计算技术研究所. 1963 年,商务印书馆出版了塔尔斯基著的《逻辑和演绎科学方法论导论》一书的中译本,此书又于 1980 年再版. 1963 年,中国电子学会召开了第三次全国计算技术经验交流会,数理逻辑作为其中一个组交流了学术论文[②]. 这是我国第一次全国性的数理逻辑专业会议.

中华人民共和国成立后到 1966 年,我国数理逻辑有了比较大的发展,无论是在研究队伍方面,还是在科研成果方面,都是新中国成立前所无法相比的. 下面,就这一时期的一些主要成果做些简要介绍:

1. 逻辑演算方面

沈有鼎在《初基演算》[③] 一文中,对命题演算的各种不同系统做了比较,构造出一个比极小演算系统 J 更小的命题演算系统,他称之为"初基演算". 初基演算是极小演算与路易斯的模态演算 S_4 的交的一部分. 它包括两个模式和 14 条公理模式. 把其中第二个公理模式加强就得到极小演算 J;再增加一个公理就得到直觉主义系统 H.

---

① L. Kalmar:《数理逻辑在工程技术中的应用及匈牙利数理逻辑发展概况》. 自然辩证法研究通讯,1959 年,第 1 期.

② 中国电子学会电子计算机专业委员会编.《1963 年全国数理逻辑专业学术会议论文集》,国防工业出版社,1965 年,130 页.

③ 载《数学学报》,1957 年,第 7 卷第 1 期.

2. 集合论方面

沈有鼎在《Paradox of the class of all grounded classes》[1]一文中构造一个集合论悖论. 一个类 C 称为无根的(groundless),如果存在类的无穷序列 $C_1, C_2, C_3, \cdots$,使得 $\cdots C_n \in \cdots \in C_2 \in C_1 \in C$,否则称 C 为有根的(grounded). 令 C 为所有有根的类的类,问:C 是有根的吗? 或者 C 是否属于 C. 容易看出,C 是有根的,当且仅当 C 是无根的. 因此,所有有根的类的类是一个悖论. 沈的这个悖论包括了著名的罗素悖论. 沈有鼎还在《Two Semantical Paradoxes》[2]一文中,构造出两个撒谎者型的语义悖论.

3. 递归函数论方面

胡世华在《递归算法——递归算法论 Ⅰ》[3]一文中,把自然数集上的递归函数论推广到字集上,从而建立一个可计算性理论——递归算法论. 在递归算法论中,各种已有的可计算性理论——递归函数论、图灵机理论、丘奇的 λ－转换演算、马尔柯夫(Марков)的正规算法论——都可以很自然而又直接地作为子理论而得到表达,而且不失其原来理论的特点,包括各种理论发展出来的技巧. 可以说,递归函数论有机地把各理论统一于自身. 它具有已有各个可计算性理论的优点,而没有或很少有各理论的缺点. 递归算法论在应用上比已有的各个理论更方便. 胡世华、陆钟万在《核函

① 载《J. of Symbolic》, Vol. 18(1953), p. 114.

② 载《J. of Symbolic Logic》, Vol. 20(1955), p. 119-120.

③ 载《数学学报》,1960年,第10卷第1期.

数——递归算法论 Ⅱ》[1]一文中，定义了一个极小的函数集：字母表 $\mathscr{A}$ 中的核函数 $\mathfrak{R}$，$\mathfrak{R}$ 是满足下列条件的最小函数集：

(1) $\mathrm{con} \in \mathfrak{R}$；

(2) $\mathfrak{R}$ 对于弱代入算子是封闭的；

(3) $\mathfrak{R}$ 对于拟受囿存在量词 $\exists_i$ 是封闭的.

其中 con 是函数

$$\mathrm{con}(x,y,z)=\begin{cases}\odot & (\text{当 } x=yz \text{ 时})\\ o_1 & (\text{其他情况})\end{cases}$$

($\odot$ 是空字，o_1 为字母表 $\mathscr{A}$ 中选定的一个字母). $\mathfrak{R}$ 是递归函数的真子集. 并且证明了 $\mathfrak{R}$ 中的函数可以表示成一种范式. 文中还利用这函数集构造出一种正规算法的通用算法和一种图灵机器的通用计算机.

胡世华在《递归函数的范式——递归算法论 Ⅲ》[2]一文中，把字母表 $\mathscr{A}$ 中的递归函数表示成范式，范式中的函数限于 $\mathfrak{R}$ 中的函数.

4. **模态逻辑方面**

莫绍揆在《具有有穷个模态辞的模态系统》[3]一文中，从基本模态系统 B 出发，研究具有有穷个模态辞的一些模态系统. 他使每一模态辞 $\neg\Box^{\alpha_1}\neg\Box^{\alpha_2}\cdots\neg\Box^{\alpha_n}P$ 对应于数列 $\alpha_1,\alpha_2,\cdots,\alpha_n$，并根据模态辞间的蕴涵、等价而规定数列间的顺序、相等. 这样，就可以把模态辞的研究代数化，从而使讨论更方便而又系统. 他还简化了帕里(W. T. Parry) 的结果，而且做了不少推广. 他

---

① 载《数学学报》，1960 年，第 10 卷第 1 期.

② 载《数学学报》，1960 年，第 10 卷第 1 期.

③ 载《数学学报》，1957 年，第 7 卷第 1 期.

在《有穷模态系统的基本系统》[1] 一文中，研究了一般构造有穷模态系统的问题，并且获得部分结果. 莫绍揆还在《模态系统与蕴涵系统》[2] 一文中，比较详尽地研究了一般模态系统的构造. 他从一个很弱的系统出发，一直讨论到最强的系统(即二值系统)，列出在加强过程中所出现的中间系统，并与一些常见的模态系统(主要是路易斯的 S_2，S_3，S_4) 做了比较.

5. 程序设计理论方面

唐稚松在《论指令系统的递归性》[3] 一文中，提出一种多带图灵机作为计算机的模型. 他还研究了各种指令系统的计算功能，包括以重复指令代替条件转移的情况(这种代替对结构程序设计是重要的). 文中构造一种多带图灵机 $\mathfrak{G}^1$，它是一种通用的原始递归自动机. 这是首次见诸文献的、与原始递归性相应的自动机. 文章在讨论几组具有部分递归性的指令系统后，进一步证明了，如果 $\mathfrak{G}^1$ 上的指令系统 $\mathscr{J}^1$ 中的重复指令的一个极为简单的限制取消，则所得的指令系统恰好具有部分递归性. 这样，就可以清楚地在自动机理论范围内，把原始递归性及部分递归性这两个概念联系起来.

此外，1965 年，莫绍揆发表了《数理逻辑导论》和《递归函数论》两本专著.

1966 年至 1976 年，在我国发生了“文化大革命”. 它使我国遭受到新中国成立以来最严重的挫折和损

---

① 载《数学学报》，1958 年，第 8 卷第 2 期.

② 载《数学学报》，1959 年，第 9 卷第 2 期.

③ 载《数学学报》，1965 年，第 15 卷第 6 期.

失，数理逻辑的工作也不能幸免．这一时期，我国的数理逻辑与国际水平的差距拉大了．

“文化大革命”结束后，我国的科学文化事业与其他事业一样，又开始走上正常的发展轨道．为了弥补十年的损失，在数理逻辑的恢复工作中，急需解决后继乏人的问题．1978 年，北京大学哲学系、中国科学院计算技术研究所、中国社会科学院哲学研究所、北京师范大学数学系、南京大学数学系五个单位招收了二十多名研究生．这是新中国成立以来招收研究生最多的一年．他们在老一辈的数理逻辑工作者的指导下，经过三年的学习，都走上了工作岗位，为我国数理逻辑的发展增添了新的力量．1976 年以后，除了培养人才以外，还加强了学术交流．1977 年 8 月．中国科学院计算技术研究所在北京召开了全国数理逻辑讨论会．1978 年，中国数学会在成都召开年会，数理逻辑作为其中一个组交流了学术成果．同年，在北京召开的全国逻辑学讨论会上，也讨论了数理逻辑的学术问题．当时数理逻辑方面的发言和文章共有八篇①．1979 年，全国逻辑学会在北京召开了第二次逻辑讨论会．1979 年和 1980 年，北京数学分会也讨论了数理逻辑的问题．这一期间在研究工作方面也取得了一些可喜的成果．

6. **递归函数论方面**

杨东屏在《相对于 $\triangle_2^0$ 集的 α — 分离定理》② 一文中，把莫利(Morley) 和索里(Soare) 的相对于 $\triangle_2^0$ 集 S 的分离定理推广到一切可允许序数的前节上去，证明

---

① 载《逻辑学文集》，吉林人民出版社，1979 年．

② 载《数学学报》，1980 年，第 23 卷第 5 期．

了：

定理　对于任意驯服 $\triangle_2^0$ 集 S 及任意 α — 正则的 α — 递归可枚举集 A，若 A_s 是 $\mathfrak{E}$ 内的无补元素，则有 α — 递归可枚举集 B,C，B,C 的下标可由 A 一致地给出，并且满足：

(1) $A=B\cup C, B\cap C=\varnothing$；

(2) B_s, C_s 在 $\mathfrak{E}$ 内无补；

(3) $B\not\leqslant_\alpha C$ 且 $C\not\leqslant_\alpha B$.

由这个定理可以很容易地推出某些已被证明过的 α — 递归论上的结果，并可以很容易地把自然数集上递归论里的一些结果推广到一切可允许序数的前节上去. 杨东屏还在《α — 非有丝分离集的存在性》[1] 一文中，证明了：存在 α — 正则的 α — 非有丝分离集. 杨在《α — 算子间隙定理》[2] 一文中，把 Constable 的算子间隙定理推广到广义计算复杂性理论中去. 他证明了 α — 算子间隙定理：对于一切 α — 复杂性测度以及一切 α — 全能行算子 F，有任意大的单调增 α — 递归函数 t，使得若

$$t(\xi)\leqslant \Phi_\varepsilon(\xi)\leqslant F[t](\xi)$$

α — 无界地成立，那么

$$F[t](\eta)<\Phi_\varepsilon(\eta)$$

也是 α — 无界地成立.

7. 自动机理论方面

陶仁骥在《自动机及其归约》[3] 一文中，提出一种自动机作为数字计算机的数学模型. 这种自动机 M 由

① 载《数学学报》，1979 年，第 22 卷第 2 期.

② 载《计算机学报》，1979 年，第 2 卷第 3 期.

③ 载《计算机学报》，1978 年，第 1 期.

它的字母表、结构参数和结构函数确定. 文章还定义了正则自动机、编码自动机. 作者证明了:字母表改变后,自动机可归约到它的编码自动机;正则自动机还可以归约到输入、输出为 1,每次至多有一个境输入或输出的正则自动机;扩大字母表后,任何自动机都可以归约到境数为 1 的、不同输入输出的正则自动机.

陶仁骥在《关于自动机功能的一些问题》[1] 一文中,讨论了上文所定义的自动机功能函数类的性质. 文章首先证明了自动机与图灵机的等价性. 然后考察了单一自动机的功能. 作者述证明了:单一自动机的功能函数类,在等价的意义上,是卡尔马初等函数类的一个真子集.

陶仁骥还在《通用计算机》[2] 的文章中,讨论通用自动机的构造问题. 文章利用置换的性质,用归约的方法直接构造出两种通用自动机. 其中第二种通用自动机只有一个境,输入输出位数为 1,不同输入输出,并且是正则的.

8. **计算复杂性理论方面**

洪加威在《论计算的相似性与对偶性》[3] 一文中,提出计算模型的相似性和计算时间与存储空间之间的对称性这两个重要概念. 文章给出巡迴的统一定义和计算类型的统一定义. 证明了在一个固定计算类型下的所有合理的计算模型都是相似的:它们可以互相模拟,并且模拟者所使用的巡迴不超过被模拟者所使用

---

① 载《计算机学报》,1978 年,第 2 期.

② 载《计算机学报》,1979 年,第 2 卷第 1 期.

③ 载《中国科学》,1981 年第 2 期.

的空间多项式，同时模拟者所使用的空间也不超过被模拟者所使用的空间的一个多项式．文章进一步指出巡迴和空间在某种程度上是互相对偶的：如果一个定理对巡迴和空间成立，那么交换它们的位置后，定理仍然成立．文中还列出一系列对偶形式的元定理，这些元定理包括了这一领域内几乎所有已知定理和一些全新的结果．文章进一步提出了相似性原理和对偶性原理．在这两个原理成立的前提下，将有可能对所有的计算模型、所有的计算类型以及复杂性分类中的几乎所有定理做出统一处理，并将得到一系列全新的结果．

此外，这之后出版的专著有：陶仁骥的《有限自动机的可逆性》(科学出版社，1979 年)；胡世华、陆钟万合著的《数理逻辑基础》(科学出版社，1981 年上册；1982 年下册)；王宪钧的《数理逻辑引论》)(北京大学出版社，1982 年)．

我国数理逻辑的发展与普及工作是分不开的，在这方面，许多数理逻辑工作者做了大量工作．数理逻辑在我国是一门新的科学，人们对它的认识需要有一个过程．在这一认识过程中，我国的数理逻辑工作者还就数理逻辑形式逻辑的关系问题，进行过热烈讨论．讨论中所涉及的主要问题集中反映在 1962 年上海人民出版社出版的《逻辑问题讨论三集》的论文集中．

数理逻辑是唯物主义与唯心主义激烈争夺的一个重要领域．1949 年以前，数理逻辑工作者缺乏辩证唯物主义的思想武器，没有可能批判唯心主义对数理逻辑这门新的学科的歪曲和利用．1949 年以后，数理逻辑工作者学习了辩证唯物主义，他们开始应用辩证唯物主义的观点和方法，分析批判了对数理逻辑成果的唯心主义解释,研究这一新学科发展过程中提出的哲学问题,为辩证唯物主义提供了新的科学依据.此外,有的数理逻辑工作者还运用历史唯物主义观点,研究数理逻辑的发展历史.王宪钧在《数理逻辑引论》一书的第三部分中,发表他在数理逻辑史方面的研究成果.

在我国数理逻辑发展史上做过贡献的人当中,我们要特别提到王浩教授.他曾于1961年为我国撰写一部《数理逻辑概要》.该书于1962年由科学出版社出版英文版.从1972年起,他先后五次回国讲学、访问,介绍国外数理逻辑发展的情况,与我国学者进行学术交流.特别是1977年,他在中国科学院作了六次关于数理逻辑的广泛而又通俗的讲演.后来,这些讲演的内容又经他加工整理成书.1981年,由我国与美国合做出版该书的英文版,题为《Popular Lectures on Mathematical Logic》;同时由科学出版社出版中文版《数理逻辑通俗讲话》.王浩教授的讲学对我国数理逻辑遭到十年挫折后的恢复以及后来的发展,无疑起到促进作用.

总之,数理逻辑在我国的历史还是很短的.1949年以前,它的发展是缓慢的.1949年以后,它虽然走过了曲折的发展道路,但毕竟获得了较快的发展,取得了可喜的成果.当然,这种发展还不能适应国家建设和科学技术发展的需要.我国数理逻辑的力量还是薄弱的,今后仍然需要大力发展.

第 12 章　哥德尔定理——数理逻辑发展的第三阶段

第12章

20世纪30年代可以说是数理逻辑发展史上的过渡时期，从第二阶段过渡到第三阶段.在第二阶段里，希尔伯特提出了试图解决数学基础问题的证明论方案.方案的目的是，用能行的有穷方法研究包括古典逻辑和古典数学的形式系统，并论证其一致性，等等.这首先就推动了逻辑演算的形式化过程并在20世纪20年代的最后两年得到一些重要的结果.在20世纪30年代开始的几年(1930～1936年)之内，主要是通过哥德尔的工作，完成了对形式系统的几个最重要问题的研究，正面或反面地给出了基础问题的解答.在方法论方面，数学地因而也是严格地描述了直观的能行机械过程，推动了递归函数论的研究.上述这些工作同时也为第三阶段准备了条件.这时期的重要结果有：

(1)1928年，希尔伯特和 Ackermann 从逻辑演算中把狭谓词演算一阶谓词演算分离出来并证明了其一致性.

(2)1930 年,哥德尔完全性定理.

(3)1931 年,哥德尔的两个不完全性定理.

(4)能行性或机械过程的数学描述.如 1934 年,艾尔布朗(J. Herbrand,德国)－哥德尔－克林尼(S. C. Kleene,美国)的一般递归,1937 年,图灵的可计算性,1933～1936 年,丘奇的 λ－可定义性,等等.

(5)一些限制性定理,如 1936 年,丘奇的狭谓词演算的不可判定性定理.1937 年,图灵也独立得到狭谓词演算的不可判定性.哥德尔于 1929 年秋,完成了以此问题命名的博士论文,1930 年发表了一篇修改稿《逻辑谓词演算公理的完全性》,此文的主要定理是:

"定理 Ⅰ.狭谓词演算的每一有效公式都可证."

这个重要定理只是从理论上证明了狭谓词演算的完全性,由于无法能行地判定狭谓词演算公式的有效性,此定理不能提供证明有效公式的方法.这篇论文还证明了以下两个重要定理.其一是比定理 Ⅰ 较强的结果:

"定理 Ⅱ.狭谓词演算的任一公式或者是可否证或者是可满足的(而且是在可数个体域中可满足)."

另一个是文中的定理 Ⅹ,即现在所谓的紧致性定理:

"定理 Ⅹ.一可数无穷多公式的系统是可满足的,当且仅当每一有穷子系统是可满足的."

从上述定理 Ⅱ 容易推导出骆文海－司寇伦定理,即"如狭谓词演算的一公式在可数个体域有效,则此公式常为有效".紧致性定理和骆文海－司寇伦定理是现今模型论的两个重要定理.可以说,哥德尔的完全性定理为模型论的发展准备了条件.

哥德尔在证明完全性定理时,使用了古典排中律

和葛尼希(J. König)无穷引理,这二者都不合乎有穷观点.我们知道,从司寇论1923年和1929年的论文中几乎可以简单而直接地得到这个结果,可是他没有这样做,哥德尔以前也没人这样做.哥德尔认为,这是由于司寇伦囿于有穷观点,而他本人则对超穷思维持有"客观主义",亦即实事求是的态度.他说:"逻辑学家的盲目(或者是偏见,或者是不管你叫它什么)实在令人惊异.但我想这不难得到解释.其原因就是由于当时所广泛缺少的、对元数学和非有穷思维的必要的认识论态度."

1. **不完全性定理**

1930年,哥德尔开始考虑数学分析的一致性问题,1931年发表《*PM*及有关系统中的形式不可判定命题》一文.此文论证了两个著名的定理:

(1) 一个包括初等数论的形式系统P,如果是一致的那么就是不完全的.这被称为第一不完全性定理.

(2) 如果这样的系统是一致的,那么其一致性在本系统中不可证.这被称为第二不完全性定理.这两个定理论证精细、层次重叠,我们只拟描绘一个简单轮廓,阐明论证的思想.

第一定理断定:如果系统P一致,那么总可给出一语句A,A和$\overline{A}$在P中都不可证.它在P里构造一语句A,用普通语言说,A表示

A在P中不可证

A和$\overline{A}$都依照P的形成规则构成,是封闭的含有量词的公式.经过解释,A表示一个自指的数学命题.可以证明,在P一致的条件下,假定A可证,则将得到矛盾的结果;同时在一较强(P为ω一致)的条件下,假定$\overline{A}$

可证，也将导致矛盾. A 和 $\overline{A}$ 都不可证，因之 A 在 P 中不可判定，P 是不完全的. 哥德尔在这里从说谎者悖论和瑞恰德悖论得到借鉴. 对形式系统 P 的一封闭公式而言，虽然从语义考虑，经过解释，A 和 $\overline{A}$ 必有一真，但从语法考虑，并非两者中必有一可证，还有一可能就是二者都不可证. 真而不可证，这恰好说明 P 不具有完全性. 这里的关键思想是区别真和可证.

论证第一不完全性定理不仅要求精湛的数学才能，还更要能在思想上从错综复杂的联系中区别几个层次和它们的相互关系.

(1) 按照希尔伯特方案，考虑的对象至少应为包括古典初等数论和一阶逻辑的形式系统.

(2) 元数学中使用的方法应符合证明论所要求的有穷观点. 元语言为日常语言，如中文或英文，再加一些符号和公式，用以表示对象系统中符号的种类，形成规则，变形规则，以及一些概念和元定理.

(3) 通过哥德尔配数法用自然数代替初始符号，因而公式即成为一自然数的有穷序列，证明成为一自然数的有穷序列的有穷序列. 我们然后再根据能行方法用一自然数来替换自然数的有穷序列. 其结果是，每一符号、公式和证明都一一对应于某一特定的自然数，而变形规则就转换为自然数之间的关系，元定理转换为关于自然数的定理. 哥德尔在元数学中使用并发展了递归算术. 配数法的结果是元数学中语法部分的算术化.

(4) 形式系统 P 的解释是初等数论. 在算术化以后，关于 P 的语法就可以用 P 的公式来表示. 因之 P 中的某些谓词和命题就可以理解为关于 P 的谓词和命

题. 在这些命题中,有的可以表示,P 的某一特定命题在 P 中不可证. 哥德尔利用对角线法和代入函数,能行地构造了一个断定其本身在 P 中不可证的命题 A. A 是 P 中的一个自指的数学公式.

(5) 经过算术化,真的元数学命题转换为真的算术命题. 在这种真算术命题中,有的是 P 中可证的. 哥德尔 1931 年论文里的定理 Ⅴ 证明了,每一真的 n 元递归谓词都有相应的公式在 P 中可证. 但是也有真的元数学命题,在转换为数学命题后,在 P 中却不可证. 例如上面讲到的命题 A,A 虽然在 P 中可以表示但不可证. 既不可证又是真的,因而 P 不完全. 这定理对于任一足以包括递归算术的形式系统都有效,它说明直观初等数论不可能完全形式化,也显示了形式系统固有的局限性.

30 多年后在 1967 年,哥德尔说,他之所以得到这结果和他的学术观点密切相关. 一则,与"可证性"相对比的"客观数学真理"是一个高度超穷的概念,这二者在他的工作及塔斯基的工作(《形式化语言中的其理性概念》波兰文原著 1933,德文译文 1936)以前一般地被混为一谈. 再则,"如果一个人认为,由无意义的符号所组成的数学,只有通过元数学才能获得某种意义的话,他如何能想到把元数学表示在数学系统本身之中?"由此可见,他对于古典数学、元数学和超穷思维都持有他所谓的"客观主义"态度. 哥德尔有他自己独立的观点,并不属于希尔伯特学派.

在解决悖论的方法方面,他也提出新的意见. 他说:"怀德海和罗素建议的解决方法太猛烈,那就是:一命题不能对自己有所表示. 我们已知,我们可以构造对其本身有所断定的命题,并且事实上,这些只是包含递归函数的算术命题,因之无疑是有意义的语句."(哥德尔《形式数学系统的不可断定命题》,1934 在普林斯顿的演讲,第 7 节)

第二不完全性定理在上述 1931 年论文的第四节提出.这定理也称为一致性"内部"不可证定理.希尔伯特证明论的目的本为论证古典数学的一致性,哥德尔从解决一致性问题出发经过曲折而得到不完全性的结果,当然最后还要考虑一致性问题.第一不完全性定理第一部分说,如果系统 P 是一致的,则语句 A 在 P 中不可证.这部分的论证可以在 P 中形式化."系统 P 一致"这概念可以在 P 中表示,记为 $\mathrm{Con}(P)$.同时"A 在 P 中不可证"就可以用 A 本身来表示.因之我们可以把第一部分的内容表示为

$$\vdash \mathrm{Con}(P) \rightarrow A$$

根据上列条件语句可见,如果 $\mathrm{Con}(P)$ 可证,那么就有

$$\vdash A$$

这显然和第一不完全性定理相矛盾,是不能成立的.全部证明的形式化颇为繁长,哥德尔在 1931 年论文中只给予说明和讨论,其后在 1939 年才由希尔伯特和贝奈斯在《数学基础》第二卷里将证明的形式化在细节上彻底完成.

第二不完全性定理断定:如果一包括古典数论的形式系统是一致的,则其一致性不能在此系统中得到证明.哥德尔这部分工作不只是说明了一个包括皮亚诺算术的形式系统的一致性不能用有穷方法证明,同时还进一步表示,即使是以全部初等数论为工具也不可能得到所希冀的结果.这重要的发现给希尔伯特方

案以很大的冲击，后来这学派因而放宽了证明论的要求.

2. **一般递归和能行可计算**

递归函数和谓词是能行可计算或能行可判定的，合乎有穷观点. 递归的概念来源较久，戴德金和皮亚诺都曾讲过递归定义. 最初从有穷观点来研究递归算术的是司寇伦 1923 的论文《初等算术的基础，建立于递归思想方法之上，不用以无穷域为变程的约束变项》. 此文是他读过罗素和怀德海的 *PM* 后在 1919 年秋写的. 他在结束语中说：他的处理方法是"合乎有穷观点，根据柯朗尼克的原则的". 他认为，用递归定义可以避免用有无穷变程的约束变项. 但司寇伦没有一个严格的系统. 哥德尔在 1931 年的论文中第一次给出了严格的而实际上是原始递归函数的定义，他当时没有区别原始递归和一般递归，只用"递归"这个字样，可是，这种类型的函数不能够包括一切递归函数. Ackermann 在 1928 年的论文《希尔伯特构造实数的方法》里曾举出一能行可计算函数，并证明其函数值的增长较任何原始递归为快. 这说明了存在着非原始递归的能行可计算函数. 在 1934 年普林斯顿研究所的讲演里，哥德尔根据艾尔伯朗 1931 年给他信中的建议提出一般递归的概念. 当时克林尼听了哥德尔的讲演并做了记录. 后来他分析了所建议的概念，发展了等式演算并给出了一般递归的严格定义. 因之我们现在称这概念为艾尔伯朗－哥德尔－克林尼的一般递归. 这是最先公开提出的一种能行可计算理论，目前已发展为数理逻辑一个分支的递归函数论. 此外的能行性理论还有：(1) 丘奇和克林尼的λ－转换演算(1933～1935)，(2) 图灵的理想计算机理论(1936 ~ 1937),等等.

哥德尔的 1934 普林斯顿演讲以后,能行性理论迅速发展.严格数学地定义能行可计算性的问题已经接近于解决.丘奇在他 1936 年的论文《初等数论的一个不可解问题》的脚注 16 里回忆说,“能行可计算性和递归性的关系问题……,是哥德尔在谈话中向作者说起的.相应地,能行可计算性和 λ－可定义性的关系问题在此之前曾由作者独立提出”.丘奇和克林尼大致同时在 1935 年初证明了一般递归与 λ－可定义性为相互等价.能行可计算的两个如此不同而又同样自然的定义既然是相互等价,这就有根据来认为它们是那直观概念的数学描述.因之丘奇在上述 1936 发表的(1935 年四月提交美国数学会)论文里提出能行可计算函数等同于递归函数或者等同于 λ－可定义函数的论点.这就是所谓的丘奇论题.

能行可计算是一直观概念.我们可以用普通语言解释或者举例使它较明确.我们说,能行可计算是一种机械过程,或者说能行的方法是:根据事先给定的规则在有穷步骤内可以完成的.但什么是机械过程?事先给定的规则又应该是怎样的规则?这些都不明确.从数理逻辑和数学的角度考虑,必须有严格的数学定义,才算是有确切的标准.丘奇在提出论题之前,先证明当时已知的两个不同定义的等价性,这是必要的.相隔不久,1936 ~ 1937 年,图灵从另一角度得到另一严格定义,并且证明图灵可计算性和 λ 可定义性也是等价的,丘奇论题从而得到了更强的根据.在此之后,继续出现的几个严格定义也几乎全被证明为相等,而且与论题相反的例证未被发现.匈牙利数学家卡尔马 1957 年曾

表示对论题有不同的看法(《丘奇论题可接受性的一个反证》,见海廷编:《数学中的构造性》),但似乎未得到较多的注意和反响.直至今日丘奇论题仍为绝大多数数理逻辑学家所承认.同时一般地也认为,丘奇论题不能在数学理论里证明,不是一个数学定理.它只是说明,某些数学理论是一特定直观概念的严格的数学描述.

以上只是哥德尔早年 1929 ～ 1935 年的逻辑工作的主要情况,没有讲到他后来在集合论和在直觉主义数学方面的工作.关于他的哲学思想我们所知不多,讲到的更少.我们的目的是说明他早年的这些工作在数理逻辑发展中的作用.哥德尔在短短几年内解决了在第二阶段里长期有争论的数学基础问题,得到了重要结果.他的工作使逻辑学的某些部分转化为数学的分支,为以后第三阶段的发展创造了条件.在哲学思想和学术观点上他都有独立见解.他对数学、元数学及超穷思维方法的理解是客观的、科学的和实事求是的.他既属于数理逻辑发展的第二阶段又属于数理逻辑发展的第三阶段.我们认为,把这几年时间算作过渡时期是较为合适的.

在第二阶段和过渡时期共五十多年时间里,数理逻辑发展很快,已经成为一成熟的学科.这期间的动力来自数学基础中所出现的疑难,因之我们时常称这学科为"数理逻辑和数学基础研究".弗雷格和罗素的课题是确定数学真理的性质,他们设想全部数学可以从逻辑规律推导出来,因而设法在逻辑中定义数学概念,找出数学思维的逻辑规律,建立了古典二值外延的逻辑演算,其结果是显示出了逻辑和数学的联系与区别.

柯朗尼克和布劳维尔为实无穷和悖论所困惑，采取了构造主义观点，片面地攻击古典数学，数学基础发生了所谓第三次危机.希尔伯特认识到为实践所验证的古典数学的真理性，捍卫数学科学的宝藏，提出了证明论的方案，希望能用有穷方法来论证以实无穷为对象的古典数学的一致性.此后经过一些逻辑学家和数学家们的探索和哥德尔的工作，说明了证明论的目的不能达到.至此所谓的数学基础的第三次危机告一结束.

尽管证明论原来目的未能达到，元数学研究却得到了很多重要的新结果和新理论.加深了我们的认识，甚至使我们对于数学基础和逻辑的知识有了革命性的变化.副产物时常较之预期结果更为重要.塔斯基在答复希尔伯特传记的作者瑞德时说："称为元数学之父，希尔伯特是当之无愧的.他创始了作为独立学科的元数学；他为它的存在而奋斗，以一个伟大数学家的威信全力地支持它；他策划出它的前进途径并寄托以重任.诚然，婴儿未能实现慈父的全部希望，并未成长为一神童.但是它健康地发展了，已经成为数学大家庭的正式成员.我认为，它的父亲没有任何理由为这后人感到为难."（瑞德：《希尔伯特》1970）20 世纪 30 年代后期数理逻辑确已发展成为数学的分支，虽然正如塔斯基所指出的，希尔伯特所倡导的证明论起了重要的历史作用，但是同样重要的是，哥德尔以他独立的学术见解和深湛的数学才能得到了突出的结果，从而在数学成就上具体地完成了这个使命.

进入第三阶段的数理逻辑可以再分为四个分支：证明论、集合论、递归论和模型论.国内许多逻辑工作者倾向于增加一分支，逻辑演算.本文拟采取国内这样

分法.近年来这几个分支都有长足的进展.和第二阶段不同,它们的主要动力已经不是由于实无穷和超穷思维方法所引起的数学基础问题.当然,即使在20世纪前十年中,由于著名的数学家,如法国的庞加莱,鲍瑞尔,荷兰的布劳维尔以及德国的希尔伯特等人参加了有关超穷思维方法的争论,从而引起数学界很大的兴趣,然而这并不影响数学家们仍然继续以古典方法来做研究.开始时赞同布劳维尔主张的为数极少,他本人也是将近20世纪20年代时才在具体研究工作中贯彻他自己观点的.20世纪30年代以后直至今日,虽然一些数学家把数学概念和方法限制于可构造范围之内,其目的似乎只是为了探索构造数学所能达到的界限,并不反对古典数学.这只可以称为构造倾向,而不是构造主义.1974年5月,美国数学会为讨论希尔伯特1900年提出的二十三个数学问题举行了座谈会.关于第二个问题,即算术公理的一致性,马宁(Yu. I. Manin,苏联数学家)说:"现今大多数数学家不认为禁止用无穷和非构造性,等等有什么意义.哥德尔已经阐明,只是为了理解整数的一切就需要有无穷多的新思想.因之对于创造性的思维,我们要创造性地对待,而不能只是批判的."(《希尔伯特问题以后的数学发展》1974,36页)数理逻辑五个分支的内容互有联系,但它们的研究方向各不相同,没有中心的课题.在此我们只能举一二点为例,俾可略见一斑.

(1)逻辑演算是数理逻辑最基本的部分.传统的亚里士多德三段论和弗雷格、罗素的系统是一个二值外延的系统,是古典数学思维的工具,可以称为古典的逻辑演算.近年来逻辑演算这分支的研究方向是用古典演算的元逻辑方法来处理非古典逻辑.非古典逻辑又可分为两类,一是纯逻辑理论,二是各种不同的应用逻辑体系.纯逻辑理论的特点是,增加一些逻辑常项或是给古典逻辑的常项以不同的解释,同时减少或增加一些必要的公理.例如构造性逻辑,多值逻辑或严格意义一下的模态逻辑等.应用逻辑范围广种类亦多,其特征是在古典逻辑以外增加一些某一领域的非逻辑的常项和公理.例如认知逻辑,道义逻辑(如法律逻辑),时态逻辑等,还有为计算机科学而建立的算法逻辑,为人工智能研究服务的"知道"逻辑(认知逻辑的一种),等等.20 世纪 60 年代后从事于此类研究的学者和文献都逐渐增加,它们在各方面的作用已经不同程度地逐渐显示出来.

(2) 证明论.得知不完全性结果以后,希尔伯特学派放宽了证明论的要求,在有穷方法以外可以用超穷归纳.1935 年起,甘岑等人用推广的方法先后证明了数论的一致性.后来这种证明又被推广到古典分析的一些部分.另一方向是用直觉主义数学解释古典数学或是通过二者的关系来论证古典数学的一致性,这方面开创的工作是由哥德尔提出的.

(3) 集合论.20 世纪 30 年代后的集合论仍然围绕着选择公理和连续统假设进行研究,后来又增加了大集合或大基数的探索.1938 年哥德尔建造出可构成集的模型,证明了选择公理和连续统假设对通常集合论公理的相对一致性.1963 年寇恩(P. J. Cohen,美国数学家)发现了著名的力迫法,构造出所谓的外模型,又证明了上述二公理对通常集合论公理的独立性.力迫法和有关方法可以用来论证集论、分析和拓扑学中的

一些问题不能由一般集合论公理解决，因而得到了广泛的重视.

(4) 递归论. 是关于可计算性和可判定性的学科. 20 世纪 60 年代后，已开始从自然数递归推广. 首先推广到等于或大于 ω 的任何序数的 a 递归. 其后又进一步推广到广义的递归，即在一切数学结构上如拓扑结构上的递归. 它在解决数学中的判定问题方面得到了突出的结果，如群的字的问题的不可解性和希尔伯特第十问题(即丢番图方程的解的存在问题) 的不可解性. 在计算机科学中的应用如计算复杂性理论的研究也有发展.

(5) 模型论研究形式系统与其解释或模型的关系. 通过给出各种模型可以论证一组语句的一致性或范畴性，可以论证一语句对一组语句的独立性. 因之构造各种模型是模型论的重要课题. 属于模型论的定理在 20 世纪 20 年代就已出现，如骆文海 — 司寇伦定理、紧致性定理等. 20 世纪 50 年代以后模型论逐渐形成为一独立学科，得到了重要的结果. 它在数学基础方面有重要的应用，例如用紧致性定理以构造非标准模型的方法使得实无穷小得到了精确的理论根据.

上述各点，严格地说，已经不属本章的范围. 较详细的介绍可以参看有关文献.

理论计算机科学引论[①]

附录 I

§1 抽象计算机

1. 抽象计算机的概念

本节介绍可计算理论的基本内容. 为此,我们首先要有一种计算机的理论模型. 历史上的图灵机就是这样一种模型. 但从某种角度来看,它还是比较具体的. 我们则要更加抽象、更加一般的模型.

计算机对输入做出适当的响应,并以输出的形式表现出来. 抽象地说,这就是在计算某个函数 $y=f(x_1,\cdots,x_n)$,这里 $x_1,\cdots,x_n$ 表示输入,y 表示输出. 一个计算机到底在计算什么函数,还与程序有关,用 i 表示程序,则相应的函数可以写成 F_i. 一般说来,一个程序可以对不同数量的输入做出响应,因此,我们又用 $F_i^{(n)}$ 表

① 原载《计算机研究与发展》1988 年第 25 卷第 2 期 1 ~ 36 页.

示程序 i 计算的 n 元函数.

输出、输入、程序在计算机内可以用相同的物理形式表达,因此,我们可以认为它们的取值范围都是某个集合 D. 具体的计算机都只有有限的资源,因此,D 是个有穷集合,但在做理论研究时,我们假定 D 是个可数集.

总之,一个计算机总可以看成是一组函数 $C=\{F_i^{(n)} \mid i \in D, n>0, F_i^{(n)}: D^n \rightarrow D\}$,其中的函数叫作 C 可计算函数,或简称可计算函数.

对于不同的计算机来说,这组函数可能不同,然而有几个性质是共同的. 例如:

(1) 常值函数是可计算的.

设 $n>0, d \in D$. 一个函数,对于一切 $\langle x_1, \cdots, x_n\rangle \in D^n$ 都取 d 为函数值,就叫作以 d 为值的 n 元常值函数,记为 $\underline{d}^{(n)}$,所以 $\underline{d}^{(n)}(x_1, \cdots, x_n)=d$. 我们说常值函数是可计算的,就是指对任何 $n>0, d \in D$,都有某个程序 $i \in D$,使 $F_i^{(n)}=\underline{d}^{(n)}$. 当然,一般说来,这样的 i 可能不只一个,但更重要的是,应该有一种办法. 对任给的 n 和 d 确定出某个能计算 $\underline{d}^{(n)}$ 的程序来. 因此,应该有一组可计算函数 k_n,使 $k_n(d)$ 的值恰好是所需要的程序,也就是说 $F_{k_n(d)}^{(n)}=\underline{d}^{(n)}$ 对一切 d, n 成立. 于是我们认为:

公理 A_1　存在一组可计算的函数 $\{k_n \mid n=1, 2, \cdots\}$,使得 $F_{k_n(d)}^{(n)}=\underline{d}^{(n)}$, $(d \in D)$.

(2) 投影函数是可计算的.

对于任何 $n>0$ 及 $1 \leqslant j \leqslant n$,投影函数是指满足 $\bar{j}^{(n)}(x_1, \cdots, x_n)=x_j(\langle x_1, \cdots, x_n\rangle \in D^n)$ 的函数. 我们认为:

公理 A_2　对任何 $n>0, 1\leqslant j\leqslant n, \bar{j}^{(n)}$ 是可计算的.

(3) 计算机可以进行基本的数学计算.

如果 D 是自然数集合,四则运算就是一些基本的数学计算,而这些运算从理论上来看,可以归结为最简单的一种运算,即:给了某个自然数 x,求 $x+1$. 函数 $f(x)=x+1$ 叫作后继函数. 因此,对于自然数集合上的计算机来说,只用规定后继函数可计算就够了. 在更一般的情况,我们只需要利用后继函数的这样一种性质:其函数值与自变量的值总不相等. 因此,我们应认为:

公理 A_3　有一个(一元的)可计算函数 ω,使 $\omega(x)\neq x(x\in D)$.

(4) 计算机有"条件转移"的能力.

这里所说的"条件转移",指计算机能根据不同情况选择进一步的计算方向. 从理论上说,需要这样一个函数

$$\Lambda(x,y,u,v)=\begin{cases}u & (x=y)\\ v & (x\neq y)\end{cases},(x,y,u,v)\in D$$

这个函数叫作选择函数. 我们认为:

公理 A_4　Λ 是可计算的.

(5) 可计算函数的复合函数是可计算的.

设 h 是 m 元函数, $g_1,\cdots,g_m$ 是 m 个 n 元函数. 如果对任何 $\langle x_1,\cdots,x_n\rangle\in D^n$,有

$$f(x_1,\cdots,x_n)=h(g_1(x_1,\cdots,x_n),\cdots,g_m(x_1,\cdots,x_n))$$

则说 f 是 h 与 $g_1,\cdots,g_m$ 的复合,记为 $f=h\circ\langle g_1,\cdots,g_m\rangle$(若 $m=1$, $h\circ\langle g_1\rangle$ 又简记为 $h\circ g_1$). 如果 $h,g_1,\cdots,g_m$ 都是可计算的,用 $i_0,i_1,\cdots,i_m$ 表示相应的程序,那

么 f 也是可计算的，而且它的程序可以从 $i_0,\cdots,i_m$ 计算出来. 换句话说：

公理 B　对任何 $n,m>0$，存在可计算的 $m+1$ 元函数 $h_{n,m}$ 使

$$F^{(n)}_{h_{n,m}(i_0,i_1,\cdots,i_m)}=F^{(n)}_{i_0}\circ\langle F^{(n)}_{i_1},\cdots,F^{(n)}_{i_m}\rangle$$

(6) 通用函数的可计算性.

计算机的计算过程是机械地进行的，因此可以写出一种解释执行程序来说明这种计算的过程，也说是说，根据被解释的程序 i 和输入 $x_1,\cdots,x_n$ 计算出 $y=F_i^{(n)}(x_1,\cdots,x_n)$ 来. 用 U 表示解释执行程序所计算的函数，那么

$$U(i,x_1,\cdots,X_n)=F_i^{(n)}(X_1,\cdots,x_n)$$

这里 U 是一个 $n+1$ 元的函数，把它记作 $U^{(n+1)}$，叫作 $n+1$ 元通用函数. 因此，我们认为：

公理 C　对任何 $n>0$，通用函数 $U^{(n+1)}$ 是可计算的.

以下，我们只讨论满足以上诸公理的抽象计算机.

在此我们要补充说明一点，我们以上讨论的函数原则上应包括部分函数在内. 所谓 D^n 上的一个部分函数，实际上就是以 D^n 的某个子集为其定义域的函数. 极而言之，这个子集可以是空集，这时我们就得到一个空函数，它处处无定义. 以后，我们用 $f(x_1,\cdots,x_n)=\perp$ 表示 f 在 $\langle x_1,\cdots,x_n\rangle$ 处无定义，用 $\underline{\perp}^{(n)}$ 表示 n 元空函数. $\underline{\perp}^{(n)}(x_1,\cdots,x_n)$ 总是等于 $\perp$. 如果某个函数的定义域是 D^n 本身，我们就说这个函数是全函数. 从定义来看，$\underline{d}^{(n)},\bar{j}^{(n)},\omega,\Lambda,k_n,h_{n,m}$ 都应该是全函数.

2. 抽象计算机的基本性质

从公理 A_1 我们知道，对任何 $d\in D$ 及 $n>0$，$\underline{d}^{(n)}$

是可计算的，$k_n(d)$ 是相应的程序，从公理 A_2，A_3，A_4，C 我们知道计算 $\overline{j}^{(n)}$，ω，Λ，$U^{(n+1)}$ 的程序是存在的，用 P_n，j，w，λ 和 u_0 表示相应的程序. 由此，并利用公理 B，可以知道许多函数是可计算的，并写出它们的程序.

例 1 恒等函数 I，$I(x)=x$(一切 $x\in D$). I 就是 $\overline{1}^{(1)}$，$p_{1,1}$ 是相应的程序.

例 2 对角线函数 δ，$\delta(x)=F_x^{(1)}(x)$(一切 $x\in D$). 由于 $\delta(x)=U^{(2)}\circ(x,x)$，所以 $\delta=U\langle I,I\rangle$，相应的程序是 $h_{1,2}(u_1,p_{1,1},p_{1,1})$.

例 3 设 $f=F_i^{(2)}$ 是一个可计算的二元函数，$d\in D$，$g(y)=f(d,y)$. g 是一个一元数，而且 $g=f\circ\langle \underline{d}^{(n)}, I\rangle$，因此，$g$ 是一个可计算函数，而相应的程序是 $h_{1,2}(i,k_1(d),p_{1,1})$. 令

$$s(z_1,z_2)=h_{1,2}(z_1,k_1(z_2),p_{1,1})$$

那么 $s=h_{1,2}\circ\langle\overline{1}^{(2)},k_1\circ\overline{2}^{(2)},p_{1,1}^{(2)}\rangle$ 也是一个可计算函数，而且

$$F_{s(i,d)}^{(1)}(y)=g(y)=f(d,y)=F_1^{(2)}(d,y)$$

因此

$$F_{s(i,x)}^{(1)}(y)=F_i^{(2)}(x,y)\quad(x\in D)$$

而且，由于 $h_{1,2}$，k_1 都是全函数，s 也是全函数. 一般说来，可以证明：

定理 1($S-M-N$ 定理) 对任何 $m,n>0$ 存在可计算的全函数 $S_{m,n}$，使

$$F_{s_{m,n}(i,x_1,\cdots,x_m)}^{(a)}(y_1,\cdots,y_n)=F_i^{(n+m)}(x,\cdots,x_m,y_1,\cdots,y_n)$$

证明留给读者.

然而不可计算的函数也确实是存在的.

例 4 设 d 是 D 中的某个元素，g 是满足如下条件的函数

$$g(x)=\begin{cases}\omega(\delta(x)) & (\text{当 }\delta(x)\neq\bot\text{ 时})\\ d & (\text{当 }\delta(x)=\bot\text{ 时})\end{cases}$$

则 g 是不可计算的.（注意 $\delta(x)\neq\bot$ 表示 δ 在 x 处有定义，$\delta(x)=\bot$ 表示 δ 在 x 处无定义.）实际上，如果 g 是可计算的，那么存在 $i\in D$，使 $g=F_i^{(1)}$，于是

$$\delta(i)=F_i^{(1)}(i)=g(i)=\begin{cases}\omega(\delta(i)) & (\text{当 }\delta(i)\text{ 有定义时})\\ d & (\text{当 }\delta(i)\text{ 无定义时})\end{cases}$$

这是不可能的.

这个例子告诉我们，一切计算机都不是万能的. 对这一点的认识十分重要，这有点像物理学关于永动机之不可能的定律.

例 5　对角线函数不是全函数.（否则 $\omega\circ\delta$ 也是全函数，而且是可计算的，所以存在 i，$F_i^{(1)}=\omega\circ\delta$. 于是 $\delta(i)=F_i^{(1)}(i)=\omega(\delta(i))$，这是不可能的.）因此存在某个 $d\in D$，$\delta(d)=\bot$. 令 $f=\delta\circ\underline{d}^{(n)}$，则 f 是 n 元函数，对任何 $\langle x,\cdots,x_n\rangle\in D$，总有 $f(x_1,\cdots,x_n)=\delta(\underline{d}^{(n)}(x_1,\cdots,x_n))=f(d)=\bot$，可见 f 就是空函数 $\underline{\bot}^{(n)}$. 这样，我们已经证明了：

定理 2（空函数可计算性）　对任何 $n>0$，空函数 $\underline{\bot}^{(n)}$ 是可计算的.

3. 几个经典的判定问题

在 D 中取定一个元素，用 0 表示这个元素，用 1 表示 $\omega(0)$，则 $0\neq1$.

设 A 是 D 的某个子集，函数 C_A 满足

$$C_A(x)=\begin{cases}0 & (\text{当 }x\in A\text{ 时})\\ 1 & (\text{当 }x\notin A\text{ 时})\end{cases}$$

则 C_A 叫作 A 的特征函数或判定函数. 如果 C_A 是可计算的，Ay 就叫可判定的，反之 A 叫不可判定的.

定理 3(对角线函数的定义域不可判定)　设 $A=\{X \mid \delta(x)\neq\perp\}$,则 A 是不可判定的.

证明　令 δ 是 A 的判定函数. 则

$$\hat{\delta}(x)=\begin{cases}0 & (\delta(x)\neq\perp)\\ 1 & (\delta(x)=\perp)\end{cases}$$

令 $g=U^{(2)}\circ\langle\Lambda\circ\langle\delta\underline{1}^{(1)},\underline{a}^{(1)},\underline{b}^{(1)}\rangle,I\rangle$,其中 $a=k_1(0)$,b 是任何计算$\underline{\underline{\perp}}^{(1)}$ 的程序(即 $F_b^{(1)}=\underline{\underline{\perp}}^{(1)}$). 如果 δ 是可计算的,g 也是可计算的,而且

$$\begin{aligned}g(x)&=U^{(2)}(V(\delta(x),1,a,b),x)\\&=\begin{cases}U^{(2)}(V(0,1,a,b),x) & (\text{当 }\delta(x)\neq\perp\text{ 时})\\ U^{(2)}(V(1,1,a,b),x) & (\text{当 }\delta(x)=\perp\text{ 时})\end{cases}\\&=\begin{cases}U^{(2)}(b,x) & (\text{当 }\delta(x)\neq\perp\text{ 时})\\ U^{(2)}(a,x) & (\text{当 }\delta(x)=\perp\text{ 时})\end{cases}\\&=\begin{cases}F_b^{(1)}(x) & (\text{当 }\delta(x)\neq\perp\text{ 时})\\ F_a^{(1)}(x) & (\text{当 }\delta(x)=\perp\text{ 时})\end{cases}\\&=\begin{cases}\perp & (\text{当 }\delta(x)\neq\perp\text{ 时})\\ 0 & (\text{当 }\delta(x)=\perp\text{ 时})\end{cases}\end{aligned}$$

用 i 表示计算 g 的一个程序,则

$$g(i)=F_i^{(1)}(i)=g(i)=\begin{cases}0 & (\text{当 }g(i)=\perp\text{ 时})\\ \perp & (\text{当 }g(i)\neq\perp\text{ 时})\end{cases}$$

这是不可能的. 定理得证.

推论(停机问题不可判定)　设 $n>0$,$T_n=\{\langle i,x_1,\cdots,x_n\rangle \mid F_1^{(n)}(x_1,\cdots,x_n)\neq\perp\}$,则 T_n 不可判定.

证明　设 T_n 的判定函数是 Δ_n,则

$$\Delta_n(i,x_1,\cdots,x_n)=\begin{cases}0 & (\text{当 }F_i^{(n)}(x_1,\cdots,x_n)\neq\perp\text{ 时})\\ 1 & (\text{当 }F_i^{(n)}(x_1,\cdots,x_n)=\perp\text{ 时})\end{cases}$$

取 i,使 $F_i^{(n)}=\delta\circ\overline{1}^{(1)}$,则 $F_i^{(n)}(x,0,\cdots,0)=\delta(x)$,这样又有

$$\Delta_n(i,x,0,\cdots,0)=\begin{cases}0 & (\text{当 } \delta(x)\neq\perp \text{ 时})\\ 1 & (\text{当 } \delta(x)=\perp \text{ 时})\end{cases}$$

可见 $\Delta_n(i,x,0,\cdots,0)=\delta(x)$，就是说 $\delta=\Delta_n\circ\langle \underline{i},I,\underline{0},\cdots,\underline{0}\rangle$. 由定理知，$\delta$ 不可计算，所以 Δ_n 也不可计算，从而 T_n 不可判定. 推证得证.

定理 4（全定义性不可判定）　集合 $A=\{i\mid F_i^{(1)}$ 是全函数$\}$ 是不可判定的.

证明　设 A 的判定函数是 t，则

$$t(x)=\begin{cases}0 & (\text{当 } F_x^{(1)} \text{ 是全函数时})\\ 1 & (\text{当 } F_x^{(1)} \text{ 不是全函数时})\end{cases}$$

我们应证明 t 是不可计算的. 为此，我们只需要找到一个可计算的全函数 q，使 $\delta=t\circ q$，即要使

$$t(q(x))=\begin{cases}0 & (\text{当 } F_x^{(1)}(x)\neq\perp \text{ 时})\\ 1 & (\text{当 } F_x^{(1)}(x)=\perp \text{ 时})\end{cases}$$

从 t 的定义可知上式左端应为

$$t(q(x))=\begin{cases}0 & (\text{当 } F_{q(x)}^{(1)} \text{ 是全函数时})\\ 1 & (\text{当 } F_{q(x)}^{(1)} \text{ 不是全函数时})\end{cases}$$

（注意：这里要用到 q 是全函数）. 由此可见，q 的取法应使 $F_{q(x)}^{(1)}$ 是全函数的充要条件是 $F_x^{(1)}(x)$ 有定义，例如令

$$F_{q(x)}^{(1)}=\begin{cases}\underline{0}^{1} & (\text{当 } F_x^{(1)}\neq\perp \text{ 时})\\ \underline{1}^{(1)} & (\text{当 } F_x^{(1)}=\perp \text{ 时})\end{cases}$$

于是 $F_{q(x)}^{(1)}(y)=g(x,y)$，其中

$$g(x,y)=\begin{cases}0 & (\text{当 } \delta(x)\neq\perp \text{ 时})\\ \underline{1} & (\text{当 } \delta(x)=\perp \text{ 时})\end{cases}$$
$$=\underline{0}^{(1)}(\delta(x))$$

所以 $g=0^{(1)}\circ\delta\circ\overline{1}^{(2)}$ 是可计算的. 由 $S-M-N$ 定理，存在可计算的全函数 s 使

$$F^{(1)}_{x(i,x)}(y)=F^{(2)}_i(x,y)$$

取 i 为计算 g 的程序，就有：$F^{(1)}_{s(i,x)x}(y)=g(x,y)$ 而令 $q=s\circ\langle\bar{i},I\rangle$，则 $q(x)=s(i,x)$，于是 $F^{(1)}_{q(x)}=g(x,y)$，这个 q 当然是全函数. 定理得证.

定理 5(程序等价性不可判定)　设 $A=\{\langle x,y\rangle\mid F^{(1)}_x=F^{(1)}_y\}$，那么 A 是不可判定的.

证明　令 p 是如下的函数

$$p(x)=\begin{cases}0 & (\text{当 } F^{(1)}_x=I \text{ 时})\\ 1 & (\text{否则})\end{cases}$$

我们先证明 p 是不可计算的.

令 $g=\bar{1}^{(2)}\circ\langle\bar{2}^{(2)}\circ U^{(2)}\circ\langle\bar{1}^{(2)},\bar{2}^{(2)}\rangle\rangle$，则 g 是可计算的，而且

$$\begin{aligned}g(x,y)&=\bar{1}(y,F^{(1)}_x(y))\\&=\begin{cases}y & (\text{当 } F^{(1)}_x(y) \text{ 有定义时})\\ \bot & (\text{当 } F^{(1)}_x(y) \text{ 无定义时})\end{cases}\end{aligned}$$

用 i 表示 g 的程序，那么由 $S-M-N$ 定理存在可计算的全函数 s，使

$$F^{(1)}_{s(r,x)}(y)=F^{(2)}_r(x,y)=g(x,y)$$

取 $q=s\circ\langle i,I\rangle$，则 q 是可计算的全函数，而且 $q(x)=s(i,x)$，所以 $F^{(1)}_{q(x)}(y)=g(x,y)$.

如果 $F^{(1)}_x$ 是全函数，则 $F^{(1)}_{q(x)}(y)=y$，(一切 $y\in D$) 所以 $F^{(1)}_{q(x)}=I$，$p(q(x))=0$. 反之，如果 $F^{(1)}_x$ 不是全函数，那么存在 $y\in D$，$F^{(1)}_x(y)=\bot$，$g(x,y)=\bot$，$F^{(1)}_{q(x)}(y)=\bot$. 所以 $F^{(1)}_{q(x)}\neq 1$，$p(q(x))=1$，总之

$$\begin{aligned}p(q(x))&=\begin{cases}0 & (\text{当 } F^{(1)}_x \text{ 是全函数时})\\ \bot & (\text{当 } F^{(1)}_x \text{ 不是全函数时})\end{cases}\\&=t(x)\end{aligned}$$

这个 t 就是上一定理中已证明为不可计算的函数. 再

由 q 是可计算的全函数，可知 p 也不可计算.

现在用 e 表示定理中集合 A 的判定函数

$$e(x,y)=\begin{cases}0 & (\text{当 } F_x^{(1)}=F_y^{(1)} \text{ 时}) \\ \perp & (\text{当 } F_x^{(1)}\neq F_y^{(1)} \text{ 时})\end{cases}$$

设 i 是计算 I 的程序，那么 $e(x,i)=p(x)$. 于是 $p=e\circ\langle I,i\rangle$，由于 p 是不可计算的，e 也不可计算. 定理得证.

4. 递归定理

在计算机实践中，常用递归定义的办法给出函数的定义，例如

$$f(x,y)=\begin{cases}x & (x=y) \\ \omega(f(x,\omega(y))) & (x\neq y)\end{cases}$$

这样的式子是怎样确定函数 f 的呢?

如果 f 是这个式子确定的可计算函数，那么它应该是某个 $F_i^{(2)}$. 于是，计算 $\omega(f(x,\omega(y)))$ 的程序应是 $g(i)=h_{1,1}(w,h_{1,2}(i,p_{1,1},h_{1,1}(w,p_{2,2})))$ 而上面的定义就成了

$$\begin{aligned}F_i^{(2)}(x,y)&=U^{(3)}(\Lambda(x,y,p_{2,1},g(i)),x,y)\\&=F_{r(i)}^{(2)}(x,y)\end{aligned}$$

其中

$$\begin{aligned}r(i)=h_{3,3}(u_2,h_{4,2}(\lambda,p_{2,1},p_{2,2},k_1(p_2,1),\\k_1(g(i))),p_{2,1},p_{2,2})\end{aligned}$$

现在问题就成了 $F_x^{(2)}=F_{r(x)}^{(4)}$ 是否有解的问题了.

定理 6(抽象递归定理)　设 $n>0$，f 是一个可计算的全函数，则存在 m，使 $F_m^{(n)}=F_{f(m)}^{(n)}$.

证明　令 $g=U^{(n+1)}\circ\langle U^{(2)}\circ\langle\overline{1}^{n+1},\overline{1}^{(n+1)}\rangle,\overline{2}^{(n+1)},\cdots,\overline{n+1}^{(n+1)}\rangle$，则存在 $i\in D$，$g=F_1^{(n)}$，而且

$$g(u,x_1,\cdots,x_n)=\begin{cases}F_{\delta(u)}^{(n)}(x_1,\cdots,x_n) & (\text{当 } \delta(u)\neq\perp \text{ 时}) \\ \perp & (\text{当 } \delta(u)=\perp \text{ 时})\end{cases}$$

由 $S-M-N$ 定理,存在可计算的全函数 s,使

$$\begin{aligned}F_{s(i,u)}^{(n)}(x_1,\cdots,x_n)&=F_i^{(n+1)}(u,x_1,\cdots,x_n)\\&=g(u,x_1,\cdots,x_n)\end{aligned}$$

令 $\psi=s\circ\langle\underline{i},I\rangle$,则

$$F_{\psi(u)}^{(n)}(x_1,\cdots,x_n)=\begin{cases}F_{\delta(u)}^{(n)}(x_1,\cdots,x_n) & (\text{当 } \delta(u)\neq\bot \text{ 时})\\ \bot & (\text{当 } \delta(u)=\bot \text{ 时})\end{cases}$$

设 $f\circ\psi=F_v^{(1)}$,$m=\psi(v)$,则

$$\begin{aligned}&F_m^{(n)}(y_1,\cdots,y_n)\\&=F_{\psi(v)}^{(n)}(x_1,\cdots,x_n)\\&=\begin{cases}F_{\delta(v)}^{(n)}(x_1,\cdots,x_n) & (\text{当 } \delta(v) \text{ 有定义时})\\ \bot & (\text{当 } \delta(v) \text{ 无定义时})\end{cases}\end{aligned}$$

但 ψ,f 都是全函数,$\delta(v)=F_v^{(1)}(v)=f(\psi(v))$ 是有定义的,所以上式右端就是

$$F_{\delta(v)}^{(n)}(x_1,\cdots,x_n)=F_{f(m)}^{(n)}(x_1,\cdots,x_n)$$

于是有 $F_m^{(n)}=F_{f(m)}^{(n)}$. 定理得证.

抽象递归定理虽然保证了满足递归定义的可计算函数存在,却不能保证其唯一性. 要解决唯一性的问题,还要对论域 D 以及计算过程做进一步的规定.

§2 S 表达式

1. S 表达式的概念

上一节中讨论可计算性时,为了不使问题复杂化,我们尽量采用数学中常用的术语和记号. 因此,我们把同一程序不同变元数的函数都做了区别. 而实际上对应于同一程序 i 的所有函数 $F_i^{(1)},F_i^{(2)},\cdots$ 共同构成了集合 $D^1\cup D^2\cup\cdots$ 到 D 的一个映象. $D^1\cup D^2\cup\cdots=$

$\{\langle x_1,\cdots,x_n\rangle \mid n>0, x_1\in D,\cdots,x_n\in D\}$ 中的元素，也就是向量，从现在起，叫作(D 上的)字．特别地，我们允许有“空字”，就是$\langle\rangle$．但是，要注意区别 D 中的元素 x 和一维向量$\langle x\rangle$，后者是字，前者不是．我们把 D 中的元素叫作原子．令 $D^0=\{\langle\rangle\}$，则字的集合是 $D^*=D^0\cup D^1\cup\cdots$．

把 $F_i^{(1)},F_i^{(2)},\cdots$ 结合起来看成 D^* 到 D 的映象，记作 F_i．设 $x\in D^*$，x 在 F_i 下的象记作 $F_i:x$，于是 $F_i:\langle x_1,\cdots,x_n\rangle=F_i^{(n)}(x_1,\cdots,x_n)$ 在不引起混淆的地方，$f:x$ 可以略写为 fx，于是

$$F_i\langle x_1,\cdots,x_n\rangle=F_i^{(n)}(x_1,\cdots,x_n)$$

今后我们将常采用左端这种记法．注意这时 $F_i\langle\rangle$ 也可以有适当的定义．此外 F_ix 与 $F_i\langle x\rangle$ 是不同的．

设 $g_1,\cdots,g_m$ 是一组从 D^* 到 D 的函数，那么 $g=\langle g_1,\cdots,g_m\rangle$ 是一个如下的从 D^a 到 D^* 的函数：$g:x=\langle g_1:x,\cdots,g_m:x\rangle$．这样一来复合函数 $f\circ\langle g_1,\cdots,g_m\rangle$ 就可以写成 $f\circ g$．我们规定 $f\circ g$ 在不产生混淆的地方也可以写成 fg，于是 $(fg)x=(f\circ g):x=f:(g:x)=f(gx)$．这样，上式两端都可以简记为 fgx．

以上的记号常常使我们的公式写得紧凑、清楚，例如

$$Ix=x$$

$$If=f=fI$$

$$\langle f_1,\cdots,f_m\rangle x=(f_1x,\cdots,f_mx)$$

字的概念还使我们得以简化投影函数．令 α 是这样的函数

$$a\langle\rangle=\perp$$

$$\alpha\langle x_1,\cdots,x_n\rangle=x_1\quad(n>0)$$

那么,当 $n>0$ 时,$\alpha=\bar{1}^{(n)}$. 再令 β 是这样的函数

$$\beta\langle\rangle=\perp,\beta\langle x_1,\cdots,x_n\rangle=\langle x_2,\cdots,x_m\rangle \quad (n>0)$$

那么,当 $n\geqslant 2$ 时

$$\alpha\beta\langle x_1,\cdots,x_n\rangle=\alpha\langle x_2,\cdots,x_n\rangle=x_2$$

所以 $\alpha\beta=\bar{2}^{(n)}$. 不难看出,如果 $1\leqslant j\leqslant n$,总有 $\alpha\beta^{j-1}=\bar{j}^{(n)}$,这里 f^k 表示$\underbrace{f\circ\cdots\circ f}_{k个}$.

与 α,β 两函数相应,我们规定一个并入运算如下:设 x 是原子 $y=\langle y_1,\cdots,y_m\rangle$ 的字,则

$$x\cdot y=x\cdot\langle y_1,\cdots,y_m\rangle=\langle x,y_1,\cdots,y_m\rangle$$

叫把 x 并入 $\langle y_1,\cdots,y_m\rangle$ 所得到的字. 显然,如果 $z=x\cdot y$,则 $\alpha z=x,\beta z=y$,就是说

$$\alpha(x\cdot y)=x,\beta(x\cdot y)=y$$

此外,如果 $x\neq\langle\rangle$,则 $x=\alpha x\cdot\beta y$.

利用并入运算,可以把字写成如下的形式

$$\langle x\rangle=x\cdot\langle\rangle$$

$$\langle x,y\rangle=x\cdot(y\cdot\langle\rangle)$$

$$\langle x,y,z\rangle=x\cdot(y\cdot(z\cdot\langle\rangle))$$

$$\vdots$$

我们约定运算“·”是向右结合的,于是上式中的括号都可以省略.

并入运算带来一个新的问题,就是它的前后项不平等:右项不能是字,左项不能是原子. 为了消除这种不平等,要把 D^* 再适当扩大为某个集合 S,这个集合应满足:(1)$D\subset S$,$\langle\rangle\in S$(D 中的元素和$\langle\rangle$ 都叫原子),(2) 如果 $x,y\in S$,则 $x\cdot y\in S$,(3)S 只包含能从(1)(2) 中得到的对象.

S 叫作 D 上的符号表达式的集合,S 中的元素叫

作(D上的)符号表达式或S表达式.如果$a,b\in D$,那么

$$a\cdot b$$

$$a(b\cdot\langle\rangle)=\langle a,b\rangle$$

$$(a\cdot b\cdot\langle\rangle)\cdot(a\cdot\langle\rangle)=\langle\langle a,b\rangle\rangle$$

$$(a\cdot b)\cdot(b\cdot a)\cdot\langle\rangle)=\langle a\cdot b,b\cdot a\rangle$$

都是S表达式.可以只用尖括号而不用圆点写出来的S表达式在应用中特别重要,我们把这种S表达式叫作表.

把字推广为S表达式,并入运算就成了S上的一个普通的二元运算,对以下的讨论带来了许多方便.

2.S表达式的函数

我们可以把整数与S表达式的一个子集一一对应起来.设a是一个原子,那么

$$\langle\rangle\leftrightarrow 0$$

$$\langle a\rangle\leftrightarrow 1$$

$$\langle a,a\rangle\leftrightarrow 2$$

$$\vdots$$

就是一个明显的一一对应关系.特别地,可以取$a=\langle\rangle$,就是说使$\underbrace{\langle\langle\rangle,\cdots,\langle\rangle\rangle}_{n个}$与$n$对应起来.

今后我们就采用这种办法来做这种对应,并且就把相应的S表达式叫作自然数.

由此,$\langle\rangle$可以写成0,$\langle\langle\rangle\rangle=\langle 0\rangle=0\cdot 0$可以写成1,$\langle\langle\rangle,\langle\rangle\rangle=\langle 0,0\rangle=0\cdot 0\cdot 0$可以写成2,如此等等.这也可以说是自然数的某种记法.

函数 numberp 在自然集合N上取值为1,在其余的地方取值为0,则

$$\text{numberp}:x=\begin{cases}1 & (\text{当 } x\in N \text{ 时})\\ 0 & (\text{否则})\end{cases}$$

显然 numberp 可以递归定义如下

$$\text{numberp}:x=\begin{cases}1 & (\text{当 } x=0 \text{ 时})\\ 0 & (\text{当 } x \text{ 是原子,但不是 } 0 \text{ 时})\\ \text{numberp}:\beta x & (\text{当 } x \text{ 不是原子时})\end{cases}$$

如果采用以下两个函数

$$\text{null}:x=\begin{cases}1 & (\text{当 } x=0 \text{ 时})\\ 0 & (\text{当 } x\neq 0 \text{ 时})\end{cases}$$

$$\text{atom}:x=\begin{cases}1 & (\text{当 } x \text{ 是原子时})\\ 0 & (\text{当 } x \text{ 不是原子时})\end{cases}$$

那么就有

$$\text{numberp}:x=\begin{cases}\text{null}:x & (\text{当 atom}:x=1 \text{ 时})\\ \text{numberp}:\beta x & (\text{当 atom}:x=0 \text{ 时})\end{cases}$$

这似乎就是 numbero$:x=\Lambda\langle$atom$:x,1,$null$:x,$numberp$:\beta x\rangle$了.实际上这个写法有问题.例如当 $x=0$,βx 无定义,那么上式就成了无意义的式子了.在上一节中,这类问题要借用通用函数来处理(参看上节中的 3 定理 3 的证明).在应用时很不方便.我们规定一个三元运算如下

$$x\rightarrow y;z=\begin{cases}\perp & (\text{当 } x=\perp \text{ 时})\\ z & (\text{当 } x=0 \text{ 时})\\ y & (\text{当 } x\neq 0,\perp \text{ 时})\end{cases}$$

那么上式可以改为

$$\text{numberp}:x=\text{atom}:y\rightarrow \text{null}:x;\ \text{numberp}:\beta x$$

这个运算叫作分支.这个写法更符合我们的直觉.我们今后将采用分支运算来代替函数 Λ.

以上几个函数 numberp,null,atom 都是只取 1,0

两个值的函数，这样的函数也叫谓词，而 1，0 分别表示真、假.

下面的函数 length 叫作长度函数：length：x = atom：$x \rightarrow 0;0 \cdot (\text{length}:\beta x)$.

对于 $x \in D^*$ 的情况（以及 x 是表的情况）它给出 x 的长度，例如

$$\begin{aligned}\text{length}:\langle a,b\rangle &= \text{atom}:\langle a,b\rangle \rightarrow 0;0 \cdot (\text{length}:\langle b\rangle)\\ &= 0 \cdot (\text{length}\langle b\rangle)\\ &= 0 \cdot (\text{atom}:\langle b\rangle \rightarrow 0;0 \cdot (\text{length}:\langle\rangle))\\ &= 0 \cdot (0 \cdot \text{length}:0)\\ &= 0 \cdot 0 \cdot (\text{atom}:0 \rightarrow 0;0 \cdot (\text{length}:\beta 0))\\ &= 0 \cdot 0 \cdot 0 = \langle 0,0\rangle = 2\end{aligned}$$

下面的函数 append 叫作并置函数：append$\langle x,y\rangle$ =atom：$x \rightarrow y$；ax • append$\langle \beta x,y\rangle$ 对于 $x=\langle x_1,\cdots,x_n\rangle$，$y=\langle y_1,\cdots,y_m\rangle$ 的情况，append$\langle x,y\rangle = \langle x_1,\cdots,x_n,y_1,\cdots,y_m\rangle$，对于 x,y 都是自然数的情况，append$\langle x,y\rangle$ 也是自然数，而且等于 x 与 y 的和. 因此，以后我们常用 $x+y$ 表示 append$\langle x,y\rangle$.

下面的函数 reverse 叫作翻转函数

reverse：x = atom：$x \rightarrow x$；reverse：$\beta x + \langle \alpha x\rangle$

如果 $x=\langle x_1,\cdots,x_n\rangle$，则 reverse：$x=\langle x_n,\cdots,x_1\rangle$. reverse：$x$ 常写成 x^*.

下面的函数叫作末梢函数：fringe：x = atom：$x \rightarrow \langle x\rangle$；fringe：$\alpha x$ + fringe：βx 实际上，fringe：x 是一个字，其中的各原子恰好是 x 中的各原子，次序不变，只是打乱了原有的结构. 例如

fringe$((a \cdot b) \cdot (c \cdot d)) = \langle a,b,c,d\rangle$　（a,b,c,d 是原子）

以上的 numberp，length，append，reverse，fringe

各函数都是递归定义的. 上节末尾的讨论指出:这种定义是否唯一地确定了一个函数尚需进一步研究. 但对于本节这几个函数,则不难证明这种唯一性. 以 length 函数为例,我们应证明,有唯一的函数 f 满足

$$fx = \text{atom}\ x \to 0;0 \cdot f\beta x$$

设其不然,那么有 f_1, f_2 都满足上式,而 $f_1 \neq f_2$ 于是存在某个 x, $f_1x \neq f_2x$. 取定一个含有最少的原子的 x 由于

$$f_1x = \text{atom}\ x \to 0;0 \cdot f_1\beta x$$

$$f_2x = \text{atom}\ x \to 0;0 \cdot f_2\beta x$$

可见 atom $x = 0$, 而且 $0 \cdot f_1\beta x \neq 0 \cdot f_2\beta x$ 从而 $f_1\beta x \neq f_2\beta x$,而 βx 比 x 的原子少. 这就出现了矛盾.

一般说来,如果一个函数 f 是用如下的递归定义来规定的

$$fx = \text{atom}\ x \to \cdots;\cdots f\alpha x \cdots f\beta x \cdots$$

其中等号右端的 f 都是在$f\alpha x$ 或$f\beta x$ 中出现的,这个定义叫原始递归定义. 采用原始递归定义,可以唯一地确定满足这个定义的函数 f. 此外,可以证明:如果 $\cdots$ 对于 x 是原子的情况都有意义,在 $\cdots f\alpha x \cdots f\beta x \cdots$ 中用任何 S 表达式 u, v 替换$f\alpha x, f\beta x$ 得到的 $\cdots u \cdots v \cdots$ 都有意义,那么这个定义所确定的函数一定是全函数. 对于多元函数

$$f\langle x_1, \cdots, x_n\rangle = \text{atom}\ x_1 \to \cdots$$

$$\cdots f\langle \alpha x_1, x_2, \cdots, x_n\rangle \cdots f\langle \beta x_1, x_2, \cdots, x_n\rangle \cdots$$

也有类似的结论.

讨论用原始递归定义所定义的函数的性质常常可以用结构归纳法:

结构归纳法原理 设有关于 S 表达式 x 的命题

P_x.欲证 P_x 只用证明:

(1) 基始:对于原子 x,P_x 成立.

(2) 归纳:设 P_n 及 P_v 成立,则 $P_{n\cdot v}$ 成立.这叫作 S 表达式的归纳法.

如果其中的 P_x 只是关于字的命题,那么为证 P_x 成立,只用证:

(1) 对空字 0,P_0 成立.

(2) 若 u 是任何原子,v 是字且 P_v 成立,则 $P_{u\cdot v}$ 成立.

例 1 设 x,y,z 是字,求证

$$(x+y)+z=x+(y+z)$$

证明 对 x 用归纳法.对于 $x=0$,有

$$\text{append}\langle 0,y\rangle=y,x+(y+z)=\text{append}\langle 0,y+z\rangle$$
$$=y+z$$

所以

$$(0+y)+z=y+z=x+\langle y+z\rangle$$

设 u 是原子,v 是字

$$(v+y)+z=v+(y+z)$$

则

$$\begin{aligned}u\cdot v+y&=\text{append}\langle u\cdot v,y\rangle\\&=u\cdot\text{append}\langle v,y\rangle\\&=u\cdot(v+y)\end{aligned}$$

所以

$$\begin{aligned}(u\cdot v+y)+z&=(u\cdot(v+y))+z\\&=\text{append}\langle u\cdot(v+y)\cdot z\rangle\\&=\text{append}\langle u,(v+y)+z\rangle\\&=u\cdot((v+y)+z)\\&=u\cdot(v+(y+z))\end{aligned}$$

而

$$
\begin{aligned}
u\cdot v+(y+z) &= \text{append}\langle u\cdot, v, y+z\rangle \\
&= u\cdot \text{append}\langle v,(y+z)\rangle \\
&= u\cdot(v+(y+z))
\end{aligned}
$$

于是 $$(u\cdot v+y)+z=u\cdot v+(y+z)$$

这就是所要证明的.

例 2 (1) 若 x,y 是字,$x+y$ 也是字;(2) fringe x 是字.

证明 (1) 对 x 用归纳法. 若 x 是空字,$x+y=y$ 是字. 若 $x=u\cdot v$,u 是原子,v 是字,$v+y$ 是字,则 $x+y=u\cdot(v+y)$ 是原子并入字所得到的结果,从而也是字,证完.

(2) 用归纳法. 若 x 是原子,则 fringe $x=\langle x\rangle$ 是字. 若 fringe u,fringe v 都是字,则 fringe $(u\cdot v)=$ fringe $u+$ fringe v,由(1) 知,也是字. 证完.

常用的逻辑词项(等于、与、或、非),因考虑到程序语言中的习惯,重新定义如下:

函数 weq(弱相等) 的定义是

$$
\text{weq}(x,y)=\begin{cases}1 & (\text{当 } x=T \text{ 或 } y=\perp \text{ 时}) \\ 1 & (\text{当 } x=y\neq\perp \text{ 时}) \\ 0 & (\text{当 } x\neq y, x\neq\perp, y\neq\perp \text{ 时})\end{cases}
$$

$$\text{or}\ \langle x,y\rangle = x\rightarrow x;y$$

$$\text{and}\ \langle x,y\rangle = x\rightarrow y;0$$

注意这些函数对于不具有 $\langle x,y\rangle$ 形式的自变量的值都没有定义

$$\text{not}\ x=\text{weq}\ \langle x,0\rangle=\text{null}\ x$$

以下我们也用 $x\neq y$ 表示 weq$\langle x,y\rangle$,用 $x\vee y$ 表示 or$\langle x,y\rangle$,用 $x\wedge y$ 表示 and $\langle x,y\rangle$,用 $\neg x$ 表示

not x(或 null x).

3. 程序代数

S 表达式函数的集合可以做成一个代数系统，叫程序代数. 在这个代数中：

(1) 有一些基本函数，如 I, α, β, atom(今后也略记为 ⓐ)，weq，等等. 此外，对每个 S 表达式 s 都有一个相应的常值函数 $\underline{s}$；

(2) 有一些运算：复合、并入、分支. 满足 $hx = f:(g:x)$ 的函数记为 $f \circ g$ 或 fg，这就是复合. 满足 $hx = fx \cdot gx$ 的函数记为 $f \cdot g$，这就是 f 并入 g. 满足 $hx = fx \to g_1x; g_2x$ 的函数 h 记为 $f \to g_1; g_2$ 这就是分支.

这些函数运算之间有一些关系，可以以代数定律的形式写出来，例如

$$(f \cdot g)h = fh \cdot gh$$

$$(f \to g_1; g_2)h = fh \to g_1h; g_2h$$

$$h(f \to g_1; g_2) = f \to hg_1; hg_2$$

$$f \to (f \to g_1; g_2); g_1 = f \to g_1; g_2$$

$$(f \to g_1; g_2) \cdot h = f \to g_1 \cdot h; g_2 \cdot h$$

$$h \cdot (f \to g_1; g_2) = f \to h \cdot g; h \cdot g_2$$

$$\alpha(u \cdot v) = u, \beta(u \cdot v) = v$$

$$fI = f = If$$

等等. 能用基本函数的代数式定义的函数叫代数函数. 此外，我们约定用 $\perp$ 表示空函数，用 $\langle f_1, \cdots, f_n \rangle$ 表示 $f_1 \cdots f_n \cdot 0$.

一个函数 f 叫作定义小于 g，如果在 f 有定义的地方两个函数有相同的值：$fx = gx$ 或 $\perp$.

用 $f \leqslant g$ 表示 f 定义小于 g，则可证(1) $f \leqslant f$；(2) 若 $f \leqslant g$ 且 $g \leqslant f$ 则 $f = g$；(3) 若 $f \leqslant g$ 且 $g \leqslant h$ 则

$f \leqslant h$. 这说明"$\leqslant$"是一个半序关系.

因为 $\perp \leqslant f$,所以 $\perp$ 是这个半序最小元素.

又因为 f 是全函数的充要条件是:如果 $f \leqslant g$ 则 $f = g$,所以全函数都是这个半序的极大元素,反之亦然.

复合、并入、分支这几种运算都是保序的. 换句话说,如果 $f_1 \leqslant f_2$,$g_1 \leqslant g_2$ 则 $f_1 f_2 \leqslant g_1 g_2$,$f_1 \cdot f_2 \leqslant g_1 \cdot g_2$,如果又有 $h_1 \leqslant h_2$,则 $f_1 \to g_1; h_1 \leqslant f_2 \to g_2; h_2$. 由此可知,$f_1 \leqslant g_1, \cdots, f_n \leqslant g_n$,则 $\langle f_1, \cdots, f_n \rangle \leqslant \langle g_1, \cdots, g_n \rangle$.

利用程序代数的方法有时可以把函数之间的关系表示得十分简明. 比如说我们可以写

$$\alpha \cdot \beta \leqslant I$$

表明在 α,β 都有定义的地方,$\alpha \cdot \beta$ 的值与 I 的值一样,这就是说,如 x 不是原子,$\alpha x \cdot \beta x = x$.

又如我们可以写

$$\underline{s} f \leqslant \underline{s}$$

这表示在 f 有定义的地方

$$\underline{s} f x = \underline{s} x = s$$

我们可以把上节介绍的函数用程序代数的形式重新定义如下

$$\text{null} = \text{weq} \cdot \langle I, \underline{0} \rangle$$

$$\text{numberp} = \textcircled{a} \to \text{null};\ \text{numberp}\ \beta$$

$$\text{length} = \textcircled{a} \to \underline{0}; \underline{0} \cdot \text{length}\ \beta$$

$$\text{append} = \textcircled{a}\ \bar{1} \to \bar{2}; \alpha\ \bar{1}, \text{append} \langle \beta\ \bar{1}, \bar{2} \rangle$$

$$\text{reverse} = \textcircled{a} \to I; \text{append} \langle \text{reverse}\ \beta, \langle \alpha \rangle \rangle$$

$$\text{fringe} = \textcircled{a} \to \langle I \rangle; \text{append} \langle \text{fringe}\ \alpha, \text{fringe}\ \beta \rangle$$

这些函数中 null 是显式定义的,其余的则是通过

函数方程(递归)定义的.以fringe为例,它被定义为如下方程的解:$F=ⓐ\rightarrow\langle I\rangle;\mathrm{append}\langle F\alpha,F\beta\rangle$ 这里 F 是函数变元.这样的方程,其右端是含有 F 的代数式,它可以看成一个泛函 φ,即

$$\varphi[F]=ⓐ\rightarrow\langle I\rangle;\ \mathrm{append}\ \langle F\alpha,F\beta\rangle$$

这样的泛函叫代数泛函.代数泛函在计算理论中极为重要.

§3　递归函数

1. S 表达式抽象计算机

S 表达式抽象计算机是指一组 S 到自身的函数 $C=\{F_s\mid s\in S\}$,其中的每个函数都叫作可计算函数,如果以下命题成立:

(A'_1)$I,\alpha,\beta,ⓐ,\mathrm{weq}$ 都是可计算函数;

(A'_2)存在可计算的全函数 const,对任何 $s\in S$,$F_{\mathrm{const}:s}=\underline{s}$;

(A'_3)存在可计算的全函数 cons,对任何 $s_1,s_2\in S$,$F_{\mathrm{cons}(s_1,s_2)}=F_{s_1}\cdot F_{s_2}$;

(A'_4)存 可计算的全函数 cond,对任何 $s_1,s_2,s_3\in S$,$F_{\mathrm{cond}}\langle s_1,s_2,s_3\rangle=F_{s_1}\rightarrow F_{s_2};F_{s_3}$;

(B')存在可计算的全函数 comb,对任何 $s_1,s_2\in S$,$F_{\mathrm{comb}(s_1,s_2)}=F_{s_1}\cdot F_{s_2}$;

(C')存在可计算函数 U,对任何 $x,s\in S$,$U\langle s,x\rangle=F_s:x$.

首先应注意,对任何 $s_1,\cdots,s_n\in S$,$\langle F_{s_1},\cdots,F_{s_n}\rangle$ 是可计算的, 而且 $\mathrm{cons}\langle s_1,\mathrm{cons}\langle\cdots\mathrm{cons}\langle s_n,$

consto⟩…⟩⟩ 是计算它的程序，我们把它记为 $1_n\langle s_1,\cdots,s_n\rangle$.

现在我们就可以规定 $F_s^{(n)}(x_1,\cdots,x_n)=F_s\langle x_1,\cdots,x_n\rangle$，于是得到一组 $C'=\{F_s^{(n)}\mid s\in S,n>0,F_s^{(n)}$ 是 S^n 到 S 的函数$\}$，我们将看到 C' 是前文意义下的抽象计算机. 实际上，我们只用验证公理 A_1,A_2,A_3,A_4,B,C 成立即可.

公理 A_1 可以从(A'_2)直接得出.

公理 A_2 是因为 $\overline{1}^{(n)}=\alpha,\overline{1}^{(n)}=\alpha\beta,\overline{2}^{(n)}=\alpha\beta^2,\cdots$，再由($A'_1$)和($B'$)得出.

公理 A_3 只用取 $\omega(x)=x\cdot 0$ 即可由(A'_1)(A'_2)(A'_3)得出.

公理(A_4)是因为

$$\Lambda(x,y,u,v)=\mathrm{weq}(x,y)\to u;v$$

再由(A'_1)(A'_2)(A'_4)可以得出.

公理 B，可以从(B')得出.

公理 C，取 $U^{(n+1)}(s,x_1,\cdots,x_n)=U\langle S,\langle x_1,\cdots,x_n\rangle\rangle$ 即可得到.

总之 C' 是一个抽象计算机. 因此第一节中结果都可以对 C' 来使用，于是得到 C 中相应的结果. 例如：设 r 是一个可计算的全函数，则存在 $s,F_s=F_{r(s)}$（抽象递归定理）. 本节的目的在于构造一个具体的 S 表达式的抽象计算机.

2. 代数方程的解

如果 φ 是一个代数泛函，那么形为 $F=\varphi[F]$ 的方程叫作一个代数方程. 我们来讨论其解的存在唯一性问题.

设 f 是一个函数，$f=\varphi[f]$，则说 f 是泛函 φ 的不

动点.如果此外又有:若 g 是 φ 的不动点,则 $f \leqslant g$,我们就说 f 是 φ 的最小不动点,不难看出最小不动点如果存在,一定是唯一的.我们把 φ 的最小不动点叫作方程 $F=\varphi[F]$ 的最小解,也说是 φ 所定义的函数.

为此,我们要对单调上升序列以及它的上确界做一点说明.

设 $f_0 \leqslant f_1 \leqslant \cdots$ 是一个单调序列,其中 f_1 的定义域是 A_i,那么,$A_0 \subset A_1 \subset \cdots$.令 $A=\bigcup A_i$,则对 $x \in A$,有一个最小的足标 k 使 $x \in A_k$,于是 $x \in A_{k+1}, \cdots$.这说明 $f_k : x = f_{k+1} : x = \cdots$.取它们的公共值为 $f : x$,在 A 以外令 $F : x = \perp$.显然 $f_i \leqslant f$,即 f 是 $\{f_i\}$ 的上界.此外,如 g 也是 $\{f_i\}$ 的上界,则 $f_i \leqslant g$,可见在 A_i 上 $f_i : x = g : x$,即 $f : x = g : x$.这个关系对一切 i 都成立.因此,对任何 $x \in A$,$f : x = g : x$.而 A 是 f 的定义域,所以 $f \leqslant g$.这说明 f 就是 $\{f_i\}$ 的最小上界.以下用 $\sup\{f_i\}$ 表示这个最小上界.

于是我们证明了:

引理1 单调上升序列 $f_0 \leqslant f_1 \leqslant \cdots$ 一定有最小上界.用 f 表示这个最小上界,则对任何 x,以下两种情况之一成立:

(1) $fx = \perp$,这时一切 $f_i x = \perp$;

(2) $fx \neq \perp$,这时存在某个 k,当 $i \geqslant k$ 时,$f_i x = fx$.

利用这个引理,可以证明以下的几个推论:

推论1 设 $f_0 = g_0 \circ h_0, f_1 = g_1 \circ h_1, \cdots$ 而 $\{g_i\}$,$\{h_i\}$ 是上升序列,$g = \sup\{g_i\}$,$h = \sup\{h_i\}$.那么 $\{f_i\}$ 也是上升序列,此外 $\sup\{f_i\} = g \circ h$.

证明 因为复合运算保持半序"$\leqslant$",所以 $\{f_i\}$ 是单调上升的,由引理存在 $f = \sup\{f_i\}$.任取 x,我们来

证明 $fx=ghx$. 分以下几种情况讨论.

如果 $hx=\perp$,这时 $ghx=\perp$. 由引理,一切 $h_ix=\perp$,从而一切 $f_ix=g_ik_ix=\perp$,由引理,$fx=\perp=ghx$.

如果 $hx=y\neq\perp$,而 $gy=\perp$,这时 $ghx=\perp$. 由引理,存在 k,当 $i\geqslant k$ 时 $h_ix=y$,而一切 $g_iy=\perp$. 因此,当 $i\geqslant k$ 时,$f_ix=g_ih_i=g_iy=\perp$,由 $\{f_i\}$ 是单调上升的,对 $i<k$ 也有 $f_ix=\perp$,可见 $fx=\perp=ghx$.

如果 $hx=y\neq\perp$,$gy=z\neq\perp$,这时 $ghx=z$. 由引理,存在 k_1,当 $i\geqslant k_1$ 时 $h_ix=y$,又存在 k_2,当 $i\geqslant k_2$ 时 $g_iy=z$. 取 k_1,k_2 中较大的为 k,则当 $i\geqslant k$ 时 $f_ix=g_ih_i=g_iy=z$. 再由引理,$fx=z=ghx$. 推论得证.

推论 2　设 $f_0=g_0\cdot h_0$,$f_1=g_1\cdot h_1$,…,$\{g_i\}$,$\{h_i\}$ 是上升序列,$g=\sup\{g_i\}$,$h=\sup\{h_i\}$. 那么 $\{f_i\}$ 也是上升序列,此外 $\sup\{f_i\}=g\cdot h$.

推论 3　设 $f_0=g_0\rightarrow h_0;h'_0$,$f_1=g_1\rightarrow h_1;h'_1$,…, 而 $\{g_i\}\{h_i\}\{h'_i\}$ 都是上升序列, 而且 $\sup\{g_i\}=g$,$\sup\{h_i\}=h$,$\sup\{h'_i\}=h'$. 那么 $\{f_i\}$ 也是上升序列,而且 $\sup\{f_i\}=g\rightarrow h;h'$.

推论 2 和推论 3 的证明从略.

我们再引进一个关于泛函性质的术语.

定义 1　一个泛函 φ 叫作连续的,如果对任何上升序列 $f_0\leqslant f_1\leqslant\cdots$ 都有 $\varphi[f_0]\leqslant\varphi[f_1]\leqslant\cdots$ 而且 $\sup\{\varphi[f_i]\}=\varphi[\sup\{f_i\}]$.

我们来证明一个预备定理:

定理 7(代数泛函的连续性)　设 φ 是一个代数泛函,则 φ 是连续的.

证明　代数泛函是由函数符号、函数变元符号通过复合、并入、分支这几种运算结合成的. 我们就对其

中运算的个数做归纳法证明.

如果 φ 中没有运算,那么 φ 只能是由一个基本函数符号或一个函数变元符号组成的. 在前一种情况,φ 是常值泛函,无论变元符号用什么函数替换,φ 总是等于某个特定的函数,定理当然成立. 在后一种情况,$\varphi[f]=f$. 定理也成立.

如果其中含有运算,那么总有一个是最后结合的运算. 那么 $\varphi[F]=\varphi_1[F]\circ\varphi_2[F]$ 或是 $\varphi[F]=\varphi_1[F]\cdot\varphi_2[F]$ 或是 $\varphi[F]=\varphi_1[F]\rightarrow\varphi_2[F];\varphi_3[F]$. 而 φ_1,φ_2(以及 φ_3)中含有的运算数比 φ 少. 在用归纳法时,可以假定对于 φ_1,φ_2(以及 φ_3)定理是成立的. 再利用上面的推论(1)(2)(3)就可以证明定理对于 φ 成立. 定理得证.

现在我们来证明本节的主要定理:

定理 8(不动点原理)　设 φ 是一个连续泛函,令 $f_0=\perp$,$f_1=\varphi[f_0]$,$f_2=\varphi[f_1]$,… 则 $\{f_i\}$ 是上升序列,而且 $f=\sup\{f_i\}$ 是 φ 的最小不动点.

证明　因为 $\perp$ 是最小元,可见 $f_0\leqslant f_1$. 由 φ 的连续性 $\varphi[f_0]\leqslant\varphi[f_1]$,从而 $f_1\leqslant f_2$,同理 $f_2\leqslant f_3$,… 可见 $\{f_i\}$ 是上升序列. 由 φ 的连续性,$\{\varphi[f_i]\}$ 是上升序列,而且 $\sup\{\varphi[f_i]\}=\varphi[\sup\{f_i\}]$ 右端就是 $\varphi[f]$,左端是 $\sup\{f_{i+1}\}=\sup\{f_i\}=f$,因此 $f=\varphi[f]$. 可见 f 是 φ 的不动点. 设 g 也是 φ 的不动点,$\varphi[g]=g$. 由 $\perp\leqslant g$,可知 $f_0\leqslant g$,由 φ 的连续性 $\varphi[f_0]\leqslant\varphi[g]$,即 $f_1\leqslant g$,同理 $f_2\leqslant g$,… 可见 g 是 $\{f_i\}$ 的上界,于是 $f\leqslant g$. 这说明 f 是 φ 的最小不动点. 定理得证.

把以上两个定理结合起来,就得到

推论　代数泛函一定有最小不动点.

这个推论也就是说，代数方程的最小解一定存在.

不动点原理的另一个重要推论是：

定理 9(不动点归纳法) 设 f 是 φ 最小不动点. 为证 $f \leqslant g$，只用证 $\varphi[g] \leqslant g$.

证明 把上一定理证明的后一半逐字重复一遍即可.

推论 如果 φ 的不动点都是全函数，则它有唯一的不动点.

证明 设 f 是 φ 的最小不动点，g 是 φ 的不动点，则 $\varphi[g]=g$. 由定理知，$f \leqslant g$. 但 f 是最大元，所以 $f=g$，证完.

上节曾讨论过原始递归定义的合理性问题. 现在我们可以把它表述如下.

定理 10(原始递归定理) 设 φ 是一个代数泛函，它具有如下的形式，$\varphi[F]=ⓐ \rightarrow g_1; g_2 \cdot \langle I, F_\alpha, F_\beta \rangle$ 其中 g_1, g_2 是已知的全函数，则 φ 的最小不动点是全函数.

证明 证 f 是 φ 的任何不动点. 用结构归纳法很容易证明 f 的定义域是 S 的全体，即 f 是全函数. 再由上一定理的推论就可以证明定理.

例 1 length 是全函数. 证明：length 的原始递归定义是

$$\text{length} = ⓐ \rightarrow \underline{0}, \underline{0} \cdot \text{length}\ \beta$$

取 $g_1=\underline{0}$，则

$$g_2 x = \begin{cases} 0 & (\text{当 } x \text{ 不具有} \langle x_1, x_2, x_3 \rangle \text{ 的形式时}) \\ 0 \cdot x_3 & (\text{当 } x = \langle x_1, x_2, x_3 \rangle \text{ 时}) \end{cases}$$

那么 g_1, g_2 都是全函数，而且

$$g_2 \langle I, F\alpha, F\beta \rangle x = g_2 \langle x, F\alpha x, F\beta x \rangle = 0 \cdot F\beta x$$

可见

$$g_2\langle I, F\alpha, F\beta\rangle = \underline{0} \cdot F\beta$$

于是

$$\varphi[F] = ⓐ \to g_1; g_2 \circ \langle I, F\alpha, F\beta\rangle$$
$$= ⓐ \to \underline{0}; \underline{0} \cdot F\beta$$

由原始递归定理，这个方程有唯一的解，而且是全函数.

例 2　append$\langle x, y\rangle$ 对任何 x, y 都有定义.

证明　取定 $y = s$，令 $fx = \text{append}\langle x, s\rangle$. 那么，$f$ 应满足

$$f = ⓐ \to \underline{s}; \alpha \cdot f\beta$$

依照上例可以证明 f 是全函数，这说明 append$\langle x, y\rangle$ 对一切 x, y 都有定义.

3. **递归计算**

在计算与递归定义有关的表达式的值时，我们通常总是用递归展开的办法来计算的. 上一章曾举例说明 length:$\langle a, b\rangle$ 的计算过程，就是这种计算办法. 本节我们就来讨论这种计算和最小不动点的关系.

设 φ 是一个代数泛函，f 是它的最小不动点，即方程 $F = \varphi[F]$ 的最小解.

设 ψ 是另一个代数泛函，那么 $\psi[f]$ 就是一个含有 f 的代数式，它表示一个函数 g. 我们来说明给定 x 之后如何计算 $g:x = \psi[f]:x$. 这时有以下几种情况：

(1) 如果 ψ 是由单个已知函数 h 组成的泛函，则 $g = h, gx = hx$；

(2) 如果 ψ 是由单个函数变元组成的泛函，则 $\psi[F] = F, g = f = \varphi[f]$，于是 gx 的计算归结为 $\varphi[f]x$ 的计算.

(3) 如果 ψ 是 $\psi_1 \circ \psi_2$，则 $g = \psi_1[f] \circ \psi_2[f]$，$gx = \psi_1[f] \circ \psi_2[f]:x = \psi_1[f]:\psi_2[f]:x$，于是应先计算出 $\psi_2[f]:x$，再求 $\psi_1[f]:(\psi_2[f]:x)$.

(4) 如果 ψ 是 $\psi_1 \to \psi_2;\psi_3$，则 $g:x = \psi_1[f]:x \to \psi_2[f]:x;\psi_3[f]:x$，于是应先计算 $\psi_1[f]:x$，再根据不同情况计算 $\psi_2[f]:x$ 或 $\psi_3[f]:x$.

(5) 如果 ψ 是 $\psi_1 \cdot \psi_2$，则 $g:x = (\psi_1[f]:x) \cdot (\psi_2[f]:x)$ 于是应先分别求出 $\psi_1[f]:x$ 及 $\psi_2[f]:x$，再求出 $g:x$.

这就是递归计算的定义. 这个定义本身也是递归的，因此要用适当的办法来说明它到底是否定义了一个明确的对象. 这又要引起新的一轮不动点原理的讨论. 但我们可以避免这种麻烦，办法是利用通用函数.

首先规定程序的写法.

因为 I,α,β,ⓐ,weq 都是可计算的，应该有程序计算它们. 设 ID,CAR,CDR,ATOM,WEQ 是相应的程序，不妨认为这些都是 S 表达式中的非零原子.

设 $\mathrm{const}:s = \langle \mathrm{CONST}, s\rangle$，$\mathrm{comb}\langle s_1, s_2\rangle = \langle \mathrm{COMB}, s_1, s_2\rangle$，$\mathrm{cond}\langle s_1, s_2, s_3\rangle = \langle \mathrm{COND}, s_1, s_2, s_3\rangle$，$\mathrm{cons}\langle s_1, s_2\rangle = s_1 \cdot s_2$. CONST,COMB,COND 都是 S 表达式中的非零原子，它们本身不是程序(晕个假定只是为了理解的方便，在逻辑上用不着).

一个函数，如果是由基本函数组成的代数式给出的，我们就可以用上面的办法写出它的程序了，例如：ⓐ $\to \underline{0}$；$\alpha \cdot \mathrm{weq}\langle \beta \cdot \underline{0}\rangle$ 相应的程序是〈COND,ATOM,〈CONST,0〉,CAR·〈COMB,WEQ,〈CDR,〈CONST,0〉〉〉.（注意 $\ln(s_1,\cdots,s_n) = \mathrm{cons}(s_1,\cdots,\mathrm{cons}(s_n,0)\cdots) = \langle s_1,\cdots,s_n\rangle$.）

现在我们规定用 VAR 表示函数变元的“程序”(VAR 也看作是一个原子)，那么就可以把上面的办法扩大，写出代数泛函对应的“程序”. 例如：ⓐ →$\underline{0}$；$\underline{0}\cdot F\beta$ 对应的“程序”是〈COND,ATOM,〈CONST,0〉;〈CONST,0〉·〈COMB ,VAR,CDR〉〉.

这里我们把“程序”加上了引号，因为它已不是原来意义下的程序了. 我们可以把这种做法形式地规定如下：

定义 2　一个表达式 C 叫作一个程序表达式或简称一个 C 表达式，如果 cexp $c=1$，其中 cexp 递归定义如下：

cexp $x=$ bas $x\to 1$; var $x\to 1$;ⓐ$x\to 0$;

weq〈αx,CONST〉→ ⓐ$\beta x\to 0$; null $\beta\beta x$;

weq〈αx,COMB〉 → (ⓐβx → 0;ⓐ$\beta\beta x$ → 0; null $\beta\beta\beta x$ → cexp $\bar{2}x$ ∧ cexp $\bar{3}x$;0);

weq〈αx,COND〉 → (ⓐβx → 0;ⓐ$\beta\beta x$ → 0; ⓐ$\beta\beta\beta x$ → $\beta\beta\beta\beta x$ → cexp $\bar{2}x$ ∧ cexp $\bar{3}x$ ∧ cexp $\bar{4}x$;0);

cexp αx ∧ cexp βx.

其中 bas $x=$ null x ∨ weq $(x$,ID) ∨ weq $(x$,CAR) ∨ weq$(x$,CDR) ∨ weq$(x$,WEQ), var $x=$ weq$(x$, VAR).

我们给出了这样一个非常形式的定义，是为了说明 cexp 是一个全函数(用原始递归定理证明)，从而清楚地提供 C 表达式的定义. 其实从这个定义可以看出：

(1) 空表，ID,CAR,CDR,WEQ,VAR，都是 C 表达式，其他的原子不是 C 表达式；(2)〈CONST,s〉是 C 表达式；(3)〈COMB,c_1,c_2〉是 C 表达式，当且仅当 c_1，c_2 是 C 表达式；(4)〈COND,c_1,c_2,c_3〉是 C 表达式，当

且仅当 c_1, c_2, c_3 是 C 表达式;(5)$c_1 \cdot c_2$ 是 C 表达式,当且仅当 c_1, c_2 是 C 表达式(除了(2)(3)(4) 中已讨论过的情况以外).

为了说一个 C 表达式 c 对应的泛函 μc 是什么泛函,我们应分几种情况定义如下:

(1) 空表对应于恒为$\underline{0}$ 的常值泛函,即 $\mu 0[F]=\underline{0}$. $\mu \mathrm{ID}=I, \mu\mathrm{CAR}[F]=\alpha, \mu\mathrm{CDR}[F]=\beta, \mu\mathrm{WEQ}[F]=$ weq 都是常值泛函. $\mu\mathrm{VAR}[F]=F$ 是恒等泛函;(2) 如 $c=\langle\mathrm{CONST}, S\rangle$,则 $\mu c[F]=\underline{s}$ 也是常值泛函;(3) 如 $c=\langle\mathrm{COMB}, c_1, c_2\rangle$,则 $\mu c[F]=\mu c_1[F] \circ \mu c_2[F]$;(4) 如 $c=\langle\mathrm{COND}, c_1, c_2, c_3\rangle$, 则 $\mu c[F]=\mu c_1[F] \rightarrow \mu c_2[F]; \mu c_3[F]$;(5) 如 $c=c_1 \cdot c_2$,则 $\mu c[F]=\mu c_1[F] \cdot \mu c_2[F]$.

从这个定义可以看出,如果 C 表达式 c 中 VAR 不出现,则 μc 中 F 也不出现,就是说 μc 是一个常值泛函,用 ρc 表示 μc 的值, $\mu c[F]=\rho c$(一切 F),而 ρc 是一个函数(对 c 用结构归纳法易证). 此外,设 c' 也是一个 C 表达式,用 c 替换 c' 中的 VAR 得到 c'',则 c'' 中也没有 VAR,而且 $\mu c'[\rho c]=\rho c''$(对 c' 用结构归纳法不难证明).

现在设 $\mu c=\psi, \mu e=\varphi, f$ 是 φ 的最小不动点. 我们来看看 $\psi[f]:x$ 应该是什么. 我们分别考虑 ψ 的不同情况.

(1) 如果 ψ 是常值泛函, $\psi=h$ 是已知函数,则 $\psi[f]:x=hx$;(2) 如果 ψ 是恒等泛函, $\psi=F$,则 $\varphi[f]:x=fx$;(3) 如果 ψ 是 $\psi_1 \circ \psi_2$, $\psi[f]=\psi_1[f] \circ \psi_2[f]$, $\psi[f]:x=\psi_1[f]:(\psi_2[f]:x)$;(4) 如果 ψ 是 $\psi_1 \rightarrow \psi_2; \psi_3$,那么 $\psi[f]=\psi_1[f] \rightarrow \psi_2[f]; \psi_3[f]$, $\psi[f]:x=\psi_1[f]:$

$x \to \psi_2[f]:x;\psi_3[f]:x$;(5) 如果 ψ 是 $\psi_1 \cdot \psi_2$,那么 $\psi[f]:x=(\psi_1[f]:x)\cdot(\psi_2[f]:x)$.

令 $v\langle c,e,x\rangle=\psi[f]:x$,那么从 μc 的定义可以看出,v 应满足以下的条件:

(1′) $v\langle c,e,x\rangle=\mathrm{val}\langle c,x\rangle$(当 bas $c=1$ 时),这里,$\mathrm{bval}\langle c,x\rangle = \mathrm{nullc} \to 0;\mathrm{weq}\langle c,\mathrm{ID}\rangle \to x;\mathrm{weq}\langle c,\mathrm{CAR}\rangle \to \alpha x;\mathrm{weq}\langle c,\mathrm{CDR}\rangle \to \beta x;\mathrm{weq}\langle c,\mathrm{WEQ}\rangle \to \mathrm{weq}\ x;0$.

(2′) $v\langle c,e,x\rangle=fx$(当 var $c=1$ 时).

(3′) $v\langle c,e,x\rangle=s$(当 $c=\langle \mathrm{CONST},s\rangle$ 时).

(4′) $v\langle c,e,x\rangle = v\langle c_1,e,v\langle c_2,e,x\rangle\rangle$(当 $c=\langle \mathrm{COMB},c_1,c_2\rangle$ 时).

(5′) $v\langle c,e,x\rangle=v\langle c_1,e,x\rangle \to v\langle c_2,e,x\rangle;v\langle c_3,e,x\rangle$(当 $c=\langle \mathrm{COND},c_1,c_2,c_3\rangle$ 时).

(6′) $v\langle c,e,x\rangle = v\langle c_1,e,x\rangle \cdot v\langle c_2,e,x\rangle$(当 $c=c_1\cdot c_2$ 时).

现在回到递归计算的问题. 设 $\mu c=\psi,\mu e=\varphi$,f 是 φ 的最小不动点,$u\langle c,e,x\rangle$ 是按递归计算的办法求出的值,则:

(1″) $u\langle c,e,x\rangle = \mathrm{bval}\langle c,x\rangle$(当 $\mathrm{basc}=1$ 时).

(2″) $u\langle c,e,x\rangle=u\langle e,e,x\rangle$(当 $\mathrm{varc}=1$ 时).

(3″) $u\langle c,e,x\rangle=s$(当 $c=\langle \mathrm{CONST}\ s\rangle$ 时).

(4″) $u\langle c,e,x\rangle = \langle u\langle c_1,e,u\langle c_2,e,x\rangle\rangle\rangle$(当 $c=\langle \mathrm{COMB},c_1,c_2\rangle$ 时).

(5″) $u\langle c,e,x\rangle=u\langle c_1,e,x\rangle \to u\langle c_2,e,x\rangle;u\langle c_3,e,x\rangle$(当 $c=\langle \mathrm{COND},c_1,c_2,c_3\rangle$ 时).

(6″) $u\langle c,e,x\rangle = u\langle c_1,e,x\rangle \cdot u\langle c_2,e,x\rangle$(当 $c=c_1\cdot c_2$ 时).

现在我们已能写出如下的方程

$$u\langle c,e,x\rangle = \text{bas } c \to \text{val } \langle c,x\rangle;\ \text{val } c \to u\langle e,e,x\rangle$$

$$\text{wep } \langle \alpha c, \text{CONST}\rangle \to \bar{2}c$$

$$\text{wep } \langle \alpha c, \text{COMB}\rangle \to u\langle \bar{2}c, e, \langle \bar{3}c, e, x\rangle\rangle$$

$$\text{wep } \langle \alpha c, \text{COND}\rangle \to u\langle \bar{2}c, e, x\rangle \to$$

$$u\langle \bar{3}c, e, x\rangle; u\langle \bar{4}c, e, x\rangle$$

$$u\langle \alpha c, e, x\rangle \cdot u\langle \beta c, e, x\rangle$$

函数 u 可以定义为这个泛函的最小不动点.

到此为止,我们做了三件事:

(1) 定义了一种 C 表达式,每个 C 表达式 c 相应于一个泛函 μc,不含 VAR 的 C 表达式 c 相应的泛函 μc 是常值泛函,用 ρc 表示它的值.

(2) 设 $\mu c = \psi, \mu e = \varphi$, f 是 φ 的不动点,$v\langle c,e,x\rangle = \psi[f]:x$,则 $v\langle c,e,x\rangle$ 应满足一组等式$(1') \sim (6')$.

(3) 如何根据 c,e,x 递归地计算 $v\langle c,e,x\rangle$,我们暂时还不知道这样计算的结果就是 $v\langle c,e,x\rangle$,所以令 $u\langle c,e,x\rangle$ 表示它. u 是递归定义的,它满足等式$(1'') \sim (6'')$.

下面我们就来证明 $u = v$.

4. 递归计算的基本定理

在本小节中,我们取定 e 及 $\mu e = \varphi$. 略去 u 和 v 中的 e 不写,以求简便.

令 s 是如下的函数:$s\langle x,y\rangle = ⓐx \to (\text{var } x \to y; x); s\langle \alpha x, y\rangle \cdot s\langle \beta x, y\rangle$ 不难证明 $s\langle s,y\rangle$ 是把 x 中所有的 VAR 用 y 替换的结果.

定理 11(程序替换) 设 c_1, c_2 是两个 C 表达式,$c = s\langle c_1, c_2\rangle$,则 c 也是 C 表达式,而且对任何函数 g 都有

$$\mu c[g]=\mu c_1[\mu c_2[g]]$$

证明　对 c_2 用结构归纳法可证.

推论　在定理中,如果 c_2 中不含 VAR,则 c 中也不含 VAR,而且 $\rho c=\mu c_1[\rho c_2]$.

这个推论上节已经说明过.

现在我们讨论 u 与 s 的关系.

引理 2　$u\langle s\langle c,e\rangle,x\rangle=u\langle c,x\rangle$.

证明　对 c 用结构归纳法.

以下用 ω 表示一个相应于 $\perp$ 的程序,例如 $\langle$COMB,CAR,$\langle$CONST 0$\rangle\rangle$,$\rho\omega=\alpha\underline{0}=\underline{\perp}$.

引理 3　$u\langle s\langle c,\omega\rangle,x\rangle=\perp$ 或 $u\langle c,x\rangle$.

证明　对 c 用结构归纳法.

现在令 $e^0=\text{VAR},e^1=s\langle e,e^0\rangle,e^2=s\langle e,e^1\rangle,\cdots$ 注意 $e^1=e$.

引理 4　$s\langle s\langle x_1,x_2\rangle,x_3\rangle=s\langle x_1,s\langle x_2,x_3\rangle\rangle$.

证明　对 x_1 用结构归纳法可证.

引理 5　$u\langle s\langle c,e^i\rangle,x\rangle=u\langle c,x\rangle$.

证明　由于 $s\langle c,e^i\rangle=s\langle c,s\langle e,e^{i-1}\rangle\rangle=s\langle s\langle c,e\rangle,e^{i-1}\rangle$ 用数学归纳法易从引理 2 证明本引理.

再令 $e_i=s\langle e^i,\omega\rangle$,则 $e_0=\omega,\rho e_0=\underline{\perp}$.

引理 6　$u\langle s\langle c,e_i\rangle,x\rangle=u\langle c,x\rangle$ 或 $\perp$.

证明　$s\langle c,e_i\rangle=s\langle c,s\langle e^i,\omega\rangle\rangle=s\langle s\langle c,e^i\rangle,\omega\rangle$. 由引理 3,$u\langle s\langle c,e_i\rangle,x\rangle=u\langle s\langle s\langle c,e^i\rangle,\omega\rangle,x\rangle=u\langle s\langle c,e^i\rangle,x\rangle$ 或 $\perp$. 再用引理 5,即可证明本引理.

现在记 $c_i=s\langle c,e_i\rangle$. e_i 和 c_i 中都不含 VAR.

比较上节关于 v 和 u 的$(1')\sim(6')$,$(1'')\sim(6'')$各式,对 c 用归纳法可证,如果 c 中不含 VAR,则 $u\langle c,x\rangle=v\langle c,x\rangle$. 因此 $v\langle c_i,x1\rangle=u\langle c_i,x\rangle=u\langle s\langle c,e_i\rangle,$

$x\rangle=u\langle c,x\rangle$ 或 $\perp$. 而 $v\langle c_i\cdot x\rangle=\rho c_i:x=\mu c[\rho e_i]:x$.

另一方面, $s\langle e,e_i\rangle=s\langle e,s\langle e^i,\omega\rangle\rangle=s\langle s\langle e,e^i\rangle,\omega\rangle=s\langle e^{i+1},\omega\rangle=e_{i+1}$, 所以 $\mu e[\rho e_i]=\rho e_{i+1}$, 即 $\varphi[\rho e_i]=\rho e_{i+1}$. 再由 $\rho e_0=\perp$ 可知 $\rho e_i=\varphi^i[\perp]$. 因此 $\{\rho e_i\}$ 的最小上界是 f. 而 μc 是代数泛函, 是连续的, 所以 $\{\mu c[\rho e_i]\}$ 的最小上界是 $\mu c[f]=\psi[f]$.

综合以上的讨论, 只要 $v\langle c,x\rangle=\psi[f]:x=y\neq\perp$, 则存在 k, 当 $i\geqslant k$ 时 $\mu c[\rho e_i]:x=y$, 也就是 $v\langle c_i,x\rangle=y$, 因此 $y=u\langle c,x\rangle$ 或 $\perp$. 这说明 $v\langle c,x\rangle=u\langle c,x\rangle$ 或 $\perp$. 从而 $v\leqslant u$.

回顾 u 的定义, 它是上节末尾的方程的最小解. 由 v 的性质(1′)～(6′)很容易看出 v 也满足这个方程(注意 $v\langle e,e,x\rangle=\mu e[f]:x=\varphi[f]:x=fx$). 可见 $u\leqslant v$.

上面已经证明了 $v\leqslant u$, 现在又有 $u\leqslant v$, 因此 $u=v$. 这样我们就证明了:

定理 12(递归计算的基本定理)　对任何 c,e,x, $u\langle c,e,x\rangle=\psi[f]:x$, 其中 $\psi=\mu c$, f 是 $\varphi=\mu e$ 的最小不动点.

5. **递归计算机**

给了一对 C 表达式 c 和 e, 令 $\mu c=\psi$, $\mu e=\varphi$, f 是 φ 的最小不动点, 则 $\psi[f]$ 叫作由 $\langle c,e\rangle$ 计算的递归函数. 我们将证明, 全体递归函数组成一个 S 表达式抽象计算机. 为此只用验证本章 §1 中的(A'_1)～(C′)即可.

用 $F_{\langle c,e\rangle}$ 表示由 $\langle c,e\rangle$ 计算的递归函数. $F_{\langle c,e\rangle}x=\psi[f]x=v\langle c,e,x\rangle$. 取 $U=v\langle\bar{1}\,\bar{1},\bar{2}\,\bar{1},\bar{2}\rangle$, 则 $U\langle\langle c,e\rangle,x\rangle=v\langle c,e,x\rangle=F_{\langle c,e\rangle}x$. 这就是(C′). 此外, ($\mathrm{A}'_1$)($\mathrm{A}'_2$)都是不言而喻的.

现在讨论(A'_3), 设 $s_1=\langle c_1,e_1\rangle$, $s_2=\langle c_2,e_2\rangle$. 如果

$e_1=e_2=e$,那么令 $c=c_1\cdot c_2$,即有 $F_{\langle c,e\rangle}=F_{\langle c_2,e\rangle}\cdot F_{\langle c_2,e\rangle}$ 于是只要取 $\mathrm{cons}\langle s_1,s_2\rangle=\langle c,e\rangle$ 即可. 问题即在于 e_1, e_2 可以不等.

引理 7　设 $\langle c_1,e_1\rangle$, $\langle c_2,e_2\rangle$ 是两组 C 表达式. 存在 C 表达式 c'_1,c'_2,e 使由 $\langle c'_1,e\rangle$, $\langle c'_2,e\rangle$ 计算的递归函数分别等于由 $\langle c_1,e_1\rangle$ 和 $\langle c_2,e_2\rangle$ 计算的递归函数.

证明　设 $\mu c_1=\psi_1$, $\mu c_2=\psi_2$, $\mu e_1=\psi_1$, $\mu e_2=\varphi_2$. 又设 f_1,f_2 分别是 φ_1,φ_2 的最小不动点. 那么由 $\langle c_1,e_1\rangle$, $\langle c_2,e_2\rangle$ 计算的递归函数分别是 $\psi_1[f_1]$ 及 $\psi_2[f_2]$.

现在令 $\varphi[F]=\langle\varphi_1[\bar{1}\circ F],\varphi_2[\bar{2}\circ F]\rangle$. 很容易证明 $\varphi[F]$ 的最小不动点就是 $f=\langle f_1,f_2\rangle$. 令 $\varphi'_1[F]=\psi_1[\bar{1}\circ F]$, $\psi'_2[F]=\psi_2[\bar{2}\circ F]$. 那么 $\psi'_1[f]=\psi_1[\bar{1}\circ f]=\psi_1[f_1]$, $\psi'_2[f]=\psi_2[\bar{2}\circ f]=\psi_2[f_2]$. 不难看出 φ, φ'_1,ψ'_2 都是代数泛函,取它们相应的 C 表达式为 e, c'_1,c'_2 即可证明引理. 这个引理也可以推广到三组 C 表达式的情况.

引理中的 e,c'_1,c'_2 也可以写出显式的表达式. 令 $s'_1=\langle\mathrm{COMB},\mathrm{CAR},\mathrm{VAR}\rangle$, $s'_2=\langle\mathrm{COMB},\langle\mathrm{COMB},\mathrm{CAR},\mathrm{CDR}\rangle,\mathrm{VAR}\rangle$,则 $\mu s'_1=\bar{1}\circ F$, $\mu s'_2=\bar{2}\circ F$.

令 $e'_1=s\langle e_1,s'_1\rangle$,则 $\mu e'_1[g]=\mu e_1[\mu s'_1[g]]=\varphi_1[\bar{1}\circ g]$,于是不难证明取 $e=\langle s\langle e_1,s'_1\rangle,s\langle e_2,s'_2\rangle\rangle$ 即可. 同理,可取 $c'_1=s\langle c_1,s'_1\rangle$, $c'_2=s\langle c_2,s'_2\rangle$.

回到 (A'_3) 的讨论,可知取 $\mathrm{cons}\langle s_1,s_2\rangle=\langle c'_1\cdot c'_2,e\rangle$ 即可,其中 e,c'_1,c'_2 如前述. 因此,cons 是可计算的函数,对任何 s_1,s_2, $\mathrm{cons}\langle s_1,s_2\rangle$ 有定义.

(A'_4) 和公理 B 可以与此类似地证明.

这就是说,递归函数的集合是一个 S 表达式抽象计算机，我们把它叫作递归函数计算机.

§4　顺序计算

1. 顺序计算的概念

顺序计算是一种与现代计算机的机制更加接近的计算模型. 按照顺序计算的观点，计算一个函数分为三个大的步骤：

(1) 编码：把输入的信息用适当的办法通过计算机的内部状态表示出来；

(2) 机器的运转：计算机内部状态按照一定的规则改变，这种改变是步进式的，每一次改变都使计算机进入一个新的状态；同时，每当计算机出现一个新的状态时，都要按一定的规则检查一下是否应停止运转；

(3) 解码：计算机停止于某个状态之后，又要用适当的办法解释这种状态表示什么输出信息. 这三个大步骤中，最复杂的是运转.

设 t,w 是两个函数，是 $tz \neq 0$ 或 $tz = 0$ 表示当计算机处于状态 z 时应该停止计算或继续计算. 如果要继续计算，其下一个状态就是 wz. t 和 w 分别叫作计算机的停止条件和步进函数. t 应该规定为全函数，w 则至少应对 $tz = 0$ 的 z 都有意义，对于 $tz \neq 0$ 的 z，w 的值并不重要，为了理论上的方便，我们假定这时 $wz = z$. 这样的一对 $\langle t,w \rangle$ 叫作一个迭代.

从状态 z 出发，经过 i 次迭代以后到达的状态用 $\widetilde{w}\langle z,i \rangle$ 来表示，那么应该有：$\widetilde{w}\langle z,i \rangle = \text{nulli} \rightarrow z; w\widetilde{w}\langle z,\beta i \rangle$.

这是一个全函数(注意 βi 就是比 i 小 1 的数).

任取一个 z,令 $z_i=\widetilde{w}(z,i)$,则序列 $\{z_i\}$ 有两种情况:

(1) $tz_0=tz_1=\cdots=0$;

(2) 有某个 k,当 $i<k$,$tz_i=0$,但 $tz_k\neq 0$(这样就有 $z_k=z_{k+1}=z_{k=2}=\cdots$).

用 $\overline{w}z$ 表示从状态 z 出发的计算过程停止时的状态. 那么在上述情况(2),$\overline{w}z=z_k$,在上述情况(1),$\overline{w}z=\perp$. 函数 $\overline{w}$ 叫作迭代 $\langle t,w\rangle$ 的解. 从 $\overline{w}$ 的定义不难看出,$\overline{w}z=tz\rightarrow z;\overline{w}wz$. 换句话说,$\overline{w}$ 是如下泛函的不动点

$$\eta[F]=t\rightarrow I;Fw$$

下面我们将证明:$\overline{w}$ 是 η 的最小不动点. 为此,我们来研究更一般的方程

$F=t\rightarrow v;Fw$ (其中 v 在 t 取非零值的地方都有定义)

把上式右端记为 φ,令 $f_i=\varphi^i[\perp]$,则有

$$f_0=\perp$$

$$f_1=\varphi[f_0]=t\rightarrow u;\perp$$

$$f_2=\varphi[f_1]=t\rightarrow v;vw;\perp$$

$$\vdots$$

$$f_k=\varphi[f_{k-1}]=t\rightarrow v;\cdots;tw^{k-1}\rightarrow vw^{k-1};\perp$$

令 $\int$ 是 $\{f_i\}$ 的最小上界,也就是 φ 的最小不动点,那么对任何 x 一定出现以下两种情况之一:

(1) 对任何 i,$tw^ix=0$;

(2) 对 $i<k$,$tw^ix=0$,而 $tw^k\neq 0$.

(由于 t,w 都是全函数) 在情况(2),我们有

$$f_0x=\cdots=f_kx=\perp$$

而 $f_{k+1}x = vw \neq \perp$. 在情况(1),我们有

$$f_0 x = f_1 x = \cdots = \perp$$

因此

$$fx = \begin{cases} \perp & (\text{对于情况}(1)) \\ vw^k x & (\text{对于情况}(2)) \end{cases}$$

现在我们规定如下的记号:设$\{p_k\}$,$\{q_k\}$是两个函数序列,用无穷条件式

$$p_0 \to q_0; \cdots; p_k \to q_k; \cdots$$

表示这样的函数 g:对任何 x,顺序考查 $p_1x, p_2x, \cdots$ 直到遇到第一个不等于 0 的 p_kx 为止,如果这时 $p_kx = \perp$,则 $gx = \perp$,如果这时 $p_kx = a \neq \perp$,则 $gx = q_kx$. 此外,如果 $p_1x = p_2x = \cdots = 0$,则 $gx = \perp$.

利用这种记号,上面的函数 f 可以写成:$f = t \to v; \cdots; tw^k \to vw^k; \cdots$

于是我们已经证明了如下的引理:

引理 8　设 t, w 都是全函数,v 在 t 取非零值的地方都有定义,则泛函 $\varphi[F] = t \to v, Fw$ 的最小不动点是:$f = t \to v; \cdots; tw^k \to vw^k; \cdots$

推论 1　迭代$\langle t, w\rangle$的解是

$$\overline{w} = t \to I; \cdots; tw^k \to w^k; \cdots$$

推论 2　在引理的条件下

$$f = v\overline{w}$$

证明　略.

v 叫作关于 w 的不变函数,如果 $vw = v$. 不变函数的概念在程序逻辑中十分重要.

定理 13(不变函数)　在引理的条件下,如果又有 v 是关于 w 的不变函数,则 $f \leqslant v$. 特别地,如果 f 是全函数,则 $f = v$.

证明 略.

2.顺序可计算函数

设 p,q,t,w 是四个全函数. 把 p,q 分别看成编码和解码,迭代$\langle t,w\rangle$ 看成计算机的运转过程,那么 $f=q\overline{w}p$,就是这个机器所计算的函数,其中 $\overline{w}$ 是迭代$\langle t,w\rangle$ 的解. 这样的函数 f 叫作顺序可计算的.

设 f 是一个递归的全函数,那么 f 是顺序可计算的. 实际上,取 $p=I,q=f,t=\underline{1},w=I$,则$\langle t,w\rangle$ 的解是 I,而 $q\overline{w}p=fII=f$.

对于不是全函数的函数,什么是顺序可计算性并不显然. 不过我们至少可以看出,只要 p,q,t,w 都是递归函数,$\overline{w}$ 也是递归函数,从而 $q\overline{w}p$ 也是递归函数. 因此,一切顺序可计算的函数都是递归函数. 其实,我们还能证明:

定理 14 一切递归函数都是顺序可计算的.

我们下节将证明一个更强的定理,因此就不用证明这个定理了. 本节中,我们要证明另外一个重要的定理:

定理 15(值域定理) 设 f 是一个非空的顺序可计算函数,则存在一个递归全函数 g,f 与 g 的值域相同.

证明 令 $f=q\overline{w}p$,$\overline{w}$ 是迭代$\langle t,w\rangle$ 的解,则 $\overline{w}=t\to I;\cdots;tw^k\to w^k;\cdots$

令 u 是满足下式的函数

$$u\langle z,n\rangle=ⓐn\to z;wu\langle z,\beta n\rangle$$

利用原始递归定理可知 $u\langle z,n\rangle$ 对于一切 z 和 n 都有定义. 此外,用归纳法易证 $u\langle z,n\rangle=w^n z$ 对一切自然数 n 成立.

设 f 的值域是 A;因为 $f\neq\perp$,所以 A 不是空集.

任取 $a \in A$. 令

$$gx = \text{ⓐ}x \to a$$
$$\text{numberp}\ \beta x \to h\langle pdx, \beta x\rangle$$
$$\alpha$$

其中 $h\langle z,n\rangle = \text{tu}\langle z,n\rangle \to \text{qu}\langle z,n\rangle; a = tw^n z \to qw^n z;$ a. 用 B 表示 g 的值域,g 是全函数.

我们只用证明 $A = B$.

先设 $y \in A$. 那么存在 x,使 $fx = y$. 令 $z = px$,则 $y = q\overline{w}z$,可见 $\overline{w}z \neq \bot$. 于是存在 k,使 $w^k z = 0$,而 $\overline{w}z = w^k z$, $y = qw^k z$. 于是 $h\langle z,k\rangle = y$. $g(x \cdot k) = h\langle p,k\rangle = y$,就是说 $y \in B$. 这说明 $A \subset B$.

再设 $y \in B, gx = y$. 如果 $y = a$,则 $y \in A$. 如果 $y \neq a$,则 x 不是原子,令 $\alpha x = x_1, \beta x = x_2$,于是有 $x = x_1 \cdot x_2$. 这时,x_2 是自然数,$h\langle px_1, x_2\rangle = y$. 令 $z = px_1$, $n = x_2$,则 $h\langle z,n\rangle = y$. 那么 $tw^n z \to qw^n z; a = y$,而 $y \neq a$,可见 $tw^n z \neq 0$,而 $qw^n z = y$. 对于小于 n 的任何自然数 k,$tw^k z$ 都等于 0.(否则,因为 $tz \neq 0$ 时 $wz = z$, $w^{k+1} \cdot z = w(w^k z) = w^k z$,从而 $tw^{k+1} z = tw^k z = 0$,同理 $tw^{k+2} z = tw^{k+3} z = \cdots = tw^n z = 0$)于是 $\overline{w}z = tz \to z; \cdots; tw^k z \to w^k z; \cdots = w^n z$, $fx_1 = q\overline{w}px_1 = q\overline{w}z = qw^n z = y$. 可见 $y \in A$. 这说明 $B \subset A$. 定理得证.

这个定理的如下推论在下文中有重要的作用:

推论　设 f 是非空的递归函数,则存在递归的全函数 g,与 f 有相同的值域.

证明　由本节的两个定理立得.

在顺序可计算函数中,有一类很重要的函数. 设 $w\langle x,y\rangle = t\langle x,y\rangle \to \langle x,y\rangle; \langle x, 0 \cdot y\rangle$. 那么如果 y 是自然数,则在计算停止以前,每一次步进,都使状态的

第二个分量增加 1. 可见

$$\bar{w}(x,0)=\begin{cases}\langle x,k\rangle & (当 k 是使 t\langle x,k\rangle\neq 0 的最小自然数时)\\ \perp & (当 t\langle x,k\rangle=0(对一切自然数)时)\end{cases}$$

以下用 $\mu n\{an\}$ 表示使 $a_n\neq 0$ 的最小自然数 n，如果这种自然数存在的话. 上面的式子就可以写成

$$\bar{w}\langle x,0\rangle=\langle x,\mu n\{\langle x,n\rangle\}\rangle$$

从而 $\mu n\{t\langle x,n\rangle\}=\overline{2}\bar{w}\langle x,0\rangle$. 这是一个顺序可计算函数，从而也是递归函数. 于是有：

定理 16(μn 定理)　设 f 是全函数(其实，只要对一切 $x\in S,n\in N$ 有定义即可)，则 $\mu n\{f\langle x,n\rangle\}$ 是递归函数.

3. **顺序计算的基本定理**

定理 17(顺序计算的基本定理)　设 f 是递归函数，则存在 p,q,t,w，它们既是全函数，又是代数函数，而 $f=q\bar{w}p$，其中 $\bar{w}$ 是迭代 $\langle t,w\rangle$ 的解.

为了证明这个定理，我们先要证明一个引理：

基本引理　上节中的 $v\langle c,e,x\rangle$ 具有定理中所说的性质.

从引理证明定理是很容易的. 设 $v=q'\bar{w}'p'$. 其中 $\bar{w}'$ 是迭代 $\langle t',w'\rangle$ 的解. 因为 f 是递归函数，所以存在 c 和 e，使 $fx=v\langle c,e,x\rangle$. 于是 $f=q'\bar{w}'p'\langle\underline{c},\underline{e},I\rangle$. 取 $p=p'\langle\underline{c},\underline{e},I\rangle,q=q',t=t',w=w'$，则 $\bar{w}=\bar{w}',q\bar{w}p=q'\bar{w}'p'\langle\underline{c},\underline{e},I\rangle=f$. 由于 p',q',t',w' 都是代数全函数，p,q,t,w 也如此. 这就是所要证明的. 现在我们来证明基本引理.

现在令 $t\langle s,r,e\rangle=\text{null } r$，而 w 满足

$$w\langle s,o,e\rangle=\langle s,o,e\rangle$$

$$w\langle x\cdot s,o\cdot r,e\rangle=\langle o\cdot s,r,e\rangle$$

$$w\langle x \cdot s, c \cdot r, e\rangle$$

$$=\langle \mathrm{val}\langle c,x\rangle \cdot s,r,e\rangle \quad (\text{当 bas } c=1 \text{ 时})$$

$$w\langle x \cdot s, \mathrm{VAR} \cdot r, e\rangle=\langle x \cdot s, e \cdot r, e\rangle$$

$$w\langle x \cdot s, \langle \mathrm{CONST}, d\rangle \cdot r, e\rangle=\langle d \cdot s, r, e\rangle$$

$$w\langle x \cdot s, \langle \mathrm{COMB}, C_1, C_2\rangle \cdot r, e\rangle$$

$$=\langle x \cdot s, C_2 \cdot C_1 \cdot r \cdot e\rangle$$

$$w\langle x \cdot s, \langle \mathrm{COND}, C_1, C_2, C_3\rangle \cdot r, e\rangle$$

$$=\langle x \cdot x, s, C_1 \cdot \langle \mathrm{COND}, C_2, C_3\rangle \cdot r, e\rangle$$

$$w\langle x \cdot s, \langle \mathrm{COND}, C_2, C_3\rangle \cdot r, e\rangle$$

$$=x \rightarrow \langle s, C_2 \cdot r, e\rangle ; \langle s, C_3 \cdot r, e\rangle$$

$$w\langle x \cdot y \cdot s, \langle \mathrm{COND}, o\rangle \cdot r, e\rangle=\langle y \cdot x \cdot s, r, e\rangle$$

$$w\langle x \cdot y \cdot s, \langle \mathrm{COND}, 1\rangle \cdot r, e\rangle=\langle (y \cdot x) \cdot s, r, e\rangle$$

$$w\langle x \cdot s, (C_1 \cdot C_2) \cdot p\rangle$$

$$=\langle x \cdot x \cdot s, C_1 \cdot \langle \mathrm{COND}, o\rangle \cdot$$

$$C_2 \cdot \langle \mathrm{COND}, 1\rangle \cdot r, e\rangle$$

$$wz=z \quad (\text{当 } z \text{ 不具有以上各式之形式时})$$

注意 t,w 都是代数全函数.

设 $\langle t,w\rangle$ 的解是 $\bar{w}$. 我们将证明:

引理 9　$\bar{w}\langle x \cdot s, c \cdot r, e\rangle=\bar{w}\langle v\langle c,e,x\rangle \cdot s,r,e\rangle$.

从这个引理很容易证明基本引理. 只用取 $p=\langle \bar{3} \cdot \underline{o}, \bar{1} \cdot \underline{o}, \bar{2}\rangle$ 及 $q=aa$, 即有

$$q\bar{w}p\langle c,e,x\langle = aa\bar{w}\rangle x \cdot o, c \cdot o, e\rangle$$

$$=aa\bar{w}\langle v\langle c,e,x\rangle \cdot o,o,e\rangle$$

$$=aa\langle v\langle c,e,x\rangle \cdot o,o,e\rangle$$

$$=a(v\langle c,e,x\rangle \cdot o)$$

$$=v\langle c,e,x\rangle$$

(其中第三个等号是因为 $\bar{w}\langle s,o,e\rangle=t\langle s,o,e\rangle \rightarrow \langle s,o,e\rangle ; \bar{w}w\langle s,o,e\rangle=\mathrm{null}\ o \rightarrow \langle s,o,e\rangle ; \bar{w}w\langle s,o,e\rangle=\langle s,o,$

$e\rangle$.)

以下我们只剩下证明引理 9 了.

先定义一个辅助函数

$$g\langle s,o,e\rangle=\langle s,o,e\rangle$$

$$g\langle x\cdot s,o\cdot r,e\rangle=g\langle o\cdot s,r,e\rangle$$

$$g\langle x\cdot s,\langle \mathrm{COND},C_1,C_3\rangle\cdot r,e\rangle=$$

$$x\rightarrow g\langle s,C_2\cdot r,e\rangle;g\langle s,C_3\cdot r,e\rangle$$

$$g\langle x\cdot y\cdot s,\langle \mathrm{CONS},o\rangle\cdot r,e\rangle=g\langle y\cdot x\cdot s,r,e\rangle$$

$$g\langle x\cdot y\cdot s,\langle \mathrm{CONS},1\rangle\cdot r,e\rangle=g\langle (y\cdot x)\cdot s,r,e\rangle$$

$$g\langle x\cdot s,c\cdot p,e\rangle=g\langle v\langle c,e,x\rangle\cdot s,r,e\rangle$$

当作 C 表达式.

容易验证 g 是泛函 $\varphi[F]=t\rightarrow I,Fw$ 的不动点. 这只用分别考查 c 的不同情况即可, 例如, 当 $c=\langle \mathrm{COND},C_1,C_2,C_3\rangle$, 我们有

$$\begin{aligned}
&\varphi[g]\langle x\cdot s,\langle \mathrm{COND},C_1,C_2,C_3\rangle\cdot r,e\rangle\\
&=gw\langle x\cdot s,\langle \mathrm{COND},C_1,C_2,C_3\rangle\cdot r,e\rangle\\
&=g\langle x\cdot x\cdot s,C_1\cdot\langle \mathrm{COND},C_2,C_3\rangle\cdot r,e\rangle\\
&=g\langle v\langle C_1,e,x\rangle\cdot x\cdot s,\langle \mathrm{COND},C_2,C_3\rangle\cdot r,e\rangle\\
&=v\langle C_1,e,x\rangle\rightarrow g\langle x\cdot s,C_2\cdot r,e\rangle;g\langle x\cdot s,C_3\cdot r,e\rangle\\
&=v\langle C_1,e,x\rangle\rightarrow g\langle v\langle C_2,e,x\rangle\cdot s,r,e\rangle;g\langle v\langle C_3,e,x\rangle\cdot\\
&\quad s,r,e\rangle\\
&=g\langle v\langle C_1,e,x\rangle\rightarrow\langle v\langle C_2,e,x\rangle,r,e\rangle\cdot s;\langle v\langle C_3,e,x\rangle\cdot\\
&\quad s,r,e\rangle\rangle\\
&=g\langle (v\langle C_1,e,x\rangle\rightarrow v\langle C_2,e,x\rangle;v\langle C_3,e,x\rangle)\cdot s,r,e\rangle\\
&=g\langle v\langle c,e,x\rangle\cdot s,r,e\rangle\\
&=g\langle x\cdot s,c\cdot r,e\rangle
\end{aligned}$$

因于 g 是 φ 的不动点, 而 $\overline{w}$ 是 φ 的最小不动点, 所以 $\overline{w}\leqslant g$.

现在我们来证明 $g \leqslant \overline{w}$. 这时又要用到两个引理:

引理 10 若 $v\langle s\langle c,w\rangle,e,x\rangle = y \neq \perp$,则 $\overline{w}\langle x \cdot s, c \cdot r, e\rangle = g\langle x \cdot s, c \cdot r, e\rangle$.

证明 对 c 用结构归纳法易证. 若 c 是原子,而 $v\langle s\langle c,w\rangle,e,x\rangle = y \neq \perp$,则 $c \neq \mathrm{VAR}$. 这时引理成立是不成问题的. 若 c 不是原子可以按不同情况分别验证. 例如 c 是 $\langle \mathrm{COND}, C_1, C_2, C_3\rangle$. 这时

$$g\langle x \cdot s, c \cdot r, e\rangle = g\langle v\langle c,e,x\rangle \cdot s, r, e\rangle$$

而

$$s\langle c,w\rangle = \langle \mathrm{COND}, s\langle C_1,w\rangle, s\langle C_3,w\rangle\rangle$$

因为

$$v\langle s\langle C,w\rangle,e,x\rangle = v\langle s\langle C_1,w\rangle,e,x\rangle \to v\langle s\langle C_2,w\rangle,e,x\rangle; v\langle s, C_3, w\rangle, e, x\rangle$$

可见

$$v\langle s\langle C_1,w\rangle,e,x\rangle \neq \perp$$

按归纳法假设 $\overline{w}\langle x \cdot s, C_1 \cdot r, e\rangle = g\langle x \cdot s, C_2 \cdot r, e\rangle$, 注意这里 s,r 是任意的,所以

$$\begin{aligned}
&\overline{w}(x \cdot s, c \cdot r, e)\\
&= \langle x \cdot x \cdot s, C_1 \cdot \langle \mathrm{COND}, C_2, C_3\rangle \cdot r, e\rangle\\
&= g\langle x \cdot x \cdot s, C_1 \cdot \langle \mathrm{COND}, C_2, C_3\rangle \cdot r, e\rangle\\
&= g\langle v\langle\langle \mathrm{COND}, C_1, C_2, C_3\rangle, e, x\rangle \cdot s, r, e\rangle\\
&= g\langle v\langle c,e,x\rangle \cdot s, r, e\rangle\\
&= g\langle x \cdot s, c \cdot r, e\rangle
\end{aligned}$$

如此即可证明引理 10.

引理 11 $\overline{w}\langle x \cdot s, c \cdot r, e\rangle = \overline{w}\langle x \cdot s, s\langle c,e\rangle \cdot r, e\rangle$.

证明 对 c 用结构归纳法易证.

现在就可以证明 $g \leqslant \overline{w}$ 了. 对于 $v\langle c,e,x\rangle = \perp$ 的

情况，$g\langle x\cdot s,c\cdot r,e\rangle=\perp$. 对于 $v\langle c,e,x\rangle=y\neq\perp$ 的情况，从上章的讨论可知存在 i，使 $v\langle c_i,e,x\rangle=y$，令 $c^0=c,c^{k+1}=s\langle c^k,e\rangle,(k=0,1,2,\cdots)$. 用上节的引理 4 可证 $c_i=s\langle c^i,w\rangle$. 于是有 $v\langle s\langle c^i,w\rangle,e,x\rangle=y\neq\perp$.

由上面的引理 10，可得

$$\begin{aligned}\overline{w}\langle x\cdot s;c^i\cdot r,e\rangle&=g\langle x\cdot s,c^i\cdot r,e\rangle\\&=g\langle v\langle c^i,e,x\rangle\cdot s,r,e\rangle\end{aligned}$$

由 c^i 的定义，反复用上面的引理 11 可得

$$\overline{w}\langle x\cdot s,c^i\cdot r,e\rangle=\overline{w}\langle x\cdot s,c\cdot r,e\rangle$$

再由上节的引理 2(注意 $u=v$)，有

$$v\langle c^i,e,x\rangle=v\langle c,e,x\rangle$$

结合以上三个等式，即有

$$\begin{aligned}\overline{w}\langle x\cdot s,c^i\cdot r,e\rangle&=g\langle v\langle c,e,x\rangle\cdot s,r,e\rangle\\&=g\langle x\cdot s,c\cdot r,e\rangle\end{aligned}$$

总之，我们证明了 $g\langle x\cdot s,c\cdot r,e\rangle=\perp$ 或 $\overline{w}\langle x\cdot s,c^i\cdot r,e\rangle$ 这说明 $g\leqslant\overline{w}$. 前面已经证明了 $\overline{w}\leqslant g$，所以 $\overline{w}=g$. 就是说 $\overline{w}\langle x\cdot s,c\cdot r,e\rangle=g\langle x\cdot s,c\cdot r,e\rangle=\overline{w}\langle v\langle c,e,x\rangle\cdot s,r,e\rangle$. 引理 9 得证.

4. 控制流图

控制流图(简称框图)是程序设计时常用的工具. 其实，这是一种没有严格规范的图解式语言. 图 1 和图 2 就是一个控制流图，如果起始时 x 是字 1，y 是自然数 n，到了停止时，x 变成了 o，y 变成了 $n+\text{length } 1$. x，y 叫程序变量.

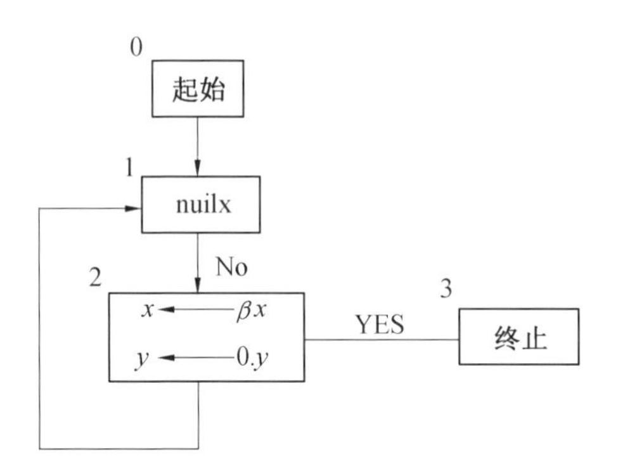

图 1

图中所画各框都有不同编号. “? ” 表示要检查某个条件,以决定下一步沿什么方向前进. “←” 则表示要改变程序变量的值.

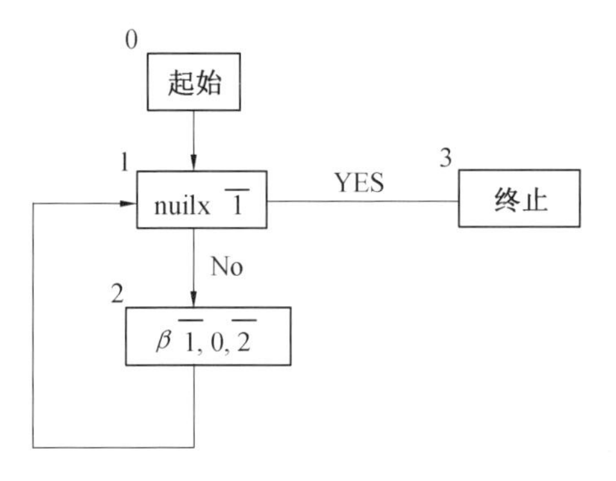

图 2

为了方便,把程序变量做成一个向量 $\langle x, y\rangle$,把它看成一个量 s. 那么图中就不必写出程序变量,只写对它施行的函数. 这时,图 1 的框图就成了图 2.

要说明这个控制流图的计算过程,可以设想一个顺序计算的过程,它的状态由标号 n 和程序变量 s 组成,w 表示从 $\langle n, s\rangle$ 出发的下一点应该是什么状态. 所

以

$$w\langle o,s\rangle=\langle 1,s\rangle$$

$$w\langle 1,s\rangle=\mathrm{null}\ \overline{1}s\rightarrow\langle 3,s\rangle;\langle 2,s\rangle$$

$$w\langle 2,s\rangle=\langle 1,\beta\overline{1}s,o\cdot\overline{2}s\rangle$$

至于 $w\langle 3,s\rangle$ 如何定义已不重要，不妨认为

$$w\langle 3,s\rangle=\langle 3,s\rangle$$

再用

$$t\langle n,s\rangle=\mathrm{weq}\langle n,3\rangle$$

表示停止条件，就得到一个迭代. 由此就可以把控制流图的计算通过这个迭代来描述.

因此，用控制流图计算的函数都是递归函数. 反之，任何递归函数都是可以顺序计算的，也不难用如图3的控制流图来描述.

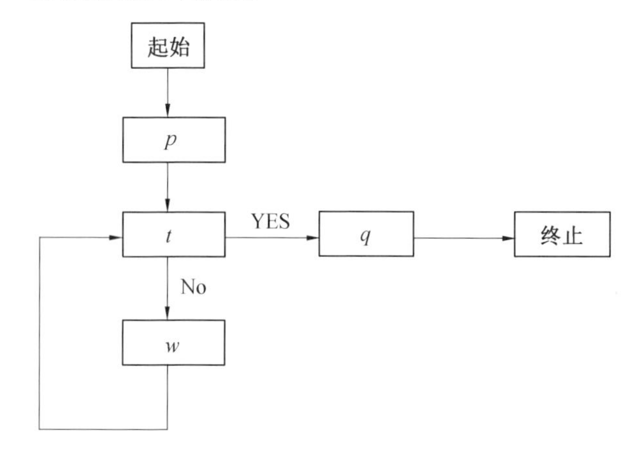

图 3

控制流图所计算的函数的性质可以利用相应的迭代来证明. 在本节的例子中，append$\langle\overline{2},\mathrm{length}\ \overline{1}\rangle:s$ 就是一个不变函数.

如何把本节的内容做妥善的形式处理，此处就不赘述了.

§5　可举集合

1. 可举集合

在可计算理论中可举集合是一个重要的工具. 本节介绍可举集合的基本性质，并用于讨论非决定性计算的问题.

定义 3　一个集合 $A \subset S$ 叫作可举的（递归可枚举的），如果 A 是空集，或者存在递归全函数 g，使 $A = \{g \mid n \in N\}$.（这里用 N 表示自然数集合，它是 S 的子集.）

注意，S 的一切子集都是可数的，因此都和 N 一一对应，但这种对应关系未必是可计算的. 因此，可举集的概念并不是无价值的. 实际上，不可举的集合是有的.

引理 12（不可举集存在）　存在不可举的集合.

证明　令 $T=\{x \mid x \in S, F_x$ 是全函数$\}$，则 T 是不可举的. 实际上，如果 T 是可举的，因为 T 不是空集，则存在递归的全函数 g，$T = \{gx \mid x \in N\}$. 令 $h = \omega U\langle g, I\rangle$，则 h 是可计算的，存在 $a \in s$，$h=F_a$. 另一方面，对任何 $x \in N$，$gx \in T$，F_{gx} 是全函数，所以 $hx = \omega U\langle g, I\rangle x = \omega F_{gx}x \neq \perp$，这说明 h 是全函数. 由 T 的定义及 $h=F_a$ 可知 $a \in T$. 再由 g 的定义，存在 $n \in N$，使 $a=gn$. 这样一来，就有 $hn = \omega F_{gn}n = \omega F_a n = \omega hn \neq hn$. 于是出现了矛盾. 引理得证.

引理 13　设 A 是任何可举集，f 是递归全函数，则 $\{fx \mid x \in A\}$ 也是可举集.

证明　由定义，存在一个全函数 g，使 $A = \{gn \mid n \in N\}$，于是 $\{fx \mid x \in A\} = \{fgn \mid n \in N\}$，而 fg 是全函数. 引理得证.

本节其余部分要证明 S 是可举集.

先证一个引理.

引理 14　设 f 是一个递归全函数，a 是任一个 S 表达式，则 $\{f^i a \mid i = 0, 1, \cdots\}$ 是可举集.

证明　令 $g =$ ⓐ $\to \underline{a}; fg\beta$. 则由原始递归定理，$g$ 是全函数. 此外不难用归纳法证明 $gn = f^n, a = 0, 1, \cdots$，于是引理得证.

定义 4　令 $B = \{0, 1\}$（这里 $1 = \langle 0 \rangle$），B 上的字集合 B^* 叫二进字集.

定理 18（二进字集可举）　B^* 是可举的.

证明　由上面的引理，我们只用构造一个递归全函数 f，使 $B^* = \{f^i 0 \mid i = 0, 1, 2, \cdots\}$. 为此，我们取 $f =$ ⓐ $\to 1$；ⓐ$a \to 1 \cdot \beta; 0 \cdot f\beta$. 则有

$$f\langle\rangle = \langle 0\rangle, f\langle 0\rangle = \langle 1\rangle, f\langle 1\rangle = \langle 0,0\rangle, f\langle 0,0\rangle = \langle 1,0\rangle$$

$$f\langle 1,0\rangle = \langle 0,1\rangle, f\langle 0,1\rangle = f\langle 1,0\rangle, f\langle 1,1\rangle = \langle 0,0,0\rangle, \cdots$$

实际上，如果 $x = \langle 1, \cdots, 1, 0, \cdots\rangle$，则 $fx = \langle 0, \cdots, 0, 1, \cdots\rangle$ 由此不难证明，如果是自然数，$i + 1$ 的二进展开式是 $d_0 + d_1 2 + \cdots + d_k 2^k + 2^{k+1}$，则 $f^i 0 = \langle d_0, \cdots, d_k\rangle$. 这样就可以证明定理.（详细的形式证明就略去了.）

定义 5　自然数的字集合记为 N^*.

定理 19　N^* 是可举集.

证明　我们只用找到一个递归函数 f，使

$$N^* = \{fx \mid x \in B^*\}$$

即可. 令 $f=ⓐ\rightarrow\underline{0};\bar{\alpha}\rightarrow\underline{0}\cdot f\beta;(\underline{0}\cdot\bar{a}f\beta)\cdot\bar{\beta}f\beta$,其中 $\bar{\alpha}=ⓐ\rightarrow I;\alpha\bar{\beta}=ⓐ\rightarrow I;\beta$都是全函数,所以 f 也是全函数. 很容易看出,如果 $x\in B^*$,则 $fx\in N^*$. 反之,如果 $\langle n_1,\cdots,n_k\rangle\in N^*$,令 $x=n_1+\langle 1\rangle+\cdots+n_k+\langle 1\rangle\in B^*$ 则有 $fx=\langle n_1,\cdots,n_k\rangle$. 这就是所要证明的.

现在我们研究集合 S 的可举性. 我们首先要假定原子的集合 A 是可举的. 即 $A=\{hn\mid n\in N^*\}$,其中 h 是全函数. 这样,每一个原子 a 都可以和一个自然数对应,即 $\mu n\{\mathrm{weq}\langle a,hn\rangle\}$. 令 $\gamma=0\cdot\mu n\{\mathrm{weq}\langle a,hn\rangle\}$,则对一切原子 a,γa 是正整数,而且 $h\beta\gamma a=a$,γa 叫 a 的编码.

用前缀表达式的形式写出 S 表达式,例如把$(A\cdot B)\cdot(C\cdot D)$ 改写为"$\cdot\cdot AB\cdot CD$",再把"$\cdot$"改为"0",把原子改为它的编码,就得到一个 N^* 中的字. 比如上面的 S 表达式可以写成$\langle 0,0,1,2,0,3,4\rangle$.(假定 1,2,3,4 分别是 A,B,C,D 的编码.)

为从这样的字得到原来的 S 表达式,可以自左向右扫描这个字的各项,遇到 0,把它推入堆栈;遇到非零的项 y,如栈顶是 0,用 y 替换栈顶,如栈顶是非零的 x,把 x 从栈中弹出,用 $x\cdot y$ 替换 y,重新扫描. 以上面的字为例,计算过程如下(左边是栈,右边是被扫描的字):

栈	被扫描的字	栈	被扫描的字
$\langle\rangle$	$\langle 0,0,1,2,0,3,4\rangle$	$\langle 1\cdot 2\rangle$	$\langle 0,3,4\rangle$
$\langle 0\rangle$	$\langle 0,1,2,0,3,4\rangle$	$\langle 0,1\cdot 2\rangle$	$\langle 3,4\rangle$
$\langle 0,0\rangle$	$\langle 1,2,0,3,4\rangle$	$\langle 3,1\cdot 2\rangle$	$\langle 4\rangle$
$\langle 1,0\rangle$	$\langle 2,0,3,4\rangle$	$\langle 1\cdot 2\rangle$	$\langle 3\cdot 4\rangle$
$\langle 0\rangle$	$\langle 1\cdot 2,0,3,4\rangle$	$\langle\rangle$	$\langle(1\cdot 2)\cdot(3\cdot 4)\rangle$
		$\langle(1\cdot 2)\cdot(3\cdot 4)\rangle$	$\langle\rangle$

用 x,y 分别表示上表中的左右两部分,那么前进函数应该是

$$w\langle x,y\rangle = ⓐy \to \langle x,y\rangle;\quad \text{null}\ \alpha y \to \langle 0\cdot x,\beta y\rangle$$
$$ⓐx \to \langle x,y\rangle;\quad \text{null}\ \alpha x \to \langle \alpha y\cdot \beta x,\beta y\rangle$$
$$\langle \beta x,(\alpha x\cdot \alpha y)\cdot \beta y\rangle$$

注意,我们加入了 $ⓐy$,$ⓐx$ 两情况下的处置是为了使 w 是全函数. 停止条件也正是这个条件

$$t\langle x,y\rangle = ⓐy \to 1;\text{null}\ \alpha y \to 0;ⓐx$$

严格说来,为使 t,w 是全函数,还要考虑到不是 $\langle x,y\rangle$ 形式的变量值的情况,所以

$$tz = ⓐz \to 1;ⓐ\beta z \to 1;ⓐ\ \bar{2}z \to 1;\text{null}\ \alpha\ \bar{2}z \to 0;ⓐ\alpha z$$

w 也应做相应的调整. 经过这样的调整,$\langle t,w\rangle$ 就是一个迭代了. 不难证明,每经过一步,x 的长度与 y 的长度之二倍的和都要减少. 这样,对任何 $\langle x,y\rangle$,顺序计算一定会在有限步骤之内停止,于是,$\bar{w}$ 是全函数,而当 y 是与某个 S 表达式 s' 相应的字时,$\bar{w}\langle 0,y\rangle = \langle s',0\rangle$,其中 s' 是把 s 的各原子 a 都换成 γa 所得到的. 再令

$$g'z = \text{numberp}\ z \to h\beta z;ⓐz \to 0$$
$$g'\alpha\cdot g'\beta$$

则 $g's' = s$. 于是令 $f = g'\alpha\bar{w}\langle 0,I\rangle$,则 $s = \{fy \mid y \in \mathbf{N}^*\}$ 而 f 是递归的全函数.

这样就可以证明:

定理 20(S 表达式可举)　如果原子集是可举集,则 S 表达式集也是可举集.

详细证明就省略了.

2. **可举集合的基本性质**

定理 21　一个非空集合 A 是可举的,当且仅当它是某个递归全函数 g 的值域.

证明　设 A 是非空的可举集，则存在递归全函数，$A=\{fn \mid n \in N\}$. 取定 $a \in A$，令

$$g = \text{numberp} \rightarrow f;\underline{a}$$

则当 $x \in N$，有 $gx = fx$，否则 $gx = a$. 由此即可证明 $A=\{gx \mid x \in S\}$，且 g 是递归全函数.

反之，设 $A=\{gx \mid x \in S\}$，g 是递归全函数. 设 $S=\{fn \mid n \in N\}$，f 是递归全函数，所以 $A=\{gfn \mid n \in A\}$，gf 是递归全函数. A 是可举的. 定理证完.

推论　一个集合是可举的，当且仅当它是某个递归函数 g 的值域.

证明　由于空集是空函数的值域，由定理立得必要性. 充分性由值域定理及本定理得证.

定理 22　一个集合 A 是可举的，当且仅当它是某个递归函数 f 的定义域，即 $A=\{x \mid fx \neq \perp\}$.

证明　必要性. 若 A 是空集，它是空函数的定义域. 若 A 不是空集，存在递归全函数 g 使 $A=\{gn \mid n \in N\}$. 令 $fx = \mu n[\text{weq}\langle x, gn\rangle]$，则 f 是递归的，其定义域是 A.

充分性. 设 $A=\{x \mid fx \neq \perp\}$. 令 $g=\text{weq}\langle f, f\rangle \rightarrow I;\perp$，则 g 是递归函数，而且当 $x \in A$，$gx = x$，当 $x \notin A$，$gx = \perp$，所以 $A=\{gx \mid x \in S\}$. 由上定理的推论，A 是可举的. 定理得证.

推论　A 是可举集，当且仅当存在递归函数 f，$A=\{x \mid fx = 0\}$.

证明　若 A 可举，则存在递归函数 $A=\{x \mid gx \neq \perp\}$，令 $f=\underline{0}g$，则 $A=\{x \mid fx = 0\}$. 反之，若 $A=\{x \mid fx = 0\}$，f 是递归函数. 令 $g = f \rightarrow \underline{\perp};\underline{0}$，则 $A=\{x \mid gx \neq \perp\}$. 推论得证.

定理 23　一个集合 $A\subset S$ 可举，当且仅当存在递归全函数 f，使 $A=\{x\mid$ 存在 y 使 $f\langle x,y\rangle=0\}$.

证明　充分性. 设 $A=\{x\mid$ 存在 y 使 $f\langle x,y\rangle=0\}$，f 是递归全函数. 设 $s=\{hn\mid n\in N\}$，则 $A=\{x\mid$ 存在 n 使 $f\langle x,hn\rangle=0\}$. 令 $gx=\mu n\{f\langle x,hn\rangle=0\}$，则 g 是递归函数，$A=\{x\mid gx\neq\bot\}$，所以 A 是可举集.

必要性. 设 A 是非空可举集，则存在递归全函数 g，$A=\{gx\mid x\in S\}$. 令 $f_1\langle x,y\rangle=\text{weq}\langle x,gy\rangle\to 0;1$ 则 $f_1\langle x,y\rangle=0$ 的充要条件是 $x=gy$，从而，存在 y 使 $f_1\langle x,y\rangle=0$ 的充要条件是 $x\in A$. 再令 $f=ⓐ\to 1;ⓐ\beta\to 1;f_1\langle\bar{1},\bar{2}\rangle$，则 f 即满足定理的要求. 如果 A 是空集，取 $f=\underline{1}$ 即满足定理的要求. 定理得证.

设 f 是一个函数，$G=\{\langle x,fx\rangle\mid x\in S\}$ 叫作 f 的图形.

定理 24(图形定理)　设 G 是 f 的图形. f 递归当且仅当 G 可举.

证明　由 $G=\{\langle 1,f\rangle x\mid x\in S\}$，易证必要性. 现证充分性，设 G 是可举的. 由上定理，存在递归全函数 g，使 $A=\{\langle x,y\rangle\mid$ 存在 z 使 $g\langle\langle x,y\rangle,z\rangle=0\}$. 设 $S=\{hn\mid n\in N\}$，令

$$g'\langle x,n\rangle=ⓐhn\to 0;\text{null }g\langle\langle x,\alpha hn\rangle,\beta hn\rangle$$

则 g' 对一切 $x\in S,n\in N$ 有定义，令 $f'x=\alpha h\mu n\{g'\langle x,n\rangle\}$ 则 f' 是递归的. 现在证明 $f=f'$.

先设 $fx=y\neq\bot$，存在 z，使 $g\langle\langle x,y\rangle,z\rangle=0$，于是存在 $n\in N$ 使 $hn=y\cdot z$，从而 $g'\langle x,n\rangle\neq 0$，于是 $\mu n\{g'\langle x,n\rangle\}$ 是使 $g'\langle x,n\rangle$ 不为 0 的最小正整数 k，此时 $g\langle\langle x,\alpha hk\rangle,\beta hk\rangle=0$，就是说

$$g\langle\langle x,\alpha h\mu n\{g'\langle x,n\rangle\}\rangle,\beta h\mu n\{g'\langle x,n\rangle\}\rangle=0$$

于是存在 z'，使 $g\langle\langle x,f'x\rangle,z'\rangle=0$，$\langle x,f'x\rangle\in G$. 从而 $fx=f'x$.

再设 $fx=\perp$，对任意 y,z 都有 $g\langle\langle x,y\rangle,z\rangle\neq 0$，可见 $g'\langle x,n\rangle=0$，(一切 $n\in N$). 于是 $\mu n\{g'\langle x,n\rangle\}=\perp$，$f'x=\perp$.

这样就证明了 $f=f'$. 因此 f 是递归的.

3. **递归集**

设 $A\subset S$，C_A 是 A 的特征函数

$$C_A x=\begin{cases}0 & (x\in A)\\ 1 & (x\notin A, x\neq\perp)\\ \perp & (x=\perp)\end{cases}$$

如果 C_A 是递归函数，就说 A 是递归集合. 其实很容易证明 A 是递归集合的充要条件是存在递归全函数 f，使 $A=\{x\mid fx=0\}$.（必要性是显然的，充分性只用注意 $C_A=\text{null null } f$ 即可）. 由此及定理 13 的推论又可知 A 是可举的.

设 A 是递归的，任给一个 x，用计算 C_Ax 的办法总可以判断 x 是否属于 A. 所以又说 A 是可判定的. 设 A 是可举的，$A=\{x\mid fx=0\}$，其中 f 不一定是全函数，所以只有当 $x\in A$ 时，可以用计算 fx 的办法证实这一点，如果 $x\notin A$，fx 的计算可能毫无结果（例如死循环）. 所以 A 又叫半可判定的.

定理 25（递归性与可举性的关系） 一个集合 $A\subset S$ 是递归的，当且仅当 A 与 A 的补集 $A_1=S-A$ 都是可举的.

证明 必要性. 若 A 是递归的，A 是可举的已如上述. A_1 的可举性由 $A_1=\{x\mid C_A=1\}=\{x\mid \text{null } C_A=0\}$ 立得.

充分性.设 $A=\{f_0x \mid x\in N\}$,$A_1=\{f_1x \mid x\in N\}$,f_0,f_1 都是全函数.令 $gx=\mu n\{\mathrm{weq}\langle f_0n=x\rangle \vee \mathrm{weq}\langle f_1n=x\rangle\}$ 不难看出 g 是全函数.再令 $h=f_0g\to \underline{0};\underline{1}$,则 h 是 A 的特征函数.定理得证.

推论 设 A 是可举集.那么,A 是递归集的充要条件是 A 的补集是可举集.

证明 略.

利用这个推论又可以证明:

定理 26(非递归可举集的存在性) 存在非递归的可举集.

证明 令 $A=\{x \mid \delta x\neq\bot\}$,因为 δ 是递归的,A 是可举的.A 的补集是 $A_1=\{x \mid \delta x=\bot\}$.我们来证明 A_1 不是可举的.

用反证法.设 A_1 是可举的,那么存在递归的 $f=F_1$,使 $A_1=\{x \mid fx\neq\bot\}$.由于 A 与 A_1 互为补集,所以对任何 x,fx 与 δx 总是一个有定义,一个无定义,所以 $fx\neq\delta x$.另一方面,$fa=F_1a=\delta a$,矛盾.定理得证.

定理 27(递归集的投影) A 是可举集的充要条件是:存在递归集 A_1,使 $A_1=\{x \mid$ 存在 y,使 $\langle x,y\rangle\in A_1\}$.

证明 充分性易证,因为 $A=\{Tz \mid z\in A_1\}$,而 A_1 是可举集.现在证必要性.设 A 可举,由上节定理3,存在递归全函数 f,使 $A=\{x \mid$ 存在 $y,f\langle x,y\rangle=0\}$.令 $A_1=\{\langle x,y\rangle \mid f\langle x,y\rangle=0\}$ 则 A_1 是递归集合,而 $A=\{x \mid$ 存在 y,使 $\langle x,y\rangle\in A_1\}$.定理得证.

4.非决定性计算

非决定性计算就是要借助于外部信息来完成的计算.因此,其输出值不但依赖于输入值,还依赖于外部信息. 用 x 表示输入值，r 表示外部信息，则输出值 $y=g\langle x,r\rangle$.

一个函数 f 叫作非决定性可计算的，如果存在递归函数 g，使得：

(1) 若 $fx=\perp$，则对任何 r，$g\langle x,r\rangle=\perp$；

(2) 若 $fx=y\neq\perp$，则存在 r，使 $g\langle x,r\rangle=y$，而且对任何 r，$g\langle x,r\rangle=y$ 或 $\perp$.

取定 r，令 $g_r x=g\langle x,r\rangle$ 可以得到一个递归函数. 上面的定义也可以说成是：$f=\sup\{g_r\}$.

定理 28（非决定性计算的基本定理） 一个函数 f 是非决定性可计算的，当且仅当它是递归的.

证明 若 f 是递归的，令 $g\langle x,r\rangle=fx\ (r\in S)$ 则 $f=\sup\{g_r\}$. 所以 f 是非决定性可计算的.

若 f 是非决定性可计算的，那么存在递归函数 $g\langle x,r\rangle$，使 $f=\sup\{g_r\}$. 用 G 表示 g 的图形，$G=\{\langle\langle x,r\rangle,g\langle x,r\rangle\rangle\mid x,r\in S\}$，则 G 是可举集. 注意，当 r 取遍 S 时，$g\langle x,r\rangle$ 的值只要有定义总不外 fx 或 $\perp$，而如果 $fx\neq\perp$，它总与某个 $g\langle x,r\rangle$ 相等，所以又可以写成 $G=\{\langle\langle x,r\rangle,fx\rangle\mid x,r\in S\}$，令 $G'=\{\langle x,fx\rangle\mid x\in S\}$ 及 $h=\langle\overline{1}\,\overline{1},\overline{2}\rangle$，则有 $G'=\{hz\mid z\in G\}$ 可见 G' 也是可举集，而 G' 是 f 的图形，所以 f 是递归的. 定理证完.

非决定性的顺序计算在理论上尤其重要.

设给了停止条件 t 和前进函数 w，对于给定的初始状态 z 和一串外部信息 $r=\langle r_1,\cdots,r_n\rangle$，从 z 开始由 r 引导的计算过程是如下办法确定的序列 $z_1,z_2,\cdots$ 其中 $z_1=z$，$z_{k+1}=t\langle z_k,r_k\rangle\to z_k,w\langle z_k,r_k\rangle$. 如果不存在 k 使 $t\langle z_k,r_k\rangle=0$，我们就令 $z'=\perp$；否则，取 z' 等于使 $t\langle z_k,r_k\rangle=0$ 的 z_k 中足标最小者. z' 叫作从 z 开始由 r 引导

的终止状态. 用 $u\langle z,r\rangle$ 表示这个状态.

再设 p,q 是编码、解码函数，那么 $qu\langle px,r\rangle$ 就是在外部信息为 r 的时候，由输入 x 所造成的输出. 令 $g_1x=qu\langle px,r\rangle$，如果 $\sup\{g_r\}$ 存在，它就是由 $\langle p,q,t,w\rangle$ 所计算的函数.

定理 29 设 p,q,t,w 是递归全函数，f 是由 $\langle p,q,t,w\rangle$ 所计算的函数，则 f 是递归函数.

证明 令 $t'\langle z,r\rangle=ⓐr\rightarrow 1;t\langle z,\alpha r\rangle, w'\langle z,r\rangle=t\langle z,r\rangle\rightarrow\langle z,r\rangle;\langle w\langle z,\alpha r\rangle,\beta r\rangle$. u' 是迭代 $\langle t',w'\rangle$ 的解，即：$u'\langle z,r\rangle=t'\langle z,r\rangle\rightarrow\langle z,r\rangle;u'w'\langle z,r\rangle$ 不难证明，如果 $r=\langle r_1,\cdots,r_n\rangle$，且计算在第 k 步尚未停止，则

$$w'\langle z_k,\beta^{k-1}r\rangle=\langle z_{k+1},\beta^k r\rangle$$

于是可知

$$u'\langle z,r\rangle=\begin{cases}u\langle z,r\rangle,\beta^k r\rangle & (\text{如果计算在第 } k \text{ 步终止})\\ \langle z_n,0\rangle & (\text{如果计算在第 } n \text{ 步未终止})\end{cases}$$

令 $u^n\langle z,r\rangle=\bar{2}u'\langle z,r\rangle\rightarrow\langle\bar{1}u'\langle z,r\rangle\rangle;0$，则有

$$u''(z,r)=\begin{cases}\langle u\langle z,r\rangle\rangle & (\text{如果 } n\langle z,r\rangle\neq\bot)\\ 0 & (\text{如果 } u\langle z,r\rangle=\bot)\end{cases}$$

再令 $u'''=au''$，则 $u'''=u$. 可见 u 是递归的. 由此，根据非决定性计算的基本定理，可证 f 是递归的. 定理证完.

§6 逻辑计算

1. 逻辑计算的概念

设要计算 $y=\text{length}(A\cdot B\cdot 0)$. 由定义

$$\text{length } o=0$$

$$\text{length}(x_1\cdot x_2)=0\cdot\text{length } x_3$$

如果能求出 y 的值，比如 $y=0\cdot 0\cdot 0$，那么就可以从上面两个式子证明

$$\mathrm{length}(A\cdot B\cdot 0)=0\cdot 0\cdot 0$$

把 length $x=y$ 简记为 $L(x,y)$. 我们的问题就归结为：是否可以找到一个 S 表达式 y，使得 $L(A\cdot B\cdot 0,y)$ 可以从

$$L(0,0)$$

$$L(x_2,x_3)\rightarrow L(x_1\cdot x_3,0\cdot x_3)$$

证明出来.

这种问题的一般形式是：给了一组逻辑公式 $p_1,\cdots,p_m$，求 y，使 $R(y)$ 可以从 $p_1,\cdots,p_m$ 证明出来. 这里我们可以对逻辑公式的形式做进一步的规定，就是限于 $\alpha_1\wedge\cdots\wedge\alpha_n\rightarrow\alpha_0$ 的形式，其中 $\alpha_0,\alpha_1,\cdots,\alpha_n$ 都是原子公式(以下简称元式).

现在我们给出严格的定义.

我们不必关心变元、项和元式的详细定义. 对我们来说重要的是：(1) 变元的集合是原子集合的递归子集. (2) 项的集合是 S 表达式集的递归子集. (3) 元式集的集合也是 S 表达式集的递归子集.

不含有变元的项叫常项，不含有变元的元式叫底元式.

为了说明不同元式之间在形式上的关系，我们常用代换. 所谓代换，指的是由一组变元和一组项组成的对偶表. 设 $v_1,\cdots,v_n$ 是一组变元，$t_1,\cdots,t_n$ 是一组项，则 $\sigma=\langle v_1\cdot t_1,\cdots,v_n\cdot t_n\rangle$ 叫作一个代换，设 a 是一个元式，σ 是一个代换，$a\sigma$ 是表示对 a 施行代换 σ 所得的结果. 我们约定：

(4) 对任何元式 a 和任何代换 σ，$a\sigma$ 是一个元式，

叫作 a 的例式.

注意,$a\sigma$ 可以从 a 和 σ 计算出来.

设 W_1,W_2 是两个有穷的元式集.则 W_1/W_2 叫作由这两个元式集组成的分式.如果 W_2 只有一个元式 $w,w_2=\{w\}$,则 W_1/W_2 叫作线性分式或线性式,并简记为 W_1/w.我们就用这种记号来代替 $w_1 \land \cdots \land w_n \rightarrow w$(这里 $W_1=\{w_1,\cdots,w_n\}$).如果 W_2 是空集,我们就把 W_1/W_2 叫作整式,并简记为 W_1.如果 W_1 和 W_2 都是空集,我们就把相应的分式叫作空式.

元式和分式统称合式.

设 W_1/W_2 是分式,σ 是代换.对 W_1,W_2 中的所有元素都施行代换 σ,得到相应的两个元式集 W'_1,W'_2.则 W'_1/W'_2 叫作 W_1/W_2 的例式,并记作$(W_1/W_2)\sigma$,或者 $W_1\sigma/W_2\sigma$.

一个分式 W_1/W_2 中,若 W_1,W_2 都是底元式的集合,就说这个分式是底分式.如果$(W_1/W_2)\sigma$ 是底分式,就说它是 W_1/W_2 的底例式,而 σ 是 W_1/W_2 的底代换.

以下我们用 0,1 分别表示假、真,以便讨论合式的逻辑关系.设每个合式 w 都有一个真值 φW 与它对应,则 φ 叫作一个赋值系,如果:

(1)$\varphi w=1$,当且仅当它的一切底例式 w' 都有 $\varphi w'=1$;

(2)设 W_1/W_2 是任一底分式.$\varphi(W_1/W_2)=0$,当且仅当 W_1 中每个底元式 w_1 都有 $\varphi w_1=1$,而且 W_2 中每个底元式 w_2 都有 $\varphi w_2=0$.(或者说 $\varphi(W_1/W_2)=1$ 当且仅当有某个 $w_1\in W_1$ 使 $\varphi w_1=0$ 或有某个 $w_2\in W_2$ 使 $\varphi w_2=1$.).

设 w 是一个合式，φ 是一个赋值系. 若 $\varphi w=1$，则说 φ 满足 w. 又设 $\mathscr{W}$ 是一组合式，如果 φ 满足其中的每一个合式，则说 φ 满足 $\mathbf{W}$，并记为 $\varphi\mathscr{W}=1$，否则说 φ 不满足 $\mathscr{W}$，并记为 $\varphi\mathscr{W}=0$.

如果存在 φ，使 $\varphi\mathscr{W}=1$，则说 $\mathscr{W}$ 是可满足的，否则说 $\mathscr{W}$ 是不可满足的.

合式 w 叫作合式集 $\mathscr{W}$ 的推论，如果任何满足 $\mathscr{W}$ 的赋值系 φ 都满足 w.

现在我们终于可以给出如下的定义了：

定义 6 设线性分式集 $\mathscr{P}=\{p_1,\cdots,p_n\}$，$r$ 是一个元式，则 $\langle\mathscr{W},r\rangle$ 叫作一个线性逻辑方程. r 的一个底代换 σ 叫作方程 $\langle\mathscr{W},r\rangle$ 的一个解，如果 $r\sigma$ 是 $\mathscr{W}$ 的推论.

2. **预备定理**

引理 15 设 r 是一个元式，$w=\{r\}/\phi$. σ 是 r 底代换. 那么，对任何估值系，$r\sigma$ 满足 φ 的充要条件是 $w\sigma$ 不满足 φ.

证明 由赋值系的定义，$\varphi w\sigma=0$ 的充要条件是 $\varphi r\sigma=1$，引理得证.

引理 16 设 $\langle\mathscr{P},r\rangle$ 是线性逻辑方程，$w=\{r\}/\phi$，那么 σ 是这个方程的解，当且仅当 $\mathscr{P}\cup\{w\sigma\}$ 不可满足.

证明 设 σ 是方程的解，$r\sigma$ 是 $\mathscr{P}$ 的推论. 对任何赋值系 φ，只要 $\varphi\mathscr{P}=1$，就有 $\varphi\sigma=1$，由引理 1，$\varphi wr=0$. 可见 $\varphi(\mathscr{P}\cup\{w\sigma\})=0$. 因此，$\mathscr{P}\cup\{w\sigma\}$ 不可满足.

反之，如果 $\mathscr{P}\cup\{w\sigma\}$ 不可满足，则对任何赋值系 φ，只要 $\varphi\mathscr{P}=1$，就有 $\varphi w\sigma=0$，从而 $\varphi r\sigma=1$. 因此 $r\sigma$ 是 $\mathscr{P}$ 的推论，因此 σ 是方程的解. 引理得证.

设 $\mathscr{W}$ 是合式集，$\overline{\mathscr{W}}$ 是 $\mathscr{W}$ 中各合式的所有底例式的

集合，则说$\overline{\mathscr{W}}$是$\mathscr{W}$的全例集. 很显然，对任何赋值系φ，$\varphi\mathscr{W}=1$的充要条件是$\varphi\overline{\mathscr{W}}=1$. 因此，$\mathscr{W}$不可满足的充要条件是$\overline{\mathscr{W}}$不可满足.

我们将要证明如下的基本引理：

基本引理　设$\mathscr{W}$是合式集. $\mathscr{W}$不可满足的充要条件是$\mathscr{W}$的全例集$\overline{\mathscr{W}}$有不可满足的有穷子集$\mathscr{W}_0\subset\overline{\mathscr{W}}$.

证明　若$\mathscr{W}_0$是不可满足的，$\overline{\mathscr{W}}$更是如此，$\mathscr{W}$也就不可满足. 这就是充分性. 现在证明必要性. 设$\mathscr{W}$是不可满足的，那么$\overline{\mathscr{W}}$也是不可满足的. 我们来证明存在$\overline{\mathscr{W}}$的一个有穷的不可满足的子集，用反证法，设$\overline{\mathscr{W}}$的一切有穷子集都是可满足的.

注意$\overline{\mathscr{W}}$是一些S表达式的集合，所以是可数集. 设$\overline{\mathscr{W}}=\{w_1,w_2,\cdots\}$，用$\mathscr{A}$表示$\overline{\mathscr{W}}$中出现的一切底元式的集合，这也是一个可数集，设$\mathscr{A}=\{a_1,a_2,\cdots\}$.

设$b=\{b_1,b_2,\cdots\}$是一个二进序列. 我们说b满足w_j，如果存在φ，φ满足w_j，而且$\varphi a_1=b_1,\varphi a_2=b_2,\cdots$. 这时，任何赋值系$\varphi'$，只要$\varphi' a_1=b_1,\varphi' a_2=b_2,\cdots$总有$\varphi'$满足$w_j$.

令$B_k=\{b\mid b$ 满足 $w_1,w_2,\cdots,w_k\}$，则

$$B=\{b\mid b\text{ 满足一切 }w_j,(j=1,2,\cdots)\}$$

显然B_k都不是空集，而B是空集. 此外$B_1\supset B_2\supset\cdots$是一个下降序列，而且$B=\bigcap B_k$.

用$C_n(b)$表示二进序列b的前n项组成的向量. 若$b=\{b_1,b_2,\cdots\}$，则$C_n(b)=\langle b_1,\cdots,b_n\rangle$. 特别地，令$C_0(b)=0$. 设$Q_k=\{C_n(b)\mid b\in B_k,n=0,1,2,\cdots\}$，则$Q_1\supset Q_2\supset\cdots$是一个下降序列，令$Q=\bigcap Q_k$. 显然$0\in Q$.

用n_k表示出现在$w_1,\cdots,w_k$中的元式aj的最大足

标.不难看出,一个赋值系是否能满足 $w_1,\cdots,w_k$ 只依赖于$\varphi a_1,\cdots,\varphi a_{nk}$ 的值.因此,若 $C_{nk}(b)=C_{nk}(b')$,则 b 与 b' 同时属于或不属于 B_k.

任取$\langle x_1,\cdots,x_n\rangle \in Q$,那么对任何 Q_k,$\langle x_1,\cdots,x_n\rangle \in Q_k$.可见存在$b\in B_k$,$C_n(b)=\langle x_1,\cdots,x_n\rangle$.于是 $C_{n+1}(b)=\langle x_1,\cdots,x_n,x_{n+1}\rangle \in Q_k$,其中 x_{n+1} 是 0 或 1.换句话说,$\langle x_1,\cdots,x_n,0\rangle$ 和$\langle x_1,\cdots,x_n,1\rangle$ 中总有一个在 Q_k 中.于是可以把 $Q_1,Q_2,\cdots$ 分为两组,第一组中的 Q_k 含有$\langle x_1,\cdots,x_n,0\rangle$,第二组中的 Q_k 不含$\langle x_1,\cdots,x_n;0\rangle$ 但含有$\langle x_1,\cdots,x_n,1\rangle$.这两组中至少有一组是无穷的.因此,$\langle x_1,\cdots,x_n,0\rangle$ 和$\langle x_1,\cdots,x_n,1\rangle$ 中至少有一个属于无穷多个 Q_k.而 $Q_1\supset Q_2\supset\cdots$ 是下降序列,所以属于无穷多个 Q_k,也就属于 Q.

总之,若$\langle x_1,\cdots,x_n\rangle \in Q$,则存在 x_{n+1},使$\langle x_1,\cdots,x_n,x_{n+1}\rangle \in Q$.上面已经说明$0\in Q$,利用这个结果,存在$\langle x_1\rangle \in Q$,从而又存在$\langle x_1,x_2\rangle \in Q$,$\cdots$ 于是存在一个二进序列 $x=\{x_1,x_2,\cdots\}$,使得一切 $C_n(x)\in Q$.从而对一切 n 和 k,$C_n(x)\in Q_k$,特别是 $C_n(x)\in Q_k$.因此,存在$b\in B_k$,$C_n(b)=C_k(X)$.由前面的讨论,这说明 $x\in B_k$.这里的 k 是任意的,因此 $x\in B$,与 B 是空集矛盾.这就证明了基本引理.

现在把基本引理用于逻辑方程,我们可以证明:

预备定理 设$\langle \mathscr{P},r\rangle$ 是线性逻辑方程,σ 是r 的底代换,$w=\{r\}/\phi$,那么,σ 是方程解的充要条件是:存在$\mathscr{P}$的全例集的有穷子集 $\mathscr{P}'$,使 $\mathscr{P}'\cup\{w\sigma\}$ 不可满足.

证明 充分性是显然的,若 $\mathscr{P}'\cup\{w\sigma\}$ 不可满足,$\mathscr{P}\cup\{w\sigma\}$ 也不可满足,由引理 2,σ 是方程的解.现在证明必要性,设 σ 是方程的解.由引理 2,$\mathscr{P}\cup\{w\sigma\}$ 不可

满足.设$\mathscr{P}$的全例集是$\overline{\mathscr{P}}$,由于$w\sigma$是底式,$\mathscr{P}\cup\{w\sigma\}$的全例集是$\overline{\mathscr{P}}\cup\{w\sigma\}$.根据基本引理,存在$\overline{\mathscr{P}}\cup\{w\sigma\}$的有穷子集$\mathscr{P}_0$,不可满足.令$\mathscr{P}'=\mathscr{P}_0-\{w\sigma\}$即可.引理得证.

3.底消解法

设$\mathscr{P}=\{P_1/a_1,\cdots,P_m/a_m\}$是一个线性底分式集,$G=G/\phi$是一个底整式.底消解法的目的,是提供一个算法来判定$\mathscr{P}\cup\{G\}$是否不可满足.

定义7　(1)设P/a是底分式,Q是底整式.若$a\in Q$,则说Q可以用P/a进行底消解.这时,令$R=(Q-\{a\})\cup P$,则R(做为底整式)叫作Q关于P/a的底消解式,记为$R=Q\times\dfrac{P}{a}$.

(2)设$\mathscr{P}$是底分式集.若Q可以用$\mathscr{P}$中的某个底分式进行底消解,则说Q可以用$\mathscr{P}$进行底消解,这时相应的底消解式R叫作Q关于$\mathscr{P}$的一个底消解式,记为R:$Q\times\mathscr{P}$.

(3)设$\mathscr{P}$是底分式集.一个底整式序列$\mathscr{P}=\{G_0,G_y,\cdots,G_n\}$叫作$Q$关于$\mathscr{P}$的一个底消解过程,如果$G_0=Q$,而且对每个$k$,$(1\leqslant k\leqslant n)$,有$G_k$:$G_{k-1}\times\mathscr{P}$.此外,如果又有$G_n=\phi$,则说$\mathscr{P}$是$Q$关于$\mathscr{P}$的一个底反驳.

引理17　设$R=Q\times\dfrac{P}{a}$.如果φ满足Q与$\dfrac{P}{a}$,则φ也满足R.

证明　设$\varphi Q=1$,$\varphi(P/a)=1$.由于$\varphi Q=1$,存在$q\in Q$,$\varphi q=0$,取定这个q.

若$\varphi a=1$,则$a\neq q$,$q\in Q-\{a\}\subset R$,可见$\varphi R=1$.

若 $\varphi a = 0$，则由 $\varphi(P/a) = 1$ 可知存在 $p \in P$，使 $\varphi p = 1$，而 $p \in R$，所以 $\varphi R = 1$.

引理得证.

这个引理说明底消解法是一个可靠的推理规则，若存在底整式 Q 关于底分式集 $\mathscr{P}$ 的底反驳 $\mathscr{P}$，那么，对任何满足 $\mathscr{P} \cup \{Q\}$ 的赋值系 φ，φ 一定满足 $\mathscr{P}$ 中的每个整式，从而满足最后的空式. 但空式是不可满足的，可见 $\mathscr{P} \cup \{Q\}$ 也是不可满足的. 因此 $\mathscr{P} \cup \{Q\}$ 不可满足的一个充分条件是：存在 Q 关于 $\mathscr{P}$ 的底反驳. 我们将证明这个条件还是必要的. 为此先要引进一些术语.

我们说 $\mathscr{P}$ 关于 Q 是冗余的，如果存在 $\mathscr{P}$ 的真子集 $\mathscr{P}'$，$\mathscr{P}' \cup \{Q\}$ 不可满足.

我们把 $\mathscr{P}$ 叫作三角的，如果（经过适当的排序）$\mathscr{P}$ 可以写成 $(P_{1/a_1}, \cdots, P_m/a_m\}$，使 $P_1 = \phi$. $\{a_1\} \subset P_2, \cdots, \{a_1, \cdots, a_{m-1}\} \subset P_m$.

现在设 $\mathscr{P} \cup \{Q\}$ 不可满足. 若对 $\mathscr{P}$ 的一切真子集 $\mathscr{P}'$，$\mathscr{P}' \cup \{Q\}$ 都是可满足的，$\mathscr{P}$ 就是非冗余的，否则有某个真子集 $\mathscr{P}'$，$\mathscr{P}' \cup \{Q\}$ 是不可满足的，取元素最少的某个这样的真子集 $\mathscr{P}'$，则 $\mathscr{P}'$ 是（关于 Q）非冗余的. 总之，我们不妨假定 $\mathscr{P}$ 是关于 Q 非冗余的.

现在证明一个引理：

引理 18　设 $\mathscr{P} = \{P_1/a_1, \cdots, P_m/a_m\}$，$Q$ 是非空的整式. 若 $\mathscr{P} \cup \{Q\}$ 不可满足，而且 $\mathscr{P}$ 关于 Q 是非冗余的，则 $\mathscr{P}$ 是三角的.

证明　对 m 用归纳法.

先考虑 $m = 1$ 的情况. 这时只用证明 P_1 是空集即可. 如果 $p \in P_1$，总可以有 φ 不满足 p 和 Q 中的某个 q，这时 φ 就满足 P_1/a_1 与 Q. 这与 $\mathscr{P} \cup \{Q\}$ 不可满足矛

盾,可见 P_1 是空集.

设引理对于 $m=k$ 的情况是正确的.现在设 $m=k+1$.如果每个 P_1 都非空,则可以取 $p_1\in P_1,\cdots,p_{k+1}\in P_{k+1},q\in Q$,总可以有 φ 满足 $p_1,\cdots,p_{k+1}$ 及 q,从而也满足 $p_1/a_1,\cdots,p_{k+1}/a_{k+1}$ 及 Q,这与 $\mathscr{P}\cup\{Q\}$ 不可满足矛盾.可见有某个 P_1 是空集,比如说 P_1 是空集(必要时可适当排列 $\mathscr{P}$ 的各元素).

由于 $\phi/a_1\in\mathscr{P}$,及 $\mathscr{P}$ 的非冗余性,不难证明 $a_2,\cdots,a_{k+1}$ 都不等于 a_1(否则把 ϕ/a_1 从 $\mathscr{P}$ 中去掉,$(\mathscr{P}-\{\phi/a_1\})\cup\{Q\}$ 仍然是不可满足的).

现在令 $P'_2=P_2-\{a_1\},\cdots,P'_{k+1}=P_{k+1}-\{a_1\}$,$Q'=Q-\{a_1\}$,$\mathscr{P}'=\{P'_2/a_2,\cdots,P'_{k+1}/a_{k+1}\}$.于是 a_1 在 $\mathscr{P}'$ 及 Q' 中均不出现.

$\mathscr{P}'\cup\{Q'\}$ 仍然是不可满足的.反之,若 φ 满足 $\mathscr{P}'\cup\{Q'\}$,取一个新的赋值系 φ' 使 $\varphi a_1=1$,而凡是出现在 $\mathscr{P}'\cup\{Q'\}$ 中的元式(底元式)a 都有 $\varphi'a=\varphi a$.这样,φ' 满足 a_1 及 $\mathscr{P}'\cup\{Q'\}$,由此可知 φ 满足 ϕ/a_1,$P_2/a_2,\cdots,P_{k+1}/a_{k+1}$ 及 Q.这是不可能的.

$\mathscr{P}'\cup\{Q'\}$ 还是非冗余的.就是说,若 $\mathscr{P}''$ 是 $\mathscr{P}'$ 的真子集,则 $\mathscr{P}''\cup\{Q'\}$ 可满足.不妨假定 P_{k+1}/a_{k+1} 不在 $\mathscr{P}''$ 中.由于 $\mathscr{P}$ 关于 $\{Q\}$ 非冗余,所以 $(\mathscr{P}-\{P_{k+1}/a_{k+1}\})\cup\{Q\}$ 可满足.设 φ 满足它,则有 $\varphi(\mathscr{P}-\{P_{k+1}/a_{k+1}\})=1$,$\varphi Q=1$.而因为 P_1 是空集,$\varphi(\phi/a_1)=1$,所以 $\varphi a_1=1$.由此可知 $\varphi(P'_1/a_1)=1,(j=2,\cdots,k)$,及 $\varphi Q'=1$.这说明 φ 满足 $\mathscr{P}''\cup\{Q'\}$.

于是 $\mathscr{P}'\cup\{Q'\}$ 不可满足,而且 $\mathscr{P}'$ 关于 $\{Q'\}$ 是非冗余的,因此 $\mathscr{P}'$ 是三角的.这样就不难看出 $\mathscr{P}$ 是三角的.引理得证.

现在已经可以证明定理了：

定理 30(底反驳定理)　设 $\mathscr{P}$是一组线性底分式，q是一个底整式. 那么 $\mathscr{P}\cup\{Q\}$ 不可满足的充要条件是存在 q 关于 $\mathscr{P}$的底反驳.

证明　充分性已如前述. 只用证必要性. 不妨认为 $\mathscr{P}$是关于 q 非冗余的，由引理知，$\mathscr{P}$是三角的. 设 $\mathscr{P}=\{\phi/a_1, P_2/a_2, \cdots, P_m/a_m\}$.

很容易看出 $Q\subset\{a_1,\cdots,a_m\}$. 反之，如果存在 $q\in Q$，q 与 $a_1,\cdots,a_m$ 都不同，那么就存在 φ，使 $\varphi q=0$ 而 $\varphi a_1=\cdots=\varphi a_m$. 于是可证 φ 满足 $\mathscr{P}$及 Q 是不可能的.

取 $G_0=Q$. 设在 G_0 中出现的那些 a_j 中，足标最大的是 a_{k_0}，即 $G_0\subset\{a_1,\cdots,a_{k_0}\}$，$a_{k_0}\in G_0$. 令 $G_1=G_0\times\dfrac{P_{k_0}}{a_{k_0}}$，于是 $G_1\subset\{a_1,\cdots,a_{k_0-1}\}$. 设在 G_1 中出现的 a_j 中足标最大的是 a_{k_1}，则 $k_1\leqslant k_0-1<k_0$. 重复这一步骤，可以看到序列 $G_0,G_1,\cdots$ 其中每一项都是前一项关于 $\mathscr{P}$的底消解式，而 $k_0>k_1>\cdots$，这里 a_{k1} 是在 G_1 中出现的 a_j 中足标最大的一个. 因此，有某个 $a_{kn}=0$，于是 $G_n=\phi$. $\langle G_0,G_1,\cdots,G_n\rangle$ 就是 Q 关于 $\mathscr{P}$的底反驳. 定理得证.

推论　设$\langle\mathscr{P},r\rangle$是线性逻辑方程，$\sigma$ 是 r 的底代换，$Q=\{r\}/\phi$，那么 σ 是方程的充要条件是：存在 $\mathscr{P}$的全例集的有穷子集 $\mathscr{P}'$，使 $Q\sigma$ 有关于 $\mathscr{P}$的底反驳.

证明　由上节预备定理和本定理得证.

4. **一般的消解法**

用底消解法求解逻辑方程，就要逐个验证每个底代换是否反例. 在每次验证时又要逐个检查全集例的每个有穷子集. 因此，这不可能是实用的方法.

一般消解法对此做了极大的改进. 对于给定的逻辑方程$\langle \mathscr{P},r\rangle$,它不从底例式入手,而是一边消解、一边寻找代换.

定义 8　(1) 设Q是整式,P/a是线性分式,ξ是一个代换. 如果$a\xi \in Q\xi$,则说Q可以用P/a进行ξ消解,这时,令$R=(Q\xi-\{a\xi\})\cup P\xi$,则$R$叫作$Q$关于$P/a$的$\xi$消解式,记为$R=Q\times\xi\dfrac{P}{a}$.

(2) 设Q是整式,$\mathscr{P}$是线性分式集. 设ξ是一个代换. 若Q可以用$\mathscr{P}$中的某个分式进行ξ消解,则说Q可以用$\mathscr{P}$进行ξ消解. 这时相应的消解式R叫作Q的一个关于$\mathscr{P}$的ξ消解式,记作$R:Q\times\xi\mathscr{P}$.

(3) 设$\xi^{*}=\langle\xi_1,\cdots,\xi_n\rangle$是一组代换,$\mathscr{P}=\langle G_0,\cdots,G_n\rangle$是一个整式序列,$G^0=Q$,而且对$k=1,\cdots,n$,$G_k:G_{k-1}\times\xi\mathscr{P}$,则说$\mathscr{G}$是$Q$关于$\mathscr{P}$的一个$\xi^{*}$消解过程. 此外,如$G_n$是空式,则$\mathscr{G}$又叫$Q$关于$\mathscr{P}$的一个$\xi^{*}$反驳.

引理 19　设Q与$\dfrac{P}{a}$不含共同变元,Q'和$\dfrac{P'}{a'}$分别是Q与$\dfrac{P}{a}$的例式,$R=Q'\times\dfrac{P'}{a'}$,则存在ξ,使$R=Q\times\xi\dfrac{P}{a}$.

证明　设$\dfrac{P'}{a'}=\dfrac{P}{a}\xi_1$,$Q'=Q\xi_2$. 因为$\dfrac{P}{a}$与$Q$不含共同变元,所以不妨假定$\xi_1$,$\xi_2$中也不涉及相同的变元. 把两个代换并置为一个代换$\xi$,则$\dfrac{P'}{a'}=\dfrac{P}{a}\xi$,$Q'=Q\xi$. 由此即可证明引理.

设ξ,η是两个代换. 对任何合式相继使用这两个代换,其结果相当于施行一个代换ζ. 我们把ζ记为

$\xi\eta$，即$(w\zeta)\eta = w\zeta = w(\xi\eta)$. 此外不难证明$(\xi\eta)\zeta = \xi(\eta\zeta)$. 有了这些说明，我们就可以转而证明如下的引理：

引理 20　设$R=Q\times\xi\frac{P}{a}$，$R'=R\eta$是R的底例式，ζ是$a\xi\eta$的任何底代换，$\omega=\xi\eta\zeta$. 则$Q'=Q\omega$及$\frac{P'}{a'}=\left(\frac{P}{a}\right)\omega$都是底例式，而且$R'=Q'\times\frac{P'}{a'}$.

证明　$R=(Q\xi-\{a\xi\}\cup P\xi$，而$R'$中不含变元，所以$R'=R'\zeta=R\eta\zeta=(Q\omega-\{a\omega\})\cup P\omega$. 由于$R'$不含变元，$Q\omega$，$P\omega$也不含变元，此外$a\omega$是$a$的底例式，于是$R'=Q'\times\frac{P'}{a'}$是底消解式. 引理得证.

注意，这里的ζ虽然不是唯一的，但是可以有算法任意确定一个.

推论　设$\mathscr{G}=\langle G_0,\cdots,G_n\rangle$是$Q$的一个关于$\mathscr{P}$的$\xi^*$的消解过程，$G'_n=G_n\eta$是$G_n$的底例式. 则存在一个代换$\eta_0$及一个$Q\eta_0$关于$\mathscr{P}'$的底消解过程$\mathscr{G}'=\langle G'_0,\cdots,G'_n\rangle$，这里$\mathscr{P}'$是$\mathscr{P}$的全例集的某个有穷子集.

证明　设$\xi^*=\langle\xi_1,\cdots,\xi_n\rangle$. 令$\eta_n=\eta_0$由于$G_{n-1}$是$G_n$关于$\mathscr{P}$的$\xi_n$消解式，存在$\frac{P}{a}\in\mathscr{P}$，使$G_{a-1}=G_n\times\xi_n\frac{P_n}{a_n}$. 任取$a\zeta_n\eta_n$的底代换$\xi_n$，令$\eta_{a-1}=\xi_n\eta_n\zeta_n$，$G'_{n-1}=G_{0\,n-1}\eta_{n-1}$，则$G'_{n-1}=G'_n\times\frac{P_n\eta_{n-1}}{a_n\eta_{a-1}}$是底消解式，$G'_{n-1}$是底例式.

重复这个过程，直到求出$\eta_0=\xi_1\eta_1\zeta_1$，$G'_0=G_{0\eta_0}$是$G_0=Q$的底例式. 这里$\eta_0=\xi_1\cdots\xi_n\eta\zeta_n\cdots\zeta_1$. 由此即可证

明推论.

定理31(一般消解法)　设$\langle \mathscr{P},r\rangle$是一个线性逻辑方程,$Q=\{r\}/\phi$.那么

(1)$\langle \mathscr{P},r\rangle$有解的充要条件是$Q$有一个关于$\mathscr{P}$的$\xi^*$反驳$\mathscr{G}$;

(2)$\langle \mathscr{P},r\rangle$的解$\sigma$可以从$\mathscr{G}$和$\xi^*$计算出来.

证明　从赋值系的定义不难看出,把一个合式中的变元系统地换成新的变元并不改变这个合式的真值.因此,不妨假定$\mathscr{P}$和Q没有共同的变元.

先证(1)中的充分性.设Q有一个关于$\mathscr{P}$的ξ^*反驳$\mathscr{G}$,由上面的推论,可知存在Q的一个底例式$Q'=Q\sigma$,使Q'有一个关于$\mathscr{P}'$的底反驳,而$\mathscr{P}'$是$\mathscr{P}$的全例集的有穷子集.再由底反驳定理的推论就可以证明σ是$\langle \mathscr{P},r\rangle$的解.顺便指出,$\sigma$是可以从$\mathscr{G}$和$\xi^*$计算出来的,这就是本定理中的(2).

现在证(1)中的必要性.设$\langle \mathscr{P},r\rangle$有解$\sigma$.由底反驳定理的推论,存在$\mathscr{P}$的全例集的有穷子集$\mathscr{P}'$及$Q\sigma$关于$\mathscr{P}'$的底反驳$\mathscr{P}'=\langle G'_0,\cdots,G'_n\rangle$.其中$G'_0=Q\sigma$,$G'_n=\phi$.

现在令$G_0=Q$,G'_0是G_0的底例式.因为G'_1:$G'_0\times\mathscr{P}'$,所以有$\frac{P'}{a'}\in\mathscr{P}$使$G'_1=G'_0\times\frac{P'}{a'}$.$\frac{P'}{a'}$是$\mathscr{P}$中某个分式$\frac{P}{a}$的底例式.由引理1,存在$\xi_1$,使$G'_1=G_0\times\xi_1\frac{P}{a}$.取$G_1=G'_1$,$G'_1$也是$G_1$的底例式.这个过程可以继续下去,最后得到$Q$的一个关于$\mathscr{P}$的$\xi^*$消解过程$\mathscr{G}=\langle G_0,\cdots,G_n\rangle$,而$G_n$的例式$G'_n$是$\phi$,可见$G_n=\phi$.于是$\mathscr{G}$又是一个底反驳.定理得证.

5. **同化**

设 a_1, a_2 是两个元式，ξ 是代换. 如果 $\alpha_1\xi = a_2\xi$，则说 ξ 是 a_1 和 a_2 的同化代换，或说 ξ 同化 a_1, a_2. 这时，a_1 与 a_2 叫作可同化的. 同化代换简称同代.

设 ξ, η 是两个代换，而且存在代替 ζ 使 $\xi\zeta = \eta$，则说 ξ 广于 η.

如果 ξ 同化 a_1, a_2，而且广于 a_1 与 a_2 的任何同化代换，则称 ξ 是 a_1 与 a_2 的最广同化代换，简称 a_1 与 a_2 的最广同代.

我们将给出一个算法来判断两个元式是否可同化，并在它们确实可同化时，求出它们的一个最广同代.（这时最广同代一定存在.）

定义 9 （1）设 $R = Q \times \xi \dfrac{P}{a}$，而且 ξ 是 a 与 Q 中的某个 q 的最广同代，则 R 又叫 Q 与 $\dfrac{P}{a}$ 的消解式.

（2）设 $\mathscr{G} = \langle G_0, \cdots, G_n \rangle$ 是 Q 关于 $\mathscr{P}$ 的 ξ^* 消解过程. 若每个 G_k 都是 G_{k-1} 关于 $\mathscr{P}$ 中的某个分式 $\dfrac{P}{a}$ 的消解式，则说 $\mathscr{G}$ 是 Q 关于 $\mathscr{P}$ 的消解过程. 此外若又有 $G_n = \phi$，则说 $\mathscr{G}$ 是 Q 关于 $\mathscr{P}$ 的反驳.

本节将证明：

定理 32（消解法） 设 $\langle \mathscr{P}, r \rangle$ 是逻辑方程，$Q = \{r\}/\phi$. 那么，$\langle \mathscr{P}, r \rangle$ 有解的充要条件是存在 Q 关于 $\mathscr{P}$ 的反驳 $\mathscr{G}$. 此外，可以通过 $\mathscr{G}$ 计算出方程的一个解.

为了证明这个定理，先要介绍同代的一些性质. 首先我们要把同代的概念推广到一般的 S 表达式. 设 s_1，s_2 是两个 S 表达式，则令 $E(s_1, s_2) = \{\sigma \mid s_1\sigma = s_2\sigma\}$. 其中的代换叫 a_1, a_2 的同化代换，如果 $E(a_1, a_2) = \phi$，则

a_1 与 a_2 是不可同化的.

设 E 是任一个代换集合，用 λE 表示这样的集合：$\lambda E=\{\sigma \mid \sigma$ 广于 E 中所有的代换$\}$. 因此，$\lambda E(s_1,s_2)$ 就是 s_1,s_2 的最广同代的集合.

一个代换叫换名，如果它具有 $\langle v_1 \cdot v'_1,\cdots,v_n \cdot v'_n\rangle$ 的形式，其中 $v_1,\cdots,v_n,v'_1,\cdots,v'_1$ 都是变元. 不难看出：设 τ 是一个换名，则存在另一个换名 τ'，使 $\tau\tau'$ 和 $\tau'\tau$ 都是恒等变换，也就是说，τ' 是 τ 逆.

设 σ 是一个代换，τ 是一个换名，则 $\sigma\tau$ 广于 σ，σ 也广于 $\sigma\tau$. 其还可以证明，如果 σ 广于 σ'，σ' 也广于 σ，则存在一个换名代换 τ 使 $\sigma'=\sigma\tau$. 由此可知，最广同代如果存在，则是一些彼此相差一个换名的代换.

以下的几个引理很容易证明：

引理 21　$E(s_1,s_2)=E(s_2,s_1)$；$\lambda E(s_1,s_2)=\lambda E(s_2,s_1)$.

引理 22　设 v 是变元，s 中不含有 v 则 $\langle v \cdot s\rangle$ 是 v 与 s 的一个最广同代：$\langle v \cdot s\rangle \in \lambda E\langle v,s\rangle$；若 s 中含有 v，则 $\lambda E(v,s)=\phi$.

引理 23　设 s_1,s_2 都不含变元，则

$$\lambda E(s_1,s_2)=\begin{cases}\phi & (\text{当 } s_1 \neq s_2 \text{ 时})\\ \{0\} & (\text{当 } s_1 = s_2 \text{ 时})\end{cases}$$

(注意 0 就是恒等代换).

引理 24　$E(s_1 \cdot s'_1,s_2 \cdot s'_2)=\{\sigma\sigma' \mid \sigma \in E(s_1,s_2),\sigma' \in E(s_1,\sigma_1,s'_2\sigma)\}$.

引理 25　$\lambda E(s_1 \cdot s'_1,s_2 \cdot s'_2)=\{\sigma\sigma' \mid \sigma \in \lambda E(s_1,s_2),\sigma' \in \lambda E(s'_1\sigma,s'_2\sigma)\}$.

由此上各引理可以证明：

定理 33(最广同代)　设 s_1,s_2 是两个 S 表达式，

$E(s_1,s_2)\neq\phi$,则 $\lambda E(s_1,s_2)\neq\phi$. 也就是说,两个 S 表达式如果可同化,就一定有最广同代.

证明可以同结构归纳法,此处略.

此外,可以证明:

定理 34(同化算法) 存在一个递归函数 f,使

$$\zeta f\langle s,s_s\rangle=\begin{cases}\langle\sigma\rangle & (\text{当 } s_0,s_2 \text{ 可同化,且 } \sigma \text{ 是它们的一个最广同化时})\\ 0 & (\text{当 } s_1,s_2 \text{ 不可同化时})\end{cases}$$

证明 注意变元集合是递归的. 所以存在递归全函数 g,使 $gx=0$ 的充要条件是:x 是变元,记 null $g=f_0$. 于是 f_0 是递归全函数,当且仅当 $f_0x\neq 0$ 时,x 是变元.

不难写出一个递归全函数 f_1,对任何 S 表示式 s 及代换 σ,都有 $f_1\langle s,\sigma\rangle=s\sigma$.

不难写出一个递归全函数 f_2,对任何两个代换 σ 及 σ' 都有 $f_2\langle\sigma,\sigma'\rangle=\sigma\sigma'$. 实际上,设 $\sigma=\langle v_1\cdot s_1,\cdots,v_n\cdot s_n\rangle$,则令

$$f_2\langle\sigma,\sigma'\rangle=\langle v_1\cdot(s_1\sigma_1),\cdots,v_n\cdot(s_n\sigma')\rangle+\sigma'$$

即可.

此外,不难写出一个递归全函数 f_3,对任何变元 v 及 S 表达式 s,$f_3\langle v,s\rangle\neq 0$ 的充要条件是 v 在 s 中出现.

基于以上的各辅助函数,f 可以按如下的办法定义:

$$\begin{aligned}&f\langle x,y\rangle\\&=f_0x\to f_3\langle x,y>\to 0;\langle\langle x\cdot y\rangle\rangle;\\&f_0y\to f_3\langle y,v\rangle\to 0;\langle\langle y\cdot v\rangle\rangle;\\&ⓐx\to \mathrm{weq}\langle x,y\rangle\to\langle 0\rangle;0;)\end{aligned}\left\|\begin{aligned}&ⓐy\to 0;\\&f\langle\alpha x,\alpha y\rangle\to\\&f\langle f,\langle\bar{1},\bar{3}\rangle,f_2\langle\bar{1},\bar{3}\rangle\rangle\to\\&\langle f_2\langle\bar{3},af\langle f_1\langle\bar{1},\bar{3}\rangle,\\&f_2\langle\bar{1},\bar{3}\rangle\rangle\rangle\rangle\langle\beta x,\beta y,af\langle\alpha x,\\&\alpha y\rangle\rangle;0;0\end{aligned}\right.$$

详细证明要用结构归纳法,此处略.

现在我们可以转而证明本节的主要定理了.先证明一个引理:

引理 26　设 Q 与 $\frac{P}{a}$ 不含共同变化,$Q'=Q\eta$ 是 Q 的例式,$R'=Q'\times\xi\frac{P}{a}$. 又设 $\mathscr{V}$ 是一个有穷的变元集,则存在 Q 关于 $\frac{P}{a}$ 的一个消解式 R,使 R' 是 R 的例式,而 R 中不含 $\mathscr{V}$ 中的变元.

证明　$R'=(Q'\xi-\{a\xi\})\cup P\xi$,而且 $a\xi\in Q'\xi=Q\eta\xi$.

又由于 $\frac{P}{a}$ 和 Q 不含共同变元,把 η 中与 Q 无关的部分去掉,得到 η',则对 Q 中的每个 q,$q\eta'=q\eta$,而对 p 中的每个 p,$p\eta'=t$,此外 $a\eta'=a$. 因此,$a\eta'\xi=a\xi\in Q\eta\xi=Q\eta'\xi$,所以存在 q,$a\eta'\xi=q\eta'\xi$. 这说明 a 与 q 可同化,用 σ 表示 a 与 q 的一个最广同代.

取适当的换名 τ,使$(P_0\cup Q_0)\tau$ 中不含 v 中的变元. 记 $\omega=\sigma\tau$,则 ω 也是 a 与 q 的最广同代. 而 $\eta'\xi$ 是 a 与 q 的同代,所以存在 ζ,$\omega\zeta=\eta'\xi$.

于是 ω 消解式 $R=Q\times\omega\frac{P}{a}$ 是消解式,而且 $R\zeta((Q\omega-\{a\omega\})\cup P\omega)\zeta=(Q\eta'\xi-\{a\eta'\xi\})\cup R\eta'\xi=(Q'\xi-a\xi)\cup P\xi=R'$,因此 R' 是 R 的例式. 另一方面,$R=(Q\omega-\{a\omega\})\cup P\omega\subset Q\sigma\tau\cup P\sigma\tau$,所以 R 中不含 $\mathscr{V}$ 中的变元.

引理得证.

利用引理证明定理时,用 $\mathscr{V}$ 表示出现 于 $\mathscr{P}$ 中的变元的集合. 然后对于上节一般消解法定理中的反驳 $\mathscr{G}$, 反复利用引理即可. 详细证明此处就省略了.

本节开头已把函数计算的问题归结为逻辑方程求解的问题. 现在我们又把逻辑方程求解的问题归结为求反驳的问题. 在求反驳的每一步 G_{k-1} 应与 $\mathscr{P}$ 中的哪一个分式进行消解是这个过程的非决定性因素, 要靠外部信息来完成. 这种非决定性的计算就是逻辑计算.

本节介绍的消解法在文献中叫作线性消解法. 用消解法完成逻辑计算是逻辑型语言的理论基础. 由于这是一种非决定性的计算, 又因为同化算法比较复杂, 逻辑型语言的实现面临着效率问题. 这是算法复杂性研究的焦点之一.

附录Ⅱ

胡世华先生的学术成就[①]

胡世华先生,1912年1月28日生于上海,祖籍浙江吴兴.1935年毕业于北京大学哲学系并获得学士学位.1936年赴奥地利维也纳大学、德国敏思特威廉大学学习,于1948年获得博士学位.1949年加入中国民主同盟,1954年加入中国共产党.

1941年胡先生回国后先后在广东中山大学数学天文系任副教授,重庆大学哲学系任教授.1946年任北京大学哲学系教授,1949年后兼任中国科学院数学所研究员.自1953年以后曾任数学所研究员,数理逻辑研究室室主任,中国科技大学应用数学系工程逻辑教研室室主任,中国科学院计算所研究员及第9研究室室主任,中国科学院软件所研究员,北京计算机学院院长,名誉院长,中国科学院数理学部学部委员兼计算机科学组组长.社会活动有数学会、计算机学会、电子学会、自然辩证法研究会理事或委员;曾任《中国科学》《科学通报》《数

① 杨东屏(中国科学院软件研究所).

学学报》《Theoretical Computer Science》编委和大百科全书数学卷、哲学卷编委.

胡世华先生是我国国内少数的几位在中国发展数理逻辑的代表人物之一. 而在中国把逻辑研究超出哲学的范畴和数学联系起来并认真地工作是由胡世华先生开始的，他是这方面的开创人. 他也是国内把逻辑和计算机结合起来进行工作的倡导人. 此外他还很关心数学的哲学问题，并在这方面做过在国内有一定影响的工作，现在我们分别介绍一下胡世华先生在这几方面的工作.

20 世纪 40 年代时，胡世华先生就开始发表了他的数理逻辑研究成果. 1943 年在《学术季刊》文哲号一卷三期里胡世华先生发表了《论人造的语言》，在这篇文章中他介绍了人工语言的特点与作用，并向国内介绍了符号逻辑. 1945 年在《学园》第一卷第五期里胡世华先生发表了《再现算术新系统及其逻辑量词》，在这篇文章里他建立了一个新的递归算术系统 RA.

由 20 世纪 40 年代末到 50 年代初，胡世华先生的研究领域主要在多值逻辑方面. 1949 年在《The Journal of Symbolic Logic，*vol*. 14，*no*. 3 上发表了文章《m-valued subsystem of $(m+n)$-valued propositional calculus》. 1950 年在《中国科学》第一卷第二至四期发表了《一个 $\aleph_0$ 值命题演算的构造》. 1951 年 9 月与陈强业在《中国数学学报》第一卷第三期上发表了《四值命题演算与四色问题》. 1955 年 6 月在《数学学报》上发表了《$\aleph_0$ 值命题演算的有穷值的具有函数完全性的子系统》.

在这一系列文章里，胡世华先生建立了一些多值逻辑的系统，并考虑了多值逻辑在数学其他分支中的

应用.

在《m-valued subsystem of$(m+n)$-valued propositional calculus》一文里他对任何$(m+n)-$值的命题演算系统,构造出一个完全的$m-$值子系统.

在《一个$\aleph_0-$值命题演算的构造》一文里,他构造了一个$\aleph_0-$值命题演算的语言规则系统,并给出了它的若干基本语法定理.

在《四值命题演算与四色问题》一文里,他和陈强业指出四值命题演算与四色问题的联系,从而把四色问题还原到四值命题的问题.

在《$\aleph_0$值命题演算的有穷值的具有函数完全性的子系统》一文中给出了一种方法,它可以把任何一个完全的具有函数的完全性的有穷值命题演算嵌入到一个$\aleph_0$值命题演算中去成为其子系统.

胡世华先生的这些工作受到了国际上的注意,例如 A. Prior 在其著作《Formal Logic》中就引用了胡世华先生的多值逻辑结果.

20 世纪 50 年代末期胡世华先生的工作有了一个重要的转变,即他由对$\aleph_0-$值逻辑的研究转为对递归函数理论的研究,也就是在这个时期胡世华先生在数学研究所建立了数理逻辑研究组.他由人民大学调来了唐稚松,陆钟万二位同志,并且把 1955 年复旦大学数学系毕业的黄祖良和北京大学数学系毕业的杨东屏也吸收进来建立了数理逻辑小组.从此,数理逻辑分支在中国科学院里得到了发展.

在介绍他在递归函数理论的工作之前我们先介绍一下他在经典谓词演算方面的工作.在经典谓词演算方面他着重考虑了自然推理的研究.在 1964 年《数学

进展》上发表的“古典谓词演算”一文中，他构造了谓词演算系统，证明了有关原数学定理并用它们描述形式数学系统. 在这篇文章的基础上，胡世华先生又和陆钟万合作写出了《数理逻辑基础》(上、下册) 一书并获得了国家教委高等学校优秀教材二等奖.

在递归函数理论方面胡世华先生有重要贡献. 20 世纪 50 年代后半期他自己，有时候和他的助手、学生合作，对递减函数理论做了深入的研究，例如和黄祖良于 1963 年在《数学进展》发表的《加法和乘法》一文中利用函数 $\text{sum}(x,y,z)$，$\text{prod}(x,y,z)$ 及泛函 $\langle x\rangle$，$\langle \partial x\rangle$ 深入地研究了算术谓词的表示函数. 他和杨东屏于 1964 年在《数学学报》发表的“关于原始递归性”一文中研究了原始递归算子在可计算函数类的作用. 这方面第一篇受到国际上重视的文章是他于 1956 年发表的《一种递归式的原始递归性》一文. 他在这篇文章中考虑了各种内容很丰富的泛函

$$H_{x=0}^{0} f(x) = f(0)$$

$$H_{x=0}^{y'} f(x) = \beta(y, H_{x=0}^{y} f(r(x)))$$

它的一般形式可表示为

$$F_{x=0}^{0} r(x) = r(0)$$

$$F_{x=0}^{y'} r(x) = \beta(y, F_{x=0}^{y} r(r_1(x)), \cdots, F_{x=0}^{y} r(r_k(x)))$$

要解决的问题是 $F_{x=0}^{y} r(x)$ 是否原始递归于 $\beta, r, r_1, \cdots, r_k$? 这个问题是 1954 年 12 月南京大学莫绍揆教授向他提出的. 在上述文章中胡世华先生证明了该问题有肯定的解，即 $F_{x=0}^{y} r(x)$ 原始递归于

$$\beta, r, r_1, \cdots, r_k$$

顺便地提一下，上述研究也说明了虽然当时国内只有数学所和南京大学两个单位有人在研究递归函数

理论，但是他们之间已有很好的学术交流.值得我们高兴的是他和莫先生相互切磋相互帮助的关系不仅一直正常发展下来，而且软件所四室和南京大学数理逻辑组之间的合作关系也有了很大发展，这为递归论在中国的发展起了很大的促进作用.

胡世华先生的这个工作在国际上受到了重视.著名递归函数理论专家 R. Peter 就接受他的工作并把它加以推广.

到了 1960 年，随着电子计算机的发展，世界上若干国家的科学家注意到了应该有一种直接在字上定义的可计算函数，以利于对符号串加以处理.差不多同时，胡世华、美国的 McCarthy、前南斯拉夫的 Vuckvic 都进行了这项研究工作.胡世华先生在 1990 年发表了三篇关于递归算法论方面的文章.第一篇文章也称为《递归算法》，在这篇文章里介绍了一种字上定义的可计算函数.第二篇称为《核函数》，是胡先生和陆钟万先生合作发表的，这是三篇文章中最精彩的部分.该篇文章用一种非常简练的方式定义了一种构造上很简单但功能却很强的核函数类，其处理方式受到同行的称赞.第三篇称为《递归函数的范式》，文章给出了字上递归函数用核函数表示的范式.

递归算法是国际上较早出现的直接定义字上的可计算函数.胡世华先生原打算考虑它在计算程序设计语言中的应用，可是由于当时的客观环境中断了这种研究，因此递归算法的工作不如 McCarthy 的工作那么完整，未包含任何在软件应用上的工作.十一届三中全会以来，学术界的种种约束情况有了很大的变化，中国的科学事业开始走向欣欣向荣.

胡世华先生虽然已年过 80 岁，但仍耕耘不已. 1990 年胡世华先生在递归算法的基础上考虑了字上可计算函数在证明论中的应用，1990 年他在《中国科学》上发表了《递归结构 —— 可解决性理论 Ⅰ》及《递归结构理论的形式系统和语句的可判定性 —— 可解决性理论 Ⅱ》. 在第一篇文章中他提出了一类代数结构称之为递归结构，在第二篇文章中建立了递归结构的形式系统，并给出判定其语句的可判定性充要条件. 后来胡先生又写出了第三篇《可解决性理论 Ⅲ》，文中给出了一个称为条件的差别条件，并证明了目前数论中许多未解决问题是可判定的，即要么可证要么可驳.

在胡先生的带动下，软件所的递归函数及递归论的研究有了很好的发展. 如杨东屏、眭跃飞、蒋志根、张庆龙等都曾做出了一些较好的工作.

在 20 世纪 50 年代胡世华先生就倡导数理逻辑和计算机的结合. 今天数理逻辑和计算机的密切联系是大家都承认的事. 但是在当时胡先生是经过很大努力，并克服种种困难来说明这点的. 这要回忆一下新中国成立以来数理逻辑在中国的命运才好理解.

新中国成立后由于苏联批判数理逻辑，中国哲学界也跟着批判过数理逻辑. 1956 年春节毛主席在宴请科学家时向金岳霖先生讲：数理逻辑重要，应该搞. 还建议金先生写书介绍数理逻辑并表示书出来后愿意看. 毛主席的话给了中国的数理逻辑工作者极大的鼓舞. 但是毛主席的话未正式发表，经常有人批判数理逻辑，甚至“文革”时，在上海、北京的杂志上都有批判数理逻辑的文章. 因此肯定数理逻辑，说明它和电子计算机有密切关系，在当时是比较难被大学所接受的.

胡先生多次在报纸杂志上宣传数理逻辑和电子计算机的关系.有代表性的文章是1957年在《哲学研究》上发表的"数理逻辑的基本特征与科学意义".在该文章里,胡先生回顾了通用电子计算机的历史,指出正是冯·诺依曼受了图灵定义的通用图灵机的启示而设计了第一台通用电子计算机EDVAC,也讲了图灵本人领导了计算机ACE的设计.由此,胡先生阐述了数理逻辑中能行性的研究和电子计算机发展的密切关系.

胡先生还参加了我国电子计算机发展规划的小组,并和小组其他人一起去苏联征求了他们的意见.但是苏联某些院士不同意胡先生的意见,他们认为数理逻辑对计算机的发展起不了作用.这在当时对胡先生是产生了一些压力的.但是科学院当时的副院长张劲夫同志支持胡先生的看法,他向胡先生说,你可以坚持自己的看法来制订规划.

在胡先生的倡导下,中国科学院数学所办起了数理逻辑训练班.在班里,学生不仅学习了数理逻辑知识,也学了大量计算机知识.胡先生的许多助手和学生都参加了具体的计算机逻辑设计和编制程序工作,其中不少人都转去搞计算机科学理论和技术工作.而训练班中的大量参加者在各高等学校计算机系都发挥了作用.

软件所的自然科学奖一等奖获得者唐稚松同志,二等奖获得者周巢尘同志,三等奖获得者陶仁骥同志都曾是胡先生的助手或学生.他们在计算机的理论和技术中都做了重要贡献.当年的训练班里不少人也都是目前计算机界的重要人物,如西北大学的郝克刚等人.

胡先生还在科技大学办了工程逻辑班，该班的毕业生现都活跃在计算机领域里.

胡世华先生对数学哲学也有贡献，他写过一些有影响的文章，包括介绍数理逻辑基本特征以及和其他学科关系，对有关数学基础问题看法等文章.

胡世华先生论文著作年表

年份	著作名	出版者
1943	论人造的语言	学术季刊，1(3)
1945	再现算术新系统及其逻辑量词	学园，1(5)
1949	m-valued subsystem of $(m+n)$-valued propositional calculus	J. Symbolic Logic，14(3)
1950	一个 $\aleph_0$ 值命题演算与四色问题	中国科学，1(3)
1956	一种递归式的原始递归性	数学学报，6(1)
1957	数理逻辑的基本特征与科学意义	哲学研究
1957	关于古典演绎逻辑的几个问题	哲学研究，6
1959	电子计算机和一些有关的理论问题（自然科学基础丛书）	

续表

年份	著作名	出版者
1960	Recursive algorithms, theory of R. A., Ⅰ	Scientia Sinica, 9(7)
1960	Kernal functions, theory of R. A., Ⅱ	Scientia Sinica, 9(7)(与陆钟万合作)
1960	Normal forms of recursive functions, theory of R. A., Ⅲ	Scientia Sinica, 9(7)
1960	略论数理逻辑的发生、发展和现状	科学通报,6
1963	加法和乘法(与黄祖良合作)	数学进展,6(4)
1964	关于原始递归性(与杨东屏合作)	数学学报,14(7)
1964	古典谓词演算,数学进展	7(4)
1965	多种类递归算法、递归算法论,全国数理逻辑专业学术会议论文选集	国防工业出版社
1965	控制论的发展	科学通报,10
1976	如何描述程序语言	电子计算机动态,9
1981	计算机对数学的影响	百科知识,10
1981	数理逻辑基础(上,下册)(与陆钟万合作)	科学出版社
1988	信息时代的数学	数学进展,17(1)

续表

年份	著作名	出版者
1990	递归结构——可解决理论 Ⅰ	中国科学,11
1990	递归结构理论的形式系统和语言的可判定性——可解决理论 Ⅱ	中国科学,12

莫斯科大学数学计算机系递归函数课程讲义[①]

附录Ⅲ

从现在开始，我们将系统地讲述可计算函数的理论. 我们的叙述方法是在使“以自然数为变元和值的可计算函数”的不明显的直观概念等同于严格描述的数学概念“部分递归函数”的基础上进行的.“我们将研究原始递归函数类(即:部分递归函数类中最简单也是最重要的子类之一). 在原始递归函数这一概念的基础上，定义原始递归集合和原始递归谓词的概念. 对这些概念的研究，包括第4段的研究在内，将进一步增进我们关于原始递归函数的知识. 在第5,6两段里，将建立 $\mathbf{N}$ 与 $\mathbf{N}^s$ 之间(在第5段里)和 $\mathbf{N}$ 与 $\mathbf{N}^{\infty}$ 之间(在第6段里)的某些重要的一一对应. 此外，在第6段里，实质上我们把原始递归函数的概念推广到那种情形(虽然那是用另一些术语表述的)，即函数之变元或者函数值是任意长的自然数串的情形. 在第5,6两段里所引进的概念提供了一些一般的方法:借助于这些方法，可以

① 原始递归的函数、集合与谓词.

将自然数串(在第 5 段中是定长的串,在第 6 段中则是任意长的串)用自然数来编号(而且是"原始递归地").

1. **原始递归函数**

用 $\phi^{(s)}$ 表示一切 $\mathbf{N}^s \to \mathbf{N}$ 型函数所做成的类,并且用 ϕ 表示这些类的并集

$$\phi = \bigcup_{s=0}^{\infty} \phi^{(s)}$$

回想起我们曾经约定过:若不做相反的声明,我们处处把"函数"理解为类 ϕ 中的函数.

定义 1　函数类称为原始递归封闭的,如果:1° 其中包括函数 $0^{(0)}$ 和 $\lambda_1^{(1)}$;2° 它对代入运算和原始递归运算是封闭的.

显然,类 ϕ 是原始递归封闭的.类 $\phi^{(s)}$ 中的任何一个类都不是原始递归封闭的(虚假变元的引入即已超出了这一个类的范围).类 ϕ 的下列子类是原始递归封闭的:一切处处有定义的函数所组成的类 $\phi_{B.O}$ 和一切直观可计算函数所做成的类 $\phi_{И.B}$.

定义 2　最小的原始递归封闭类(即包含在任何其他原始递归封闭类中的)称为原始递归函数类,而它的元素则相应地称为原始递归函数.

原始递归函数类就等于一切原始递归封闭类的交集,显然,这交集是原始递归封闭的、非空的(包含 $0^{(0)}$ 和 $\lambda_1^{(1)}$),且包含在任何其他的原始递归封闭类之中.原始递归函数类用俄文字母 $Л$ 来表示.

因为直观可计算函数类是一个原始递归封闭类,所以任何原始递归函数是直观可计算的.但是,原始递归函数的概念还不是我们所寻求的直观可计算函数这

一不明显的概念的精确的数学替身.以后我们将看到,原始递归函数原来只是直观可计算函数的特殊情形.

我们指出,既然任何原始递归封闭类对代入都是封闭的,那么它对代入的特殊情形:正则代入,引入虚假变元,置换变元和等置变元等,也都是封闭的.

因此,特别地,假定在原始递归封闭类的定义里写下"且对代入运算和按第一个变元的原始递归运算是封闭的",则我们所得到的仍是等价的定义.

例 1　设函数 $g^{(2)}$ 是由函数 $f_1^{(1)}, f_2^{(3)}$ 经过按第二个变元的原始递归运算而得到的

$$\begin{cases} g(x,0)=f_1(x) \\ g(x,y+1)=f_2(x,y,g(x,y)) \end{cases}$$

则函数 g 由函数 f_1, f_2 借助于按第一个变元的原始递归运算和置换变元也可得到.先通过置换变元,由 f_2 定义出函数 $f_3^{(3)}$,则

$$f_3(x,y,z)=f_2(y,x,z)$$

再通过按第一个变元的原始递归运算,由 f_1 和 f_3 定义 $h^{(2)}$,则

$$\begin{cases} h(0,y)=f_1(y) \\ h(x+1,y)=f_3(x,y,h(x,y)) \end{cases}$$

容易看出,$g(x,y)=h(y,x)$.

现在我们开始研究原始递归函数类 Π.首先,我们已经指出过,$\lambda_1^{(1)} \in \Pi$ 且 $0^{(0)} \in \Pi$.把函数 $0^{(0)}$ 代入函数 $\lambda_1^{(1)}$ 给出函数 $1^{(0)}$.类 Π 包含函数 $\lambda_1^{(1)}$ 和 $0^{(0)}$,且对代入是封闭的.因之,$1^{(0)} \in \Pi$.把函数 $1^{(0)}$ 代入函数 $\lambda_1^{(1)}$ 给出函数 $2^{(0)}$.又:类 Π 包含 $1^{(0)}$ 和 $\lambda_1^{(1)}$,因之,$2^{(0)} \in \Pi$,等等.总之,对任何自然数 c,常函数 $c^{(0)} \in \Pi$.在函数 $c^{(0)}$ 中引进 s 个虚假变元,我们得到函数

$c^{(s)}$. 我们已证得:$c^{(0)}\in Л$,且类 $Л$ 对代入是封闭的. 因此,任何常函数 $c^{(s)}\in Л(c\in \mathbf{N},s\in \mathbf{N})$. 由函数 $\lambda_1^{(1)}$ 通过引进虚假变元可得到任意的后继函数 $\lambda_k^{(s)}$. 由于 $\lambda_1^{(1)}\in Л$,而类 $Л$ 对代入是封闭的. 因之,任意的后继函数 $\lambda_k^{(s)}\in Л$. 由函数 $0^{(0)}$ 和 $\lambda_1^{(2)}$ 通过原始递归运算可得到函数 $I_1^{(1)}$. $0^{(0)}\in Л$. 我们刚才又证明了 $\lambda_1^{(2)}\in Л$. 类 $Л$ 对原始递归运算是封闭的. 因之,$I_1^{(1)}\in Л$. 由函数 $I_1^{(1)}$ 通过引进虚假变元可得到任意的选择自变元函数 $I_k^{(s)}$. 我们刚才已证明了 $I_1^{(1)}\in Л$. 类 $Л$ 对代入是封闭的. 因之,任意的选择自变元函数 $I_k^{(s)}\in Л$. 上面我们多次都是按同一个逻辑式来进行推论的:如果已证得函数 $f_1,\cdots,f_s$ 是原始递归的,则对这些函数使用代入运算或原始递归运算的结果仍属于 $Л$. 以后我们将较为简略地进行这种推论.

在进一步研究类 $Л$ 之前,让我们对“原始递归封闭类”的概念给出另一个定义. 这一定义将假定有更多的初始函数,但允许不使用代入运算,而只使用更为简单明了的正则代入运算.

定理 1　一函数类是原始递归封闭的充要条件是:

1° 它包含函数 $0^{(0)}$,$\lambda_1^{(1)}$ 以及所有的选择自变元函数 $I_k^{(s)}$;

2° 对正则代入运算和原始递归运算是封闭的.

证明　必要性:实质上,上面已经证明,因为我们已经证得所有的选择自变元函数都是原始递归的,而这就说明,它们都属于任意的原始递归封闭类. 而正则代入是代入的特殊情形.

充分性:显然,因为一切一元常函数都可以从函数

$\lambda_1^{(1)}$ 和 $0^{(1)}$ 通过正则代入运算而得出，又函数 $0^{(1)}$ 可从 $0^{(0)}$ 和 $I_2^{(2)}$ 通过原始递归运算而得出，最后，处处无定义的一元函数可以从处处无定义的零元函数和任意的二元函数通过原始递归运算而得出.

现在继续来研究原始递归函数类 Π. 我们指出，很多最简单的算术函数都属于类 Π.

我们会由函数 $I_1^{(1)}$ 和 $\lambda_3^{(3)}$ 通过原始递归运算而得到函数 sum：$\mathrm{sum}(x,y)=x+y$. 因为 $I_1^{(1)}\in\Pi$，$\lambda_3^{(3)}\in\Pi$，所以 $\mathrm{sum}\in\Pi$. 我们给出函数 sum“自由”的形式

$$\begin{cases}0+y=y\\(x+1)+y=(x+y)+1\end{cases}\tag{1}$$

这里有这样两点“自由”：第一，无论对于被定义的函数，或是对于用来定义其他函数的函数，都不引进特别的记号（如“g”或“sum”）；第二，在式(1)的第二行里省略了假设的变元 x 和 y，在这里它们是虚假变元. 以后我们就利用与此类似的较为自由地表示形式. 如果读者愿意的话，则总可以改写成按原始递归式的定义所要求的那样的形式.

按原始递归图式，我们可得到函数 prod：$\mathrm{prod}(x,y)=x\cdot y$，则

$$\begin{cases}x\cdot 0=0\\x\cdot(y+1)=xy+x\end{cases}\tag{2}$$

这是按第二个变元的递归式. 在第一和第二两行里都不含有虚假变元. 更“严格地”则应该这样做：先在函数 sum 中添进虚假变元：$f_2(x,y,z)=\mathrm{sum}(x,z)=x+z$，$\mathrm{sum}\in\Pi$. 因之 $f_2\in\Pi$. 而现在则完全“严格地”由函数 $0^{(1)}$ 和 $f_2^{(3)}$ 通过按第二个变元的原始递归运算来得出所要求的函数 prod

$$\begin{cases} \text{prod}(x,0)=0^{(1)}(x) \\ \text{prod}(x,y+1)=f_2(x,y,\text{prod}(x,y)) \end{cases} \qquad (2')$$

$0^{(1)} \in \varPi$ 和 $f_2 \in \varPi$. 因之 prod $\in \varPi$,则

$$\begin{cases} x^0=1 \\ x^{y+1}=x^y \cdot x \end{cases} \qquad (3)$$

等式(3) 定义了原始递归函数 pot:$\text{pot}(x,y)=x^y$,它是借助于函数(相差在于虚假变元)1 和 prod 而定义的. 我们刚才已证明了 prod $\in \varPi$,因之 pot $\in \varPi$. 我们指出,按图式(3) 所定义的函数 pot 在序偶$\langle 0,0\rangle$处有定义,这里有 $\text{pot}(0,0)=1$. 谈到函数 pot 时,我们就是指由图式(3) 所定义的函数,亦即函数

$$\text{pot}(x,y)=\begin{cases} x^y & (x\neq 0 \text{ 或 } y\neq 0) \\ 1 & (x=0 \text{ 且 } y=0) \end{cases}$$

由(1) ~ (3) 可推知,一切以自然数为系数的多项式都是原始递归的.

函数 $\text{pd}^{(1)}$:$\text{pd}(x)=x \dot{-} 1$ 是原始递归的,因为它是由函数 $0^{(0)}$ 和 $I_1^{(2)}$ 按原始递归图式

$$\begin{cases} 0 \dot{-} 1=0 \\ (x+1) \dot{-} 1=x \end{cases} \qquad (4)$$

而得出的. 而这时又有函数 dif $\in \varPi$,则

$$\begin{cases} x \dot{-} 0=x \\ x \dot{-}(y+1)=(x \dot{-} y) \dot{-} 1 \end{cases} \qquad (5)$$

式(5) 由函数 $I_1^{(1)}$ 和 pd 给出函数 dif

$$|x-y|=(x \dot{-} y)+(y \dot{-} x) \quad (\text{adif} \in \varPi)$$

更仔细些,则应该这样来作

$$\text{adif}(x,y)=\text{sum}(\text{dif}(x,y),\text{dif}(y,x))$$

dif $\in \varPi$,因之函数 f:$f(x,y)=\text{dif}(y,x)$ 是原始递归的. sum $\in \varPi$,因之 adif $\in \varPi$. 以后我们将把类似

的细节的推导留给读者

$$\begin{cases}0! = 1 \\ (x+1)! = x! \cdot (x+1)\end{cases}$$

因之,函数 fak:$\mathrm{fak}(x) = x!$ 是原始递归的.

$\min(x,y) = y \dot{-} (y \dot{-} x)$. 因之 $\min^{(2)} \in Л$. $\min(x_1, x_2, \cdots, x_n) = \min(x_1, \min(x_2, \cdots, \min(x_{n-1}, x_n)\cdots))$. 因之 $\min^{(n)} \in Л$. $\max(x,y) = (x+y) \dot{-} \min(x,y)$. 因之 $\max^{(2)} \in Л$. $\max(x_1, x_2, \cdots, x_n) = \max(x_1, \max(x_2, \cdots, \max(x_{n-1}, x_n)\cdots))$. 因之

$$\max^{(n)} \in Л$$

$\overline{\mathrm{sg}}\, x = \mathrm{pot}(0, x) = 0^x$. 将函数 $0^{(0)}$ 代入函数 pot 可得函数$\overline{\mathrm{sg}}$. $\mathrm{pot} \in Л$,因之$\overline{\mathrm{sg}} \in Л$. $\begin{cases}\mathrm{sg}\ 0 = 0 \\ \mathrm{sg}\ (x+1) = 1\end{cases}$因之 $\mathrm{sg} \in Л$.

函数 $z = \dfrac{x}{y}$ 不处处有定义. 而函数 div:$\mathrm{div}(x,y) = \left[\dfrac{x}{y}\right]$除了形如$\langle x, 0\rangle$ 的序偶之外处处有定义. 本来可以在定义了函数 div 以后,再用已经得到的 $Л$ 中函数写出给出这一函数的原始递归图式,这也就证明了 $\mathrm{div} \in Л$. 暂时我们还不这样做,因为这较为费劲,而且图式也很长,又不十分明显. 很快我们就将得到一些新的方法,用这些新方法,我们就能够更容易地证明(特别是)函数 div 的原始递归性. 但这里仍请读者试行写出这一图式,因为,这样做有如下的好处:第一,可以获得一些使用原始递归运算和代入运算的技巧,第二,又可以体会到我们即将给予读者的那些新方法的力量. 我们指出,在写函数 div 的图式的时候,在序偶$\langle x, 0\rangle$ 上允许随便定义.

我们暂且只有这样的原始递归函数定义:一个函数称为原始递归函数,如果它属于任意的原始递归封闭类(所谓"属于任意的",这就意味着属于它们的交集,亦即属于类 Π). 我们将给出更方便的,更简单明了的,更带构造性的定义.

函数串$\langle f_1, f_2, \cdots, f_k\rangle$称为函数 f 的原始递归描述,如果 $f_k=f$ 且每个 $f_i(1\leqslant i\leqslant k)$ 满足下面条件之一:

1° 是函数 $0^{(0)}$,$\lambda_1^{(1)}$ 中的一个;

2° 是由该串中位于它前面的一些函数经代入运算或原始递归运算而得到的.

定理 2　一函数是原始递归函数,当且仅当它有某个原始递归描述.

证明　充分性是显然的.

为了证明必要性,只需指出,具有原始递归描述的所有函数的集合是原始递归封闭类. 这一集合显然包含函数 $0^{(0)}$ 和 $\lambda_1^{(1)}$. 我们指出,它对例如原始递归运算是封闭的. 设函数 g 是由函数 g_1, g_2 按原始递归图式而得到的,且设函数 g_1, g_2 有原始递归描述;例如,设它们分别是串$\langle h_1, h_2, \cdots, h_{k-1}, g_1\rangle$和$\langle i_1, i_2, \cdots, i_{l-1}, g_2\rangle$. 这时,函数 g 也属于所考察的集合,因为例如串$\langle h_1, h_2, h_3, \cdots, h_{k-1}, g_1, i_1, i_2, i_3, \cdots, i_{l-1}, g_2, g\rangle$就是函数 g 的一个原始递归描述. 类似地也可证明,此集合对代入运算也是封闭的.

我们又得到了原始递归函数的一个定义,这个定义可以这样来表述:一函数称为原始递归函数,如果它可以由函数 $0^{(0)}$ 和 $\lambda_1^{(1)}$ 经有穷次使用代入和原始递归

运算而得到[1].

定理 1 给予我们第三种定义：一函数称为原始递归函数，如果它可以由函数 $0^{(0)}$，$\lambda_1^{(1)}$ 和选择自变元函数经有穷次使用正则代入和原始递归运算而得到[2].

推论 1　因为从有穷个函数出发，经重复使用代入或原始递归运算，最多可得到可数个[3]函数，故由定理 2 推知，原始递归函数集是可数集.

推论 2　由定理 2 也可推知，每个原始递归函数都是处处有定义的，这是因为，它是由处处有定义的函数借助于保持处处有定义性的运算而得到的.

2. 原始递归集合

我们已经建立了任意集合 M 的子集与处处有定义的 $M \to \{0,1\}$ 型函数之间的一一对应. 特别，对任意的 s，在集合 $\mathbf{N}^s$ 的子集与处处有定义的 $\mathbf{N}^s \to \{0,1\}$ 型函数之间存在着一一对应关系，我们将利用这一对应关系. 到现在为止，我们一直是把 $\mathbf{N}^\infty \to \mathbf{N}$ 型函数的某些类称为原始递归封闭类.

定义 3　一集合 M(位于某个 $\mathbf{N}^s$ 中的) 称为属于原始递归封闭的函数类 $\mathfrak{M}$，如果它的特征函数 χ_M 属于 $\mathfrak{M}$.

定义 4　集合 $M(\subseteq \mathbf{N}^s)$ 称为原始递归集合，如果

---

① 在彼特的书(1951) 中(中译本《递归函数论》第 25 页) 可找到原始递归函数的这种形式的定义.

② 这一定义接近于 S. C. 克林的书(1952) 中的定义(英文本 219 页)；S. C. 克林只考虑了自变元个数不为零的函数. 他称下述函数是原始递归函数，如果这函数可以由常函数、$\lambda_1^{(1)}$ 和选择自变元函数经有穷次使用正则代入和原始递归式而得到.

③ 通过添进虚假变元就能得到可数个(而不是有穷个).

它属于类 Π，亦即，如果它的特征函数是原始递归的.

附注　由定理 2 的推论 1 推知，有可数个原始递归集合(无论就位于每个 $\mathbf{N}^s$ 中者而言，或者就全体而言). 然而 $\mathbf{N}^s$ 中的子集的全体是不可数的，故可知存在着非原始递归集合.

定理 3　$\mathbf{N}^s$ 中属于原始递归封闭类 $\mathfrak{M}$ 的一切子集的全体是"集合体"①.

证明　设 $L \subseteq \mathbf{N}^s$ 且 $L \in \mathfrak{M}$. 函数$\overline{\mathrm{sg}} \in \Pi$，$\Pi \subseteq \mathfrak{M}$，因之$\overline{\mathrm{sg}} \in \mathfrak{M}$. 故，$\chi_{\mathbf{N}^s \setminus L} \in \mathfrak{M}$. 这表明 $\mathbf{N}^s \setminus L \in \mathfrak{M}$. 设 $L_1, L_2 \subseteq \mathbf{N}^s$，且 $L_1, L_2 \in \mathfrak{M}$. 函数 $\max^{(2)}$ 是原始递归的. 因之 $\max^{(2)} \in \mathfrak{M}$. $\chi_{L_1 \cup L_2} \in \mathfrak{M}$. 这表明 $L_1 \cup L_2 \in \mathfrak{M}$. 类似地，由函数 $\min^{(2)}$ 的原始递归性推知，$L_1 \cap L_2 \in \mathfrak{M}$.

推论 1　$\mathbf{N}^s$ 的一切原始递归子集的全体是集合体.

推论 2　如果 $L_1, L_2 \in \mathbf{N}^s$，且 $L_1, L_2 \in \mathfrak{M}$，则 $L_1 \setminus L_2 \in \mathfrak{M}$②.

$\mathbf{N}^3$ 和空集 $\wedge$ 都是原始递归集合.

$\mathbf{N}$ 中的任意有穷集是原始递归的. 特别，集合$\{a\}$，$\mathscr{E}\{x \mid x < a\}$ 是原始递归的. 这时，由定理3的推论1又可推出：集合 $\mathscr{E}\{x \mid x \leqslant a\}$，$\mathscr{E}\{x \mid x > a\}$，$\mathscr{E}\{x \mid x \geqslant a\}$ 是原始递归的. 故可推出集合 $\mathscr{E}\{\langle x, y\rangle \mid x = a\}$，$\mathscr{E}\{\langle x,$

① 某集合 M 的子集合系统称为集合体，如果这系统：1° 包含某一元素(这元素是 M 的子集)，则也包含这元素对整个集合 M 的余集；2° 包含某两个元素(它们是 M 的子集)，则亦包含它们的并和交.

② 我们用$\mathfrak{M}$来表示任意固定的原始递归封闭类.

$y\rangle \mid x=y\}$ 是原始递归的. 集合 $L=\mathscr{E}\{\langle x,y\rangle \mid x<y\}$ 是原始递归的,这是因为 $\chi_L(x,y)=\mathrm{sg}(y\dot{-}x)$,因之 χ_L 是原始递归的. $\mathscr{E}\{x\leqslant y\}=\mathscr{E}\{x<y\}\cup\mathscr{E}\{x=y\}$. 前已证明集合 $\mathscr{E}\{x<y\}$ 和 $\mathscr{E}\{x=y\}$ 是原始递归的. 故由定理 3 的推论 1,可推知 $\mathscr{E}\{x\leqslant y\}$ 是原始递归集合. $\mathscr{E}\{x>y\}=\mathbf{N}^2\setminus\mathscr{E}\{x\leqslant y\}$,因之 $\mathscr{E}\{x>y\}$ 是原始递归的. 最后,$\mathscr{E}\{x\geqslant y\}=\mathbf{N}^2\setminus\mathscr{E}\{x<y\}$. 这表明集合 $\mathscr{E}\{x\geqslant y\}$ 是原始递归的.

集合 $\mathscr{E}\{x<a\}$,$\mathscr{E}\{x\leqslant a\}$,$\mathscr{E}\{x>a\}$,$\mathscr{E}\{x\geqslant a\}$,$\mathscr{E}\{x=y\}$,$\mathscr{E}\{x<y\}$,$\mathscr{E}\{x\leqslant y\}$,$\mathscr{E}\{x>y\}$,$\mathscr{E}\{x\geqslant y\}$ 的原始递归性在以后是很有用的.

因此,任何 $\mathbf{N}^s$ 中的一切有穷集都是原始递归的.

定理 4　如果 $\mathbf{N}^{s-q}$ 中的集合 L_1 属于原始递归封闭类 $\mathfrak{M}$,则 $\mathbf{N}^s$ 中以 L_1 为底所形成的任何柱体也属于 $\mathfrak{M}$.

证明　设 L_2 是 $\mathbf{N}^s$ 中以 L_1 为底沿 $i_1,i_2,\cdots,i_q$ 号轴形成的柱体,设 $j_1,j_2,\cdots,j_{s-q}$ 是 $\mathbf{N}^s$ 中异于 $i_1,i_2,\cdots,i_q$ 的轴的号数($j_1<j_2<\cdots<j_{s-q}$). 这时 $\chi_{L_2}(x_1,x_2,\cdots,x_3)=\chi_{L_1}(x_{j_1},x_{j_2}\cdots x_{j_{s-q}}))$(图 1). $\chi_{L_1}\in\mathfrak{M}$. 因之 $\chi_{L_2}\in\mathfrak{M}$.

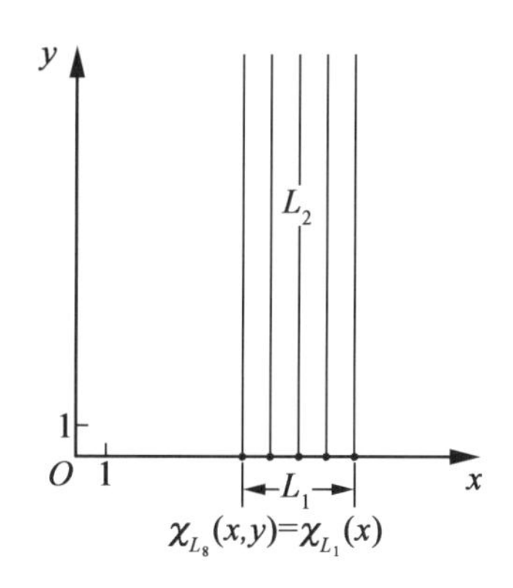

图 1

推论　以原始递归集合为底而形成的柱体也是原始递归的.

由此推论又可推知,例如,集合 $\mathscr{E}\{\langle x,y\rangle \mid x<a\}$,$\mathscr{E}\{\langle x,y\rangle \mid x\leqslant a\}$,$\mathscr{E}\{\langle x,y\rangle \mid x>a\}$ 和 $\mathscr{E}\{\langle x,y\rangle \mid x\geqslant a\}$ 都是原始递归的(图 2).

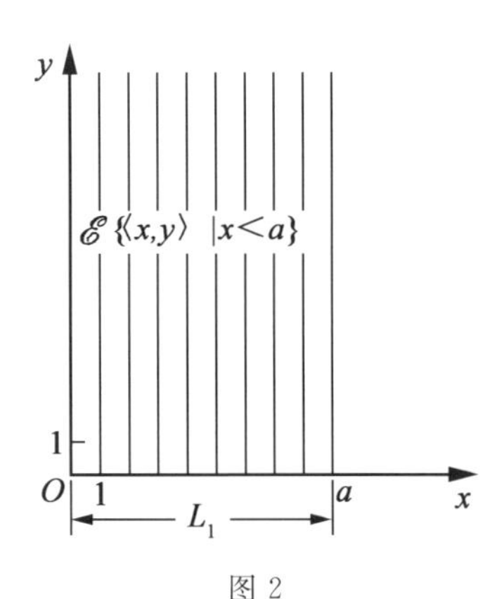

图 2

定理 5　如果集合 $L_1(\subseteq \mathbf{N}^s)$ 和 $L_2(\subseteq \mathbf{N}^t)$ 都属于原始递归封闭类 $\mathfrak{M}$,则它们的几何积 $L_1\times L_2(\subseteq \mathbf{N}^{s+t})$ 也属于 $\mathfrak{M}$.

证明　$L_1\times L_2=(L_1\times \mathbf{N}^t)\cap(\mathbf{N}^s\times L_2)$(图 3). $L_1\times \mathbf{N}^t$ 是以 L_1 为底沿后 t 个轴形成的 $\mathbf{N}^{s+t}$ 中的柱体. 根据定理 4,$(L_1\times \mathbf{N}^t)\in\mathfrak{M}$. 根据类似的理由,$(\mathbf{N}^s\times L_2)\in\mathfrak{M}$. 由定理 3,$L_1\times L_2\in\mathfrak{M}$.

推论　原始递归集合的几何积也是原始递归的.

$\mathbf{N}^s\to\mathbf{N}$ 型函数的图形是 $\mathbf{N}^{s+1}$ 中的集合.

定理 6　如果 $\mathbf{N}^s\to\mathbf{N}$ 型函数 f 属于原始递归封闭类 $\mathfrak{M}$,则它的图形也属于这个类.

证明　图形 G_f 的特征函数 χ_{G_f} 由下面的等式给出

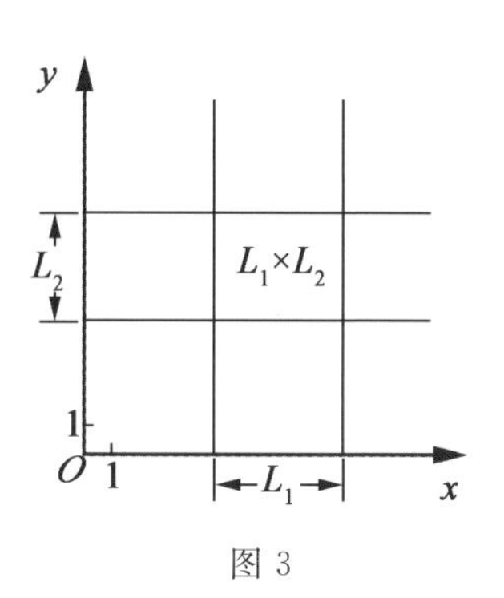

图 3

$$\chi_{G_f}(x_1,\cdots,x_s,y)=\overline{\mathrm{sg}}\mid y-f(x_1,\cdots,x_s)\mid$$

因之,函数 χ_{G_f} 可以通过在函数 $z=\overline{\mathrm{sg}}\mid x-y\mid$ 中代入函数 f 而得到. 函数 $z=\overline{\mathrm{sg}}(\mathrm{adif}(x,y))$ 是原始递归的. 又 $f\in\mathfrak{M}$,这说明 $\chi_{G_f}\in\mathfrak{M}$.

推论 1　原始递归函数的图形是原始递归集合.

附注　逆命题不成立. 但是,如果具有原始递归图形 G_f 的处处有定义的函数 f 被某个原始递归函数 g 所优超[①],则 f 是原始递归的,这可由例如等式

$$f(x_1,\cdots,x_s)=(\mu_{y\leqslant g(x_1,\cdots,x_s)} y)[\langle x_1,\cdots,x_s,y\rangle\in G_f]$$

而推出(注意到后面的定理 14).

推论 2　设 r 元函数 $f_1,\cdots,f_s$ 实现 $\mathbf{N}^r$ 到 $\mathbf{N}^s(s>0)$ 中的部分映象,又设 $f_1,\cdots,f_s\in\mathfrak{M}$. 于是,这个部分映象的图形也属于 $\mathfrak{M}$.

由原始递归函数所实现的空间 $\mathbf{N}^r$ 到 $\mathbf{N}^s(s>0)$ 中

---

① 一处处有定义的 $\mathbf{N}^s\to\mathbf{N}$ 型函数 f 称作是被一同型函数 g 所优超,如果对于任何串 $\langle x_1,\cdots,x_s\rangle\in\mathbf{N}^s$,有不等式 $f(x_1,\cdots,x_s)\leqslant g(x_1,\cdots,x_s)$ 成立.

的映象称为原始递归映象.

推论 3　空间 $\mathbf{N}^r$ 到 $\mathbf{N}^s(s>0)$ 中的原始递归映象的图形是原始递归集合①.

设 f 为一 $\mathbf{N}^s\to\mathbf{N}$ 型函数. 集合 $\mathscr{E}\{\langle x_1,\cdots,x_s\rangle\in\mathbf{N}^s \mid f(x_1,\cdots,x_s)=y_0\}$ 称为函数 f 对于数 y_0 的水平集合.

定理 7　如果 $\mathbf{N}^s\to\mathbf{N}$ 型函数 f 属于原始递归封闭类 $\mathfrak{M}$,则它的所有水平集合也都属于 $\mathfrak{M}$.

证明　函数 f 对于数 y_0 的水平集合 L 的特征函数 χ_L 由等式 $\chi_L(x_1,\cdots,x_s)=\overline{\mathrm{sg}}\mid y_0-f(x_1,\cdots,x_s)\mid$ 给出,由此等式即可看出,χ_L 属于类 $\mathfrak{M}$,因之 L 也属于类 $\mathfrak{M}$.

推论 1　原始递归函数(对于任何数)的水平集合是原始递归的.

推论 2　集合 $L(\mathbf{N}^s$ 中) 属于原始递归封闭类 $\mathfrak{M}$ 的充要条件是:它是某个属于 $\mathfrak{M}$ 的 $\mathbf{N}^s\to\mathbf{N}$ 型函数(对于某个数) 的水平集合.

推论 3　一集合是原始递归集合的充要条件是:它是某个原始递归函数的水平集合.

以后,常常需要"分段地" 给出 $\mathbf{N}^s\to\mathbf{N}$ 型函数,即在定义域的不同区段上给出不同的函数.

设 $A_1,\cdots,A_n$ 是 $\mathbf{N}^s$ 中互不相交的集合,而 $f_1,\cdots,$

① 读者可以看出,我们总是先把我们的结果对属于任意原始递归封闭类的集合和函数予以表述,然后才对一个具体的类 Π 予以表述. 我们所以要采用这种一般性的叙述方法,是因为我们在以后还要研究一个具体的原始递归封闭类,并对这个类来应用这些一般的定理.

f_n 都是 $\mathbf{N}^s \to \mathbf{N}$ 型函数. 这时,下式

$$f(x_1,\cdots,x_s)=\begin{cases}f_1(x_1,\cdots,x_s),\text{如果}^{①}\langle x_1,\cdots,x_s\rangle\in A_1\\ \vdots\\ f_n(x_1,\cdots,x_s),\text{如果}\langle x_1,\cdots,x_s\rangle\in A_n\end{cases}\tag{1}$$

就定义了一个 $\mathbf{N}^s \to \mathbf{N}$ 型函数[②]. 如此地按式(1)所定义的函数,我们就称它是由集合 $A_1,\cdots,A_n$ 和函数 $f_1,\cdots,f_n$ 分段给出的.

如果 $\bigcup\limits_{i=1}^{n} A_i \neq \mathbf{N}^s$,则函数 f 显然不处处有定义. 也可能有这种情形,即对某个 $\langle x_1^0,\cdots,x_s^0\rangle \in A_i$,$f_i(x_1^0,\cdots,x_s^0)$ 无定义. 这时 $f(x_1^0,\cdots,x_s^0)$ 也就无定义.

附注　式子

$$f(x_1,\cdots,x_s)=g(x_1,\cdots,x_s)\quad(\text{若}\langle x_1,\cdots,x_s\rangle\in A)\tag{1′}$$

是式(1)的特殊情形. 它给出这样一个函数,其定义域是 A 中所有那些使 g 有定义的串的全体.

定理 8　设 $\mathbf{N}^s \to \mathbf{N}$ 型函数 f 由集合 $A_1,\cdots,A_n$ 和函数 $f_1,\cdots,f_n$ 分段给出,且 $\bigcup\limits_{i=1}^{n} A_i=\mathbf{N}^s$,又设一切集合 $A_1,\cdots,A_n$ 和函数 $f_1,\cdots,f_n$ 都属于原始递归封闭类 $\mathfrak{M}$,则函数 f 属于 $\mathfrak{M}$.

证明　由式(1)推知

$$f(x_1,\cdots,x_s)=\chi_{A_1}(x_1,\cdots,x_s)\cdot f_1(x_1,\cdots,x_s)+\cdots+$$

---

① "如果"二字在类似的图式里也常常省略掉.

② 所举出的图式默认了这种事实,即在不属于 $A_1,\cdots,A_n$ 中任何集合的串上,函数 f 无定义.

$$\chi_{A_n}(x_1,\cdots,x_s)\cdot f_n(x_1,\cdots,x_s) \qquad (2)$$

函数 $\mathrm{sum}^{(n)}$：$\mathrm{sum}(x_1,\cdots,x_n)=x_1+\cdots+x_n$ 是由函数 $\mathrm{sum}^{(2)}$ 多次代入 $\mathrm{sum}^{(2)}$ 中而得到的. 因之 $\mathrm{sum}^{(n)}\in Л$，从而更有 $\mathrm{sum}^{(n)}\in\mathfrak{M}$. 由(2) 推知 $f\in\mathfrak{M}$.

推论 如果 $\mathbf{N}^s\rightarrow\mathbf{N}$ 型函数 f 由原始递归集合 $A_1,\cdots,A_n$ 和原始递归函数 $f_1,\cdots,f_n$ 分段给出，且 $\bigcup_{i=1}^{n}A_i=\mathbf{N}^s$，则函数 f 是原始递归的.

定理 9 设 r 元函数 $f_1,\cdots,f_s$ 实现空间 $\mathbf{N}^r$ 到 $\mathbf{N}^s$ $(s>0)$ 中的部分映象 φ，又设函数 $f_1,\cdots,f_s$ 属于原始递归封闭类 $\mathfrak{M}$. 如果 L 是 $\mathbf{N}^s$ 中属于 $\mathfrak{M}$ 的集合，则它在映象 φ 之下的完全原象 $\varphi^{-1}(L)$ 也属于 $\mathfrak{M}$.

证明 容易看出

$$\chi_{\varphi^{-1}(L)}(x_1,\cdots,x_r)=\chi_L(f_1(x_1,\cdots,x_r),\cdots,\\ f_s(x_1,\cdots,x_r))$$

因之，$\chi_{\varphi^{-1}(L)}$ 属于 $\mathfrak{M}$，这表明原象 $\varphi^{-1}(L)$ 也属于 $\mathfrak{M}$.

推论 在原始递归映象($\mathbf{N}^r$ 到 $\mathbf{N}^s$ 中)之下，($\mathbf{N}^s$ 中的)原始递归集合的原象是原始递归的.

附注 1 在原始递归映象之下，原始递归集合的象可能不是原始递归的. 若构造出 $\mathbf{N}$ 到 $\mathbf{N}$ 中的原始递归映象的例子，在这映象之下，$\mathbf{N}$ 本身变成为非原始递归集合.

$\mathbf{N}^r$ 与 $\mathbf{N}^s$ 之间的一一对应称为原始递归的，如果由它所给出的一对映象($\mathbf{N}^r$ 到 $\mathbf{N}^s$ 上的和 $\mathbf{N}^s$ 到 $\mathbf{N}^r$ 上的)都是原始递归的.

附注 2 对任意的 r 和 s，在 $\mathbf{N}^r$ 和 $\mathbf{N}^s$ 之间可能有这样的一一对应，它在一个方向上给出原始递归映象，而在另一个方向上则不给出原始递归映象.

附注 3　我们将常常把定理 9 的推论应用到原始递归一一对应上去. 对于 $\mathbf{N}^r$ 与 $\mathbf{N}^s$ 之间的原始递归对应的情形,由它显然可以推知,如果 L 是 $\mathbf{N}^r(\mathbf{N}^s)$ 中的原始递归集合,根据所考察的原始递归对应,$\mathbf{N}^s(\mathbf{N}^r)$ 中与 L 相应的集合也是原始递归的. 简言之,在原始递归一一对应之下,原始递归集合的象和原象都是原始递归的.

3. 原始递归谓词

我们会建立了:集合 M 的子集合、处处有定义的 $M\rightarrow\{0,1\}$ 型函数与 M 上的谓词之间的"三联"一一对应关系. 在那里会约定用 $\overline{P}$($\overline{P}$ 是谓词 P 的真值集合)来表示 M 的与(M 上的)谓词 P 相对应的子集,而该子集的特征函数 $\chi_{\overline{P}}$ 则称为此谓词的特征函数,并记作 χ_P.

首先(第 1 段),我们把($\mathbf{N}^\infty\rightarrow\mathbf{N}$ 型)函数的某些集合叫作原始递归封闭类. 然后(第 2 段),再将(每个 $\mathbf{N}^s$ 中的)所有如下的集合去与每个原始递归封闭类 $\mathfrak{M}$ 结合起来:这些集合的特征函数属于这个类 $\mathfrak{M}$. 完全类似地,我们引进下述的定义.

定义 5　我们称($\mathbf{N}^s$ 上的)谓词 P 属于原始递归封闭函数类 $\mathfrak{M}$,如果它的特征函数(或者说它的真值集合也一样)属于 $\mathfrak{M}$.

定义 6　($\mathbf{N}^s$ 上的)谓词 P 称为原始递归的,如果它属于类 Π,亦即,如果它的特征函数(或者说它的真值集合也一样)是原始递归的[①].

---

① 按 S. C. 克林(1952):一谓词称为原始递归的,如果它的表示函数(即它的真值集合的表示函数)是原始递归的;显然,这一定义与我们的定义是等价的.

由第 2 段中已证过的事实,即可推出下列谓词的原始递归性:

"$x=a$","$x<a$","$x\leqslant a$","$x>a$","$x\geqslant a$","$x=y$","$x<y$","$x\leqslant y$","$x>y$","$x\geqslant y$".

定理 10　如果谓词 P 和函数 $f_1,\cdots,f_s$ 属于原始递归封闭类 $\mathfrak{M}$,则在谓词 P 中代入函数 $f_1,\cdots,f_s$ 所得到的任何谓词也属于 $\mathfrak{M}$.

证明　在谓词 P 中代入函数 $f_1,\cdots,f_s$ 的结果的特征函数,是在谓词 P 的特征函数中代入函数 $f_1,\cdots,f_s$ 的结果,定理由此得证.

推论　把原始递归函数代入原始递归谓词而得到的谓词是原始递归的.

定理 11　1)如果谓词 P 属于原始递归封闭类 $\mathfrak{M}$,则谓词 $\overline{P}$ 也属于 $\mathfrak{M}$.

2)如果谓词 P 和 Q 属于递归封闭类 $\mathfrak{M}$,则谓词 P 和 Q 的合取、析取或蕴涵也属于 $\mathfrak{M}$.

证明　1)由定理 3 显然.

2)略.

推论　命题演算的运算(否定、析取、合取、蕴涵)保持谓词的原始递归性.

附加非受囿量词的运算不具有这样的性质:附加量词之后所得到的谓词,仍在原来的谓词所属的同一原始递归封闭类之中. 反之,受囿量词则具有这种性质. 为证此,我们引进两个辅助运算和两个引理.

设 f 是 $\mathbf{N}^s\to\mathbf{N}$ 型函数. 算子 $\sum^{(i)}$ 使函数 f 变成如下的函数 $g=\sum^{(i)}f$(仍是 $\mathbf{N}^s\to\mathbf{N}$ 型的)

$$g(x_1,\cdots,x_{i-1},x_i,x_{i+1},\cdots,x_s)$$

$$= \sum_{j=0}^{x_i} f(x_1, \cdots, x_{i-1}, j, x_{i+1}, \cdots, x_s)$$

类似地，算子 $\prod^{(i)}$ 把函数 f 变成如下的函数 $h = \prod^{(i)} f$（$\mathbf{N}^s \to \mathbf{N}$ 型的）

$$h(x_1, \cdots, x_{i-1}, x_i, x_{i+1}, \cdots, x_s)$$
$$= \prod_{j=0}^{x_i} f(x_1, \cdots, x_{i-1}, j, x_{i+1}, \cdots, x_s)$$

引理 1　如果函数 f 属于原始递归封闭类 $\mathfrak{M}$，则函数 $g = \sum^{(i)} f$ 也属于 $\mathfrak{M}$.

证明　通过按第 i 个变元的原始递归运算，可得函数 g

$$\begin{cases} g(x_1, \cdots, x_{i-1}, 0, x_{i+1}, \cdots, x_s) \\ \qquad = f(x_1, \cdots, x_{i-1}, 0, x_{i+1}, \cdots, x_s) \\ g(x_1, \cdots, x_{i-1}, x_i + 1, x_{i+1}, \cdots, x_s) \\ \qquad = g(x_1, \cdots, x_{i-1}, x_i, x_{i+1}, \cdots, x_s) + \\ \qquad\quad f(x_1, \cdots, x_{i-1}, x_i + 1, x_{i+1}, \cdots, x_s) \end{cases}$$

$f \in \mathfrak{M}$，$\mathrm{sum} \in \Pi$，故 $\mathrm{sum} \in \mathfrak{M}$. 因之 $g \in \mathfrak{M}$.

推论　算子 $\sum^{(i)}$ 保持函数的原始递归性.

引理 2　如果函数 f 属于原始递归封闭类 $\mathfrak{M}$，则函数 $h = \prod^{(i)} f$ 也属于 $\mathfrak{M}$.

证明　与引理 1 的证明类似，这留给读者去做.

推论　算子 $\prod^{(i)}$ 保持函数的原始递归性.

定理 12　设 P 是 $\mathbf{N}^s$ 上属于原始递归封闭类 $\mathfrak{M}$ 的谓词，而 Q 是 $\mathbf{N}^s$ 上由下列等式所定义的谓词

$$Q(x_1, \cdots, x_{i-1}, x_{i+1}, \cdots, x_s, z)$$
$$= (\exists_{x_i \leqslant z} x_i) P(x_1, \cdots, x_{i-1}, x_i, x_{i+1}, \cdots, x_s)$$

则 Q 也属于 $\mathfrak{M}$.

证明　我们指出,谓词 Q 的特征函数 χ_Q 由应用算子 $\sum^{(i)}$ 于谓词 P 的特征函数 χ_P(和代入)而得到. 即,容易看出

$$\chi_Q(x_1,\cdots,x_{i-1},x_{i+1},\cdots,x_s,z)$$
$$=\mathrm{sg}\Big(\sum_{j=0}^{j=z}\chi_P(x_1,\cdots,x_{i-1},j,x_{i+1},\cdots,x_s)\Big)\quad(1)$$

如果 $Q(x_1^0,\cdots,x_{i-1}^0,x_{i+1}^0,\cdots,x_s^0,z^0)=\boldsymbol{u}$,亦即存在 t^0,使得 $0\leqslant t^0\leqslant z^0$ 且 $P(x_1^0,\cdots,x_{i-1}^0,t^0,x_{i+1}^0,\cdots,x_s^0)=\boldsymbol{u}$,则 $\chi_P(x_1^0,\cdots,x_{i-1}^0,t^0,x_{i+1}^0,\cdots,x_s^0)=1$. 这时

$$\sum_{j=0}^{j=z^0}\chi_P(x_1^0,\cdots,x_{i-1}^0,j,x_{i+1}^0,\cdots,x_s^0)>0$$

因之

$$\mathrm{sg}\Big(\sum_{j=0}^{j=z^0}\chi_P(x_1^0,\cdots,x_{i-1}^0,j,x_{i+1}^0,\cdots,x_s^0)\Big)=1$$

如果 $Q(x_1^0,\cdots,x_{i-1}^0,x_{i+1}^0,\cdots,x_s^0,z^0)=\text{Л}$,亦即对于一切 $t:0\leqslant t\leqslant z$,$P(x_1^0,\cdots,x_{i-1}^0,t,x_{i+1}^0,\cdots,x_s^0)$ 的值都是 Л,则对于一切 $t:0\leqslant t\leqslant z$,$\chi_P(x_1^0,\cdots,x_{i-1}^0,t,x_{i+1}^0,\cdots,x_s^0)=0$. 这时,$\sum_{j=0}^{j=z^0}\chi_P(x_1^0,\cdots,x_{i-1}^0,j,x_{i+1}^0,\cdots,x_s^0)=0$ 因之

$$\mathrm{sg}\Big(\sum_{j=0}^{j=z^0}\chi_P(x_1^0,\cdots,x_{i-1}^0,j,x_{i+1}^0,\cdots,x_s^0)\Big)=0$$

等式(1)得证. 又 $P\in\mathfrak{M}$,即:$\chi_P\in\mathfrak{M}$. 根据引理 1,$\sum^{(i)}\chi_P\in\mathfrak{M}$. 又 $\mathrm{sg}\in\text{Л}$,故更有 $\mathrm{sg}\in\mathfrak{M}$. 由(1),$\chi_Q\in\mathfrak{M}$.

推论　附加非严格受囿的存在量词保持谓词的

原始递归性.

附注　自然,对严格受囿存在量词,类似的定理和推论也成立.

定理 13　设 P 是 $\mathbf{N}^s$ 上属于原始递归封闭类 $\mathfrak{M}$ 的谓词,而 R 是由下列等式所定义的 $\mathbf{N}^s$ 上的谓词

$$R(x_1,\cdots,x_{i-1},x_{i+1},\cdots,x_s,z) =(\underset{x_i\leqslant z}{\forall} x_i)P(x_1,\cdots,x_{i-1},x_i,x_{i+1},\cdots,x_s)$$

则 R 也属于 $\mathfrak{M}$.

证明　引用引理 2,则本定理的证明即完全类似于前一定理的证明.但若直接引用公式

$$(\underset{x_i\leqslant z}{\forall} x_i)P(x_1,\cdots,x_{i-1},x_i,x_{i+1},\cdots,x_s) =\overline{(\underset{x_i\leqslant z}{\exists} x_i)}\ \overline{P}(x_1,\cdots,x_{i-1},x_i,x_{i+1},\cdots,x_s)$$

和定理 11,12,则证明更为简单.

推论　附加非严格受囿全称量词保持谓词的原始递归性.

附注　对于严格受囿全称量词,类似的定理和推论也成立.

定理 14　如果 $\mathbf{N}^s$ 上的谓词 P 属于原始递归封闭类 $\mathfrak{M}$,则由下列等式所定义的($\mathbf{N}^s\to\mathbf{N}$ 型的)函数 f_1,f_2,f_3 也属于 $\mathfrak{M}$

$$f_1(x_1,\cdots,x_{i-1},x_{i+1},\cdots,x_s,z) =(\underset{x_i\leqslant z}{\mu} x_i)P(x_1,\cdots,x_{i-1},x_i,x_{i+1},\cdots,x_s) \tag{2}$$

$$f_2(x_1,\cdots,x_{i-1},x_{i+1},\cdots,x_s,z) =(\underset{x_i\leqslant z}{\mu'} x_i)P(x_1,\cdots,x_{i-1},x_i,x_{i+1},\cdots,x_s) \tag{3}$$

$$f_3(x_1,\cdots,x_{i-1},x_{i+1},\cdots,x_s,z) =(\underset{x_i\leqslant z}{\nu} x_i)P(x_1,\cdots,x_{i-1},x_i,x_{i+1},\cdots,x_s) \tag{4}$$

证明 1) 兹证明

$$f_1(x_1,\cdots,x_{i-1},x_{i+1},\cdots,x_s,z) = \sum_{t=0}^{z}\prod_{j=0}^{t}\overline{\mathrm{sg}}\,\chi_P(x_1,\cdots,x_{i-1},j,x_{i+1},\cdots,x_s) \tag{5}$$

首先,设存在 x_i^0,使得 $0 \leqslant x_i^0 \leqslant z$,$P(x_1,\cdots,x_{i-1},x_i^0,x_{i+1},\cdots,x_s)=\boldsymbol{u}$,但对一切 t:$0 \leqslant t < x_i^0$,$P(x_1,\cdots,x_{i-1},t,x_{i+1},\cdots,x_s)$ 之值为 $\mathit{\Lambda}$. 这时 $f_1(x_1,\cdots,x_{i-1},x_{i+1},\cdots,x_s,z)=x_i^0$. 我们来计算一下,在这种情形下,等式(5)的右端等于什么. 如果 $x_i^0>0$,则对于任何 j:$0 \leqslant j < x_i^0$,$\chi_P(x_1,\cdots,x_{i-1},j,x_{i+1},\cdots,x_s)$ 的值是 0,且

$$\overline{\mathrm{sg}}\,\chi_P(x_1,\cdots,x_{i-1},j,x_{i+1},\cdots,x_s)=1$$

这时,对于任何 t:$0 \leqslant t < x_i^0$,$\prod_{j=0}^{t}\overline{\mathrm{sg}}\,\chi_P(x_1,\cdots,x_{i-1},j,x_{i+1},\cdots,x_s)=1$. 故 $\sum_{t=0}^{x_i^0-1}\prod_{j=0}^{t}\overline{\mathrm{sg}}\,\chi_P(x_1,\cdots,x_{i-1},j,x_{i+1},\cdots,x_s)=x_i^0$(因为在区间$[0,x_i^0-1]$中恰有 x_i^0 个被加项). 因为

$$P(x_1,\cdots,x_{i-1},x_i^0,x_{i+1},\cdots,x_s)=\mathit{\Lambda}$$

这表明 $\chi_P(x_1,\cdots,x_{i-1},x_i^0,x_{i+1},\cdots,x_s)=1$,所以,对于任何 t:$t \geqslant x_i^0$,$\prod_{j=0}^{t}\overline{\mathrm{sg}}\,\chi_P(x_1,\cdots,x_{i-1},j,x_{i+1},\cdots,x_s)$ 之值为 0. 这意味着 $\sum_{t=0}^{z}\prod_{j=0}^{t}\overline{\mathrm{sg}}\,\chi_P(x_1,\cdots,x_{i-1},j,x_{i+1},\cdots,x_s)=\sum_{t=0}^{x_i^0-1}\prod_{j=0}^{t}\overline{\mathrm{sg}}\,\chi_P(x_1,\cdots,x_{i-1},j,x_{i+1},\cdots,x_s)=x_i^0$. 如果 $x_i^0=0$,则容易看出,等式(5)的右端也

等于 0，即仍等于 x_i^0. 总之，当存在着使

$$P(x_1,\cdots,x_{i-1},x_i,x_{i+1},\cdots,x_s)=\boldsymbol{u}$$

的不超过 z 的最小的 x_i 时，等式(5) 成立. 而如果不存在这样的 x_i，亦即对一切 $j:0\leqslant j\leqslant z$，$P(x_1,\cdots,x_{i-1},j,x_{i+1},\cdots,x_s)$ 的值都等于 Λ，$(\mu_{x_i\leqslant z} x_i)P(x_1,\cdots,x_{i-1},x_i,x_{i+1},\cdots,x_s)$ 等于 $z+1$，而在这种情形下，等式(5) 的右端也刚好就等于 $z+1$①. 至此，等式(5) 得证. 由(5)，函数$\overline{\mathrm{sg}}$ 的原始递归性和引理 1,2，即可推知 $f_1\in\mathfrak{M}$.

2) 谓词“$x>y$”的原始递归性，定理 11,13 和已证明的本定理的第一点，即知 $f_2\in\mathfrak{M}$.

3) 容易看出，$f_3(x_1,\cdots,x_{i-1},x_{i+1},\cdots,x_s,z)=\sum\limits_{j=0}^{j=z}\chi_P(x_1,\cdots,x_{i-1},j,x_{i+1},\cdots,x_s)$. 因之，$f_3=\sum^{(i)}\chi_P$. 由引理 1，推知 $f_3\in\mathfrak{M}$.

推论　应用非严格受囿的“最小数”“最大数”和“算个数”算子于原始递归谓词，则得出原始递归函数.

附注　对严格受囿的“最小数”“最大数”和“算个数”算子，类似的定理和推论当然也成立.

定理 15　设 $f_1,\cdots,f_n$ 是($\mathbf{N}^s\to\mathbf{N}$ 型的) 属于原始递归封闭类 $\mathfrak{M}$ 的函数，$P_1,\cdots,P_n$ 是属于原始递归封

---

① 自然，为了使等式(5) 在一切情形下都成立，我们在定义表达式$(\mu_{x_i\leqslant z} x_i)P(x_1,\cdots,x_{i-1},x_i,x_{i+1},\cdots,x_s)$，关于严格受囿的“最小数”“最大数”和“算个数”算子之定义，也可以做出类似的注释.

闭类 $\mathfrak{M}$ 的($\mathbf{N}^s$ 上的)谓词,又 $\overline{P}_i \cap \overline{P}_j = \wedge\ (i \neq j)$ 且 $\bigcup_{i=1}^{u} \overline{P}_i = \mathbf{N}^s$. 则由式

$$f(x_1, \cdots, x_s) = \begin{cases} f_1(x_1, \cdots, x_s), \text{如果 } P_1(x_1, \cdots, x_s) = \boldsymbol{u} \\ \vdots \\ f_n(x_1, \cdots, x_s), \text{如果 } P_n(x_1, \cdots, x_s) = \boldsymbol{u} \end{cases} \tag{6}$$

所定义的函数 f 也属于 $\mathfrak{M}$.

由式(6)所定义的函数 f,其中 $\overline{P}_i \cap \overline{P}_j = \wedge\ (i \neq j)$,称为由谓词 $P_1, \cdots, P_n$ 和函数 $f_1, \cdots, f_n$ 分段给出的函数.

我们指出,式(6)也可以写成这样

$$f(x_1, \cdots, x_s) = \begin{cases} f_1(x_1, \cdots, x_s) & (P_1(x_1, \cdots, x_s)) \\ \vdots & \\ f_n(x_1, \cdots, x_s) & (P_n(x_1, \cdots, x_s)) \end{cases}$$

推论 如果函数 f 由原始递归谓词 $P_1, \cdots, P_n$ 和原始递归函数 $f_1, \cdots, f_n$ 分段给出,且 $\bigcup_{i=1}^{n} \overline{P}_i = \mathbf{N}^s$,则函数 f 是原始递归的.

4. 原始递归函数(续完)

现在我们继续进行(在第1段所开始的)对类 $Л$ 的研究. 我们即可看到,在证明了定理 10 ~ 15 之后,我们已得到多么强有力的工具.

首先来履行我们在第 1 段中所给出的诺言:证明函数 div:$\text{div}(x, y) = \left[\dfrac{x}{y}\right]$ 的原始递归性. 容易看出

$$\left[\frac{x}{y}\right] = (\mu' t)[ty \leqslant x] \tag{1}$$

谓词"$ty \leqslant x$"通过在谓词"$y \leqslant x$"中代入函数 prod 而

得出,因之,根据定理 10,它是原始递归的. 然而,定理 14 是对受囿算子 μ' 而证的. 因此,虽然等式(1) 无疑是成立的,但我们还需找出 t 的上界. 显然,相应的 t,例如说,不会超过 x. 因此,与等式(1) 成立的同时,我们还有等式

$$\left[\frac{x}{y}\right]=(\mu_{t\leqslant x}'t)[ty\leqslant x] \tag{1'}$$

等式(1′) 的右端在 $y=0$ 的情形也有意义,即

$$(\mu_{t\leqslant x}'t)[t0\leqslant x]=x$$

根据等式(1′) 来补充定义函数 div. 我们将认为

$$\operatorname{div}(x,y)=\begin{cases}\left[\dfrac{x}{y}\right] & (y\neq 0)\\ x & (y=0)\end{cases}$$

现在就借助于(1′) 来证明如此定义之函数 div 的原始递归性 —— 详细地证明函数

$$\operatorname{div}(x,y)=(\mu_{t\leqslant x}'t)[ty\leqslant x]$$

的原始递归性. 我们曾经指出过,谓词"$ty\leqslant x$"是原始递归的. 根据定理 14,函数 $g(x,y,z)=(\mu_{t\leqslant z}'t)[ty\leqslant x]$ 也是原始递归的. 但函数 div 是由函数 g 通过等置变元而得出的(因此,也可以说是通过代入任意原始递归函数而得出的).

在算术教科书中讲过,每一个大于 1 的数都可以唯一地(相差在于因子的次序) 分解成质因子的乘积. 按递增的顺序,我们把第 n 个质数记作 p_n. 同时,对我们来说,还是从 0 开始编号更方便. 这样,$p_0=2$,$p_1=3$,$p_2=5$,$p_3=7$,$p_4=11$,等等. 对每个大于 1 的数,都可以指出唯一的标准分解式

$$a=p_0^{\alpha_0}p_1^{\alpha_1}\cdots p_{n(a)}^{\alpha_{n(a)}} \tag{2}$$

其中，对于 $i=0,1,2,\cdots,n(a)-1$，$\alpha_i \geqslant 0$，且 $\alpha_{n(a)} > 0$（$2=2^1$，$3=2^0\cdot3^1$，$4=2^2$，$5=2^0\cdot3^0\cdot5^1$，$6=2^1\cdot3^1$，$7=2^0\cdot3^0\cdot5^0\cdot7^1$，$8=2^3$，$9=2^0\cdot3^2$，$10=2^1\cdot3^0\cdot5^1$，等等）．我们把数 α_i（当 $i\leqslant n(a)$ 时）和数 0（当 $i>n(a)$）时称为数 a 的第 i 个指数，并记作 $\exp_i(a)$．我们将证明，使数 $\exp_i(a)$ 与数 a 和 i 相对应的函数 $\exp^{(2)}$

$$\exp(a,i)=\exp_i(a) \tag{3}$$

是原始递归的．

不过，如果把函数 exp 就看成是由等式(3)所给出的函数，则这样的函数 exp 还不是原始递归的，因为它甚至不是处处有定义的．在 $a=0$ 和 $a=1$ 时，数 $\exp_i(a)$ 无定义，从而函数 exp 也无定义．在这两种情形下，那就看怎样更合适，我们就怎样补充定义函数 exp（参看下面的(5)，(6)），只要使这样定义出来的函数将是原始递归的．关于函数 exp 的原始递归性的断言，应当看作是把它补充定义为原始递归函数的可能性的断言．上面在证明函数 div 的原始递归性时，我们会碰到过与此类似的情况．

为了证明函数 exp 的原始递归性，首先需要证明谓词 Div：$\mathrm{Div}(x,y)=$（y 被 x 整除）、谓词 Prim：$\mathrm{Prim}(n)=$（n 是质数）、函数 $\mathrm{prim}^{(1)}$：$\mathrm{prim}(n)=p_n$ 的原始递归性．我们来证谓词 Div 的原始递归性

$$\mathrm{Div}(x,y)=(\exists t)[xt=y] \tag{4}$$

等式(4)还不能满足我们的要求．我们所需要的量词是受囿量词．我们指出，如果 $(\exists t)[xt=y]$，则 $(\underset{t\leqslant y}{\exists} t)[xt=y]$．因之

$$\mathrm{Div}(x,y)=(\underset{t\leqslant y}{\exists} t)[xt=y] \tag{4'}$$

等式(4′)表明,谓词 Div 可通过在谓词“$x=y$”中代入函数 prod,并在代入的结果上附加受囿存在量词然后再作代入(即等置变元)而得出.由定理10,12推知,谓词 Div 是原始递归的

$$\mathrm{Prim}(n)=$$

$$(n>1)\&(\forall_{x\leqslant n} x)[(x=1)\vee(x=n)\vee\overline{\mathrm{Div}}(x,n)]$$

由定理10,11,13和谓词“$x=a$”“$x>a$”以及 Div 的原始递归性,可推知谓词 Prim 是原始递归的.

现在来证明函数 prim:$\mathrm{prim}(n)=p_n$ 的原始递归性.显然,$p_{n+1}=(\mu y)[(y>p_n)\&\mathrm{Prim}(y)]$.和以前一样,对 y 需加以限制.容易看出,$p_{n+1}\leqslant p_n!+1$.因之

$$p_{n+1}=(\mu_{y\leqslant p_n!+1} y)[(y>p_n)\&\mathrm{Prim}(y)]$$

最后,由函数 $2^{(0)}$ 和 $f^{(2)}$:$f(u,v)=(\mu_{y\leqslant v!+1} y)[(y>v)\&\mathrm{Prim}(y)]$(**u** 是虚假变元),按原始递归式

$$\begin{cases}p_0=2\\ p_{n+1}=(\mu_{y\leqslant p_n!+1} y)[(y>p_n)\&\mathrm{Prim}(y)]\end{cases}$$

可得出函数 prim.我们来证明函数 f 的原始递归性.谓词“$(y>v)\&\mathrm{Prim}(y)$”是原始递归的.按定理14,函数 $g^{(2)}$

$$g(v,z)=(\mu_{y\leqslant z} y)[(y>v)\&\mathrm{Prim}(y)]$$

是原始递归的.而函数 f 是通过在函数 g 中代入原始递归函数 $w=v!+1$(代 z)而得到的.

最后,我们来证明函数 exp 的原始递归性.由数 $\exp_i(a)$ 的定义推知

$$\exp_i(a)=(\mu' y)\mathrm{Div}(p_i^y,a) \tag{5}$$

显然 $\exp_i(a)\leqslant a$,因之

$$\exp_i(a)=(\mu'_{y\leqslant a} y)\mathrm{Div}(p_i^y,a) \tag{5'}$$

在 $a=0$ 和 $a=1$ 时,(对任何 i) 等式($5'$) 的右端等于 0. 我们就补充定义函数 exp

$$\exp(a,i)=\begin{cases}\exp_i(a) & (a>1)\\ 0 & (a\leqslant 1)\end{cases} \tag{6}$$

由等式($5'$)(6),并由谓词 Div 和函数 prim 及 $0^{(2)}$ 的原始递归性,再由定理 10,定理 14 以及定理 15 后面的推论,即可推知如此补充定义之函数 exp 是原始递归的.

我们还要证明一系列关于原始递归集合和原始递归函数的断言.

我们约定,称函数 f 生成集合 L,如果 L 是函数 f 之值的集合. 如果在整个自然数列上定义的函数 f 生成集合 L,我们也称函数 f 数遍(或枚举) 了集合 L,并称 f 是集合 L 的枚举函数. 对自然数的无穷集合 L,我们还要引进正向枚举函数的概念. 如果 f 是递增函数,亦即,如果对于任何 k,值 $f(k)$ 等于集合 L 中的第 $k+1$ 个数(再按照大小作自然排列的意义下),则称枚举函数 f 是自然数的无穷集合 L 的正向枚举函数.

定理 16　如果函数 f 是集合 L 的正向枚举函数,且 f 属于原始递归封闭类 $\mathfrak{M}$,则集合 L 也属于 $\mathfrak{M}$.

证明　若

$$(y\in L)=(\exists x)[y=f(x)] \tag{7}$$

等式(7) 只用到 f 是 L 的枚举函数. 既然 f 是 L 的正向枚举函数,则相应的 x 不超过 y

$$(y\in L)=(\exists_{x\leqslant y} x)[y=f(x)] \tag{7'}$$

由定理 6,12,10 推知,谓词"$y\in L$"属于 $\mathfrak{M}$,因之集合 L 也属于 $\mathfrak{M}$.

推论　如果原始递归函数 f 是某个集合 L 的正向枚举函数,则集合 L 也是原始递归的.

附注　逆命题不成立. 我们可以构造出这样的(无穷)原始递归集合的例子,其正向枚举函数并不是原始递归函数.

设 L 是 $\mathbf{N}^{s+1}(s \geqslant 1)$ 中的集合. 如果串 $\langle x_1, \cdots, x_s, y\rangle \in L$,但对任何 $z: z < y$,都有 $\langle x_1, \cdots, x_s, z\rangle \notin L$,则称串 $\langle x_1, \cdots, x_s, y\rangle$ 是集合 L 的下界点[①]. 特别,如果 L 是 $\mathbf{N}^2$ 中的集合,则所谓集合 L 的下界点就是指这样的点 $\langle x, y\rangle$,它使 $\langle x, y\rangle \in L$,但对一切 $z: z < y$,都有 $\langle x, z\rangle \notin L$.

定理 17　设 L 是 $\mathbf{N}^2$ 中属于原始递归封闭类 $\mathfrak{M}$ 的集合,则它的下界点的集合 L_H 也属于 $\mathfrak{M}$.

证明　我们用 P 表示谓词"$\langle x, y\rangle \in L$",用 P_H 表示谓词"$\langle x, y\rangle \in L_H$". 这时

$$P_H(x, y) = P(x, y) \,\&\, (\underset{z<y}{\forall z})\, \overline{P}(x, z) \qquad (8)$$

$P \in \mathfrak{M}$. 由定理 13 的附注和定理 11 推知,谓词 P_H 属于 $\mathfrak{M}$,因之集合 L_H 也属于 $\mathfrak{M}$.

推论　($\mathbf{N}^2$ 中)原始递归集合的下界点的集合是原始递归的.

附注　对于 $\mathbf{N}^s(s > 2)$ 中的集合,定理 17 及其推论也都成立.

定理 18　如果 f_1 是原始递归的广延函数,则有($\mathbf{N} \to \mathbf{N}$ 型的)原始递归函数 f_2,使得 f_1, f_2 实现 $\mathbf{N}$ 到 $\mathbf{N}^2$ 上的一一映象.

证明　我们按照任意的广延函数 f_1 构造了($\mathbf{N} \to \mathbf{N}$ 型的)函数 f_2,使得函数 f_1, f_2 实现 $\mathbf{N}$ 到 $\mathbf{N}^2$ 上的一

---

① 更确切地,则称为沿第 $(s+1)$ 号轴的下界点.

一映象.利用"算个数"算子,可以把函数 f_2 的定义写成下面的形式

$$f_2(t)=(\underset{p<t}{v}p)[f_1(p)=f_1(t)] \tag{9}$$

谓词"$x=y$"是原始递归的.如果函数 f_1 是原始递归的,则根据定理 10,14,由函数 f_1 用等式(9)所定义的函数 f_2 也是原始递归的.

5. **N 与 $\mathbf{N}^s$ 之间的原始递归对应**

定理 19　对任何正数 s,都存在着 **N** 与 $\mathbf{N}^s$ 之间的原始递归一一对应 $\varkappa^{[s]}$.

附注　也存在这样的 **N** 到 $\mathbf{N}^s$ 上的一一原始递归映象,它的逆映象不是原始递归的;也还存在着其逆映象不是原始递归映象的 $\mathbf{N}^s$ 到 **N** 上的一一原始递归映象.

根据原始递归一一对应的定义,为了证明定理 19,只要构造出满足下述要求的 $\mathbf{N}\rightarrow\mathbf{N}$ 型的原始递归函数 $\varkappa_1^{[s]},\cdots,\varkappa_s^{[s]}$ 和 $\mathbf{N}^s\rightarrow\mathbf{N}$ 型的原始递归函数 $\varkappa_0^{[s]}$ 就够了,即对一切 $t\in\mathbf{N}$ 和一切 $\langle x_1,\cdots,x_s\rangle\in\mathbf{N}^s$,有等式

$$\varkappa_i^{[s]}(\varkappa_0^{[s]}(x_1,\cdots,x_s))=x_i \quad (i=1,2,\cdots,s) \tag{1}$$

$$\varkappa_0^{[s]}(\varkappa_1^{[s]}(t),\cdots,\varkappa_s^{[s]}(t))=t \tag{2}$$

成立.

证明　我们将用归纳法来构造所要求的对应.

1) 先单独考察 $s=1$ 的情形.显然可构造出 **N** 与 **N** 之间的原始递归对应 $\varkappa^{[s]}$. $\varkappa_1^{[1]}=\varkappa_0^{[1]}=I_1^{(1)}$,$\varkappa_1^{[1]}(t)=t$,$\varkappa_0^{[1]}=x$.

2) 现在,作为归纳定义的基始,我们来构造 **N** 与 $\mathbf{N}^2$ 之间的原始递归对应 $\varkappa^{[2]}$.上面已经说过,为此只要构造出满足下述要求的 $\mathbf{N}\rightarrow\mathbf{N}$ 型的原始递归函数 $\varkappa_1^{[2]},\varkappa_2^{[2]}$ 和 $\mathbf{N}^2\rightarrow\mathbf{N}$ 型的原始递归函数 $\varkappa_0^{[2]}$ 就够了,即

对一切 $t \in \mathbf{N}$ 和一切 $\langle x_1, x_2 \rangle \in \mathbf{N}^2$，有等式

$$\kappa_i^{[2]}(\kappa_0^{[2]}(x_1, x_2)) = x_i \quad (i=1,2) \tag{3}$$

$$\kappa_0^{[2]}(\kappa_1^{[2]}(t), \kappa_2^{[2]}(t)) = t \tag{4}$$

成立. 容易看出，每个 $t \in \mathbf{N}$ 都可唯一地表示成下列形式

$$t = 2^{x_1}(2x_2 + 1) \dot{-} 1 \tag{5}$$

$(0 = 2^0(2 \cdot 0 + 1) \dot{-} 1, 1 = 2^1(2 \cdot 0 + 1) \dot{-} 1, 2 = 2^0(2 \cdot 1 + 1) - 1, 3 = 2^2(2 \cdot 0 + 1) \dot{-} 1$，等等.）根据等式(5)，我们这样来定义所要求的函数

$$\begin{cases} \kappa_1^{[2]}(t) = \exp_0(t+1) \\ \kappa_2^{[2]}(t) = \left[\dfrac{\left[\dfrac{t+1}{2^{\exp_0(t+1)}} \right] \dot{-} 1}{2} \right] \end{cases} \tag{6}$$

$$\kappa_0^{[2]}(x_1, x_2) = 2^{x_1}(2x_2 + 1) \dot{-} 1 \tag{7}$$

显然，由等式(6)(7) 所给出的函数 $\kappa_1^{[2]}, \kappa_2^{[2]}, \kappa_0^{[2]}$ 满足条件(3)(4). 由函数 sum, prod, pot, dif(第 1 段）和函数 div, exp(第 4 段）的原始递归性，可推出用等式(6)(7) 所定义出来的函数 $\kappa_1^{[2]}, \kappa_2^{[2]}, \kappa_0^{[2]}$ 是原始递归的. 这样就构造了原始递归对应 $\kappa^{[2]}$.

3) 设已构造了 $\mathbf{N}$ 与 $\mathbf{N}^s$ 之间的原始递归对应 $\kappa^{[s]}$，即已定义了这样的 $\mathbf{N} \to \mathbf{N}$ 型的原始递归函数 $\kappa_1^{[s]}, \cdots, \kappa_s^{[s]}$ 和 $\mathbf{N}^s \to \mathbf{N}$ 型的原始递归函数 $\kappa_0^{[s]}$，使得对一切 $t \in \mathbf{N}$ 和一切 $\langle x_1, \cdots, x_s \rangle \in \mathbf{N}^s$，等式(1)(2) 成立. 这时，我们将用下述方法来构造 $\mathbf{N}$ 与 $\mathbf{N}^{s+1}$ 之间的原始递归对应 $\kappa^{[s+1]}$. 关于任意的 $t \in \mathbf{N}$，首先根据对应关系 $\kappa^{[s]}$ 找出 $\mathbf{N}^s$ 中相应的串(因为，按归纳假设，$\mathbf{N}$ 与 $\mathbf{N}^s$ 之间的对应 $\kappa^{[s]}$ 已被构造出)：$\langle x_1, x_2, \cdots, x_{s-1}, x'_s \rangle$；然后对于最后一个分量 x'_s，根据对应关系 $\kappa^{[2]}$ 找出 $\mathbf{N}^2$ 中相应的序偶($\mathbf{N}$ 与 $\mathbf{N}^2$ 之

间的对应 $\varkappa^{[2]}$ 也已被构造出)：$\langle x_s, x_{s+1}\rangle$. 现在，我们就让 $\mathbf{N}$ 中的数 t 对应 $\mathbf{N}^{s+1}$ 中的串 $\langle x_1, \cdots, x_{s-1}, x_s, x_{s+1}\rangle$. 反之，取 $\mathbf{N}^{s+1}$ 中的任意串 $\langle x_1, \cdots, x_{s-1}, x_s, x_{s+1}\rangle$. 首先对序偶 $\langle x_s, x_{s+1}\rangle$ 根据 $\varkappa^{[2]}$ 找出 $\mathbf{N}$ 中相应的 x'_s. 然后对串 $\langle x_1, \cdots, x_{s-1}, x'_s\rangle$(按 $\varkappa^{[s]}$) 找出相应的 $t \in \mathbf{N}$. 最后我们就让串 $\langle x_1, \cdots, x_{s-1}, x_s, x_{s+1}\rangle$ 对应这个数 $t \in \mathbf{N}$(图 4).

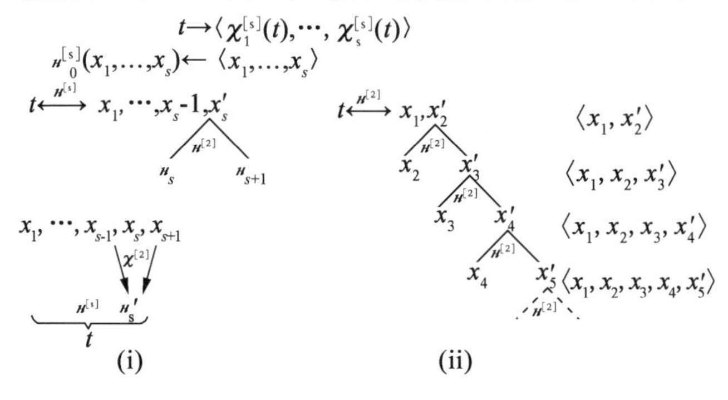

图 4

所求的函数由下列等式给出

$$\begin{cases} \varkappa_1^{[s+1]}(t) = \varkappa_1^{[s]}(t) \\ \varkappa_2^{[s+1]}(t) = \varkappa_2^{[s]}(t) \\ \quad\vdots \\ \varkappa_{s-1}^{[s+1]}(t) = \varkappa_{s-1}^{[s]}(t) \\ \varkappa_s^{[s+1]}(t) = \varkappa_1^{[2]}(\varkappa_s^{[s]}(t)) \\ \varkappa_{s+1}^{[s+1]}(t) = \varkappa_2^{[2]}(\varkappa_s^{[s]}(t)) \end{cases} \tag{8}$$

$$\varkappa_0^{[s+1]}(x_1, \cdots, x_{s-1}, x_s, x_{s+1}) = \varkappa_0^{[s]}(x_1, x_2, \cdots, x_{s-1}, \varkappa_0^{[2]}(x_s, x_{s+1})) \tag{9}$$

由等式 (3)(4)(1)(2) 和 (8)(9) 可推出关于函数 $\varkappa_1^{[s+1]}, \cdots, x_{s+1}^{[s+1]}, \varkappa_0^{[s+1]}$ 的相应的等式

$$\varkappa_i^{[s+1]}(\varkappa_0^{[s+1]}(x_1, \cdots, x_{s+1})) = x_i \quad (i = 1, 2, \cdots s, s+1)$$

$$\varkappa_0^{[s+1]}(\varkappa_1^{[s+1]}(t), \cdots, \varkappa_s^{[s+1]}(t), \varkappa_{s+1}^{[s+1]}(t)) = t$$

由等式(8)(9)及函数 $\varkappa_1^{[2]},\varkappa_2^{[2]},\varkappa_0^{[2]},\varkappa_1^{[s]},\cdots,\varkappa_s^{[s]},\varkappa_0^{[s]}$ 的原始递归性,可推出函数 $\varkappa_1^{[s+1]},\cdots,\varkappa_{s+1}^{[s+1]},\varkappa_0^{[s+1]}$ 的原始递归性.

附注　由定理的证明可以看到,我们的主要力量就是花在归纳构造的基始上:即 **N** 与 $\mathbf{N}^2$ 之间的对应 $\varkappa^{[2]}$. 而由 **N** 与 $\mathbf{N}^s$ 之间的对应 $\varkappa^{[s]}$ 过渡到 **N** 与 $\mathbf{N}^{s+1}$ 之间的对应 $\varkappa^{[s+1]}$,是用一种标准的方法来完成的(参看(8)(9)),这方法仅仅依赖于"在 **N** 与 $\mathbf{N}^s$ 之间存在着原始递归对应"的归纳假设,和"在 **N** 与 $\mathbf{N}^2$ 之间存在着原始递归对应 $\varkappa^{[2]}$"的事实(但不依赖于它的具体的构造方法). 归纳构造的基始:**N** 与 $\mathbf{N}^2$ 之间的原始递归对应 $\varkappa^{[2]}$—— 当然也可以用许多不同的方法来实现.

定理 20　对于任意的正数 s,在 **N** 与 $\mathbf{N}^s$ 之间存在着这样的原始递归一一对应,使得实现这一对应的函数 $\varkappa_1^{[s]},\cdots,\varkappa_s^{[s]},\varkappa_0^{[s]}$ 具有下面两个性质:

(1)(优超性)

$$\varkappa_i^{[s]}(t)\leqslant t\quad(1\leqslant i\leqslant s)$$

(2)(逆优超性)　存在着原始递归函数 $\pi^{(2)}$,使由 $x_i\leqslant y(i=1,2,\cdots,s)$ 可推出 $\varkappa_0^{[s]}(x_1,\cdots,x_s)\leqslant\pi(y,s)$.

证明　我们将证明,在定理 19 的证明中所构造的 **N** 与 $\mathbf{N}^s$ 之间的那个具体的原始递归一一对应 $\varkappa^{[s]}$ 就具有以上两个性质.

(1) 先来证明优超性. 当 $s=1$ 时

$$\varkappa_i^{[s]}(t)=\varkappa_1^{[1]}(t)=t$$

当 $s=2$ 时,所要求的不等式可由等式(6)或等式(5)推出. 如果不等式对某个 s 成立,则由等式(8)和已证的它对 $s=2$ 成立之事实,可推出优超性对 $s+1$ 也成立.

(2) 再证逆优超性. 为了证明逆优超性,我们需要

用到等式

$$\begin{aligned}&\varkappa_0^{[s+1]}(x_1,\cdots,x_{s-1},x_s,x_{s+1})\\=&\varkappa_0^{[2]}(x_1,\varkappa_0^{[s]}(x_2,\cdots,x_{s-1},x_s,x_{s+1}))\end{aligned}\tag{9'}$$

它对 $s \geqslant 2$ 是成立的. 用等式(9) 按 s 作归纳很容易证明等式(9′)(也可由图 4(ⅱ) 中看出). 兹“分段地”定义函数 $g^{(3)}$

$$g(y,s,z)=\begin{cases}y & (s=0)\\2^{2z+1} & (s>0)\end{cases}\tag{10}$$

根据定理 15 的推论,函数 g,原始递归的.

现在任取一个一元原始递归函数 $f^{(1)}$,由函数 $f^{(1)}, g^{(3)}$ 用原始递归式定义函数 $\pi^{(2)}$

$$\begin{cases}\pi(y,0)=f(y)\\\pi(y,s+1)=g(y,s,\pi(y,s))\end{cases}\tag{11}$$

函数 π 是原始递归的①. 我们证明它就是所要求的. 首先指出,对于任何 $s>0$,有不等式

$$\pi(y,s)\geqslant y\tag{12}$$

成立.

对于 $s=1$:$\pi(y,1)=g(y,0,\pi(y,0))=y\geqslant y$.

对于 $s>1$:$\pi(y,s)=g(y,s-1,\pi(y,s-1))=2^{2\pi(y,s-1)+1}\geqslant\pi(y,s-1)$.

① 请读者注意定义函数 π 的原始递归图式的那种独特的形式,我们只对函数 π 在 $s>0$ 时有兴趣. 实质上只需要函数

$$\begin{cases}\pi(y,1)=y\\\pi(y,s+1)=2^{2\pi(y,s+1)} & (s>0)\end{cases}$$

然而递归式是假定由 0 开始的. 借助于辅助函数 g,我们很容易地绕过了这个困难. $\pi(y,0)$ 的值不参与 $\pi(y,1)$ 的计算. 用类似的巧妙方法,可使原始递归式从任何值位开始,并且仍得到原始递归函数.

因此

$$\pi(y,2)\geqslant\pi(y,1)\geqslant y,\pi(y,3)\geqslant\pi(y,2)\geqslant y$$

等等.

现在,对 s 作归纳,证明下述断言:

如果 $x_i\leqslant y(i=1,2,\cdots,s)$,则 $\mathrm{H}_0^{[s]}(x_1,\cdots,x_s)\leqslant\pi(y,s)$.

当 $s=1$ 时,如果 $x\leqslant y$,则 $\mathrm{H}_0^{[1]}(x)=x\leqslant y\leqslant\pi(y,1)$.

设 $s=2$,且 $x_i\leqslant y(i=1,2)$. 由(7) 知

$$\mathrm{H}_0^{[2]}(x_1,x_2)=2^{x_1}(2x_2+1)\dot{-}1\leqslant 2^{x_1}(2x_2+1)$$
$$\leqslant 2^{x_1}\cdot 2^{x_2+1}=2^{x_1+x_2+1}\leqslant 2^{2y+1}$$

但 $\pi(y,2)=g(y,1,\pi(y,1))=g(y,1,y)=2^{2y+1}$. 因此

$$\mathrm{H}_0^{[2]}(x_1,x_2)\leqslant\pi(y,2)$$

设对某个 $s\geqslant 2$,命题:

"如果 $x_i\leqslant y(i=1,2,\cdots,s)$,则 $\mathrm{H}_0^{[s]}(x_1,\cdots,x_s)\leqslant\pi(y,s)$"已经得证. 设 $x_i\leqslant y(i=1,2,\cdots,s,s+1)$. 我们来证明

$$\mathrm{H}_0^{[s+1]}(x_1,\cdots,x_s,x_{s+1})\leqslant\pi(y,s+1)$$

事实上,$x_2,x_3,\cdots,x_s,x_{s+1}\leqslant y$. 因此,根据归纳假设

$$\mathrm{H}_0^{[s]}(x_2,x_3,\cdots,x_s,x_{s+1})\leqslant\pi(y,s)\qquad(13)$$

令 $x_1\leqslant y$,由(12) 知

$$x_1\leqslant\pi(y,s)\qquad(14)$$

由(9′)(13)(14) 和已证过的对 $s=2$ 的情形,可推知

$$\mathrm{H}_0^{[s+1]}(x_1,\cdots,x_s,x_{s+1})\leqslant\pi(\pi(y,s),2)$$

但 $\pi(y,2)=2^{2y+1}$. 因此

$$\mathrm{H}_0^{[s+1]}(x_1,\cdots,x_s,x_{s+1})$$
$$\leqslant 2^{2\pi(y,s)+1}=g(y,s,\pi(y,s))$$
$$=\pi(y,s+1)$$

附注　对于 $\mathbf{N}$ 与 $\mathbf{N}^s$ 之间的任何两个原始递归一一对应，都存在着 $\mathbf{N}\to\mathbf{N}$ 型的原始递归函数，它按照在第一个对应之下与某个串相对应的数，给出在第二个对应之下与这同一个串相对应的数. 事实上，如果第一个对应记作 $\overline{\varkappa}^{[s]}$，而第二个对应记作 $\overline{\overline{\varkappa}}^{[s]}$，则由下列等式所引进的函数 η 就是这样的函数

$$\eta(t)=\overline{\overline{\varkappa}}_0^{[s]}(\overline{\varkappa}_1^{[s]}(t),\cdots,\overline{\varkappa}_s^{[s]}(t))$$

6. 集合 $\mathbf{N}^\infty$ 的原始递归枚举函数

在本段里，我们将构造出集合 $\mathbf{N}$ 与 $\mathbf{N}^\infty$ 之间的某个特殊的一一对应.

首先，我们来研究集合 $\mathbf{N}$ 到集合 $\mathbf{N}^\infty$ 中的映象. 我们约定只考虑这种 $\mathbf{N}$ 到 $\mathbf{N}^\infty$ 中的映象：它使数 $0\in\mathbf{N}$ 与空串 $\Lambda\in\mathbf{N}^\infty$ 相对应. 为了给出集合 $\mathbf{N}$ 到 $\mathbf{N}^\infty$ 中的映象，需要使每个正数 $t\in\mathbf{N}$ 与某个确定的串 $\langle x_1,\cdots,x_s\rangle\in\mathbf{N}^\infty(s>0)$ 相对应，而且这里 s 已不是固定的，而是依赖于 t 的. 因此，我们需要对 $t>0$ 找出：第一，$\mathbf{N}^\infty$ 中与它对应的串的长度 s；第二，这串的 s 个分量. 我们把 $\mathbf{N}^\infty$ 中与正数 t 相对应的串的长度记作 $\iota_1(t)$，而这串的第 i 个分量则记作 $\iota_2(t,i)$. 因之，在这种记法之下，与数 t 相对应的串将是

$$\langle\iota_2(t,1),\iota_2(t,2),\cdots,\iota_2(t,\iota_1(t))\rangle$$

根据记号的意义，函数 ι_1 对 $t>0$ 有定义，且只取正值(数 0 被唯一的长度为 0 的空串所占有)，而函数 ι_2 对 $t>0$ 和 $i:1\leqslant i\leqslant\iota_1(t)$ 有定义.

我们称函数 $\iota_1^{(1)}$ 和 $\iota_2^{(2)}$ 实现了集合 $\mathbf{N}\backslash\{0\}$ 到集合 $\mathbf{N}^\infty\backslash\{\Lambda\}$ 中的映象.

集合 $\mathbf{N}$ 到集合 $\mathbf{N}^\infty$ 中的使数 0 映射到空串的映象称为原始递归映象. 如果实现集合 $\mathbf{N}\backslash\{0\}$ 到集合

$\mathbf{N}^{\infty}\setminus\{\Lambda\}$ 中的映象的函数 ι_1 和 ι_2 可以延拓成原始递归函数. 亦即,如果存在原始递归函数 ι_1^* 和 ι_2^*,使得对于 $t>0$ 有 $\iota_1^*(t)=\iota_1(t)$,对于 $t>0$ 和一切 $i:1\leqslant i\leqslant \iota_1(t)$ 有 $\iota_2^*(t,i)=\iota_2(t,i)$.

再来看集合 $\mathbf{N}^{\infty}$ 到集合 $\mathbf{N}$ 中的映象.

首先,研究集合 $\mathbf{N}^{\infty}$ 到集合 $\mathbf{N}$ 上的一一映象(集合 $\mathbf{N}^{\infty}$ 到 $\mathbf{N}$ 中的其他映象在本书中用不到). 我们只考虑 $\mathbf{N}^{\infty}$ 到 $\mathbf{N}$ 上的使数 $0\in\mathbf{N}$ 对应于空串 Λ $\mathbf{N}^{\infty}$ 的一一映象. $\mathbf{N}^{\infty}$ 到 $\mathbf{N}$ 上的一一映象由以下两个函数完全决定:1° 函数 $\iota_3^{(1)}$,它给出长度为 1 的串 $\langle x\rangle\in\mathbf{N}^{\infty}$ 在 $\mathbf{N}$ 中的象 $t=\iota_3(x)$;2° 函数 $\iota_4^{(2)}$,它按照串 $\langle x'_1,\cdots,x'_{s'}\rangle\in\mathbf{N}^{\infty}$ 和 $\langle x_1'',\cdots,x_{s''}''\rangle\in\mathbf{N}^{\infty}$ 的象 t' 和 t'' 给出串 $\langle x_1',\cdots s_{s'}',x_1'',\cdots,x_{s''}''\rangle$ 的象 $t=\iota_4(t',t'')$. 事实上,如果我们有函数 ι_3 和 ι_4,则映象本身可用下法做出:让数 0 对应于空串;数 $\iota_3(x)$ 对应于长度为 1 的串 $\langle x\rangle$;而数 $t=\iota_4(u,\iota_3(x_{s+1}))$ 则对应于串 $\langle x_1,\cdots,x_s,x_{s+1}\rangle(s\geqslant 1)$,其中 u 为与串 $\langle x_1,\cdots,x_s\rangle$ 相对应之数. 我们称函数 ι_3 和 ι_4 实现了集合 $\mathbf{N}^{\infty}$ 到 $\mathbf{N}$ 上的一一映象.

集合 $\mathbf{N}^{\infty}$ 到 $\mathbf{N}$ 上的使空串映射到数 0 的一一映象称为原始递归映象,如果实现这一映象的函数是原始递归的.

集合 $\mathbf{N}^{\infty}$ 到集合 $\mathbf{N}$ 中的映象(不必是一一的)可以表示成依次执行两个映象的结果:$\mathbf{N}^{\infty}$ 到 $\mathbf{N}$ 上的某个(甚至是任何事先给定的)一一映象和 $\mathbf{N}$ 到 $\mathbf{N}$ 自身中的某个映象;集合 $\mathbf{N}^{\infty}$ 到集合 $\mathbf{N}$ 中的映象称为原始递归的,如果它可以表示成依次执行两个原始递归映象的结果. 然而,上面已经说过,我们用不到集合 $\mathbf{N}^{\infty}$ 到 $\mathbf{N}$ 中的非一一映象.

$\mathbf{N}$ 与 $\mathbf{N}^{\infty}$ 之间的一一对应称为原始递归的，如果实现此对应的一对映象（$\mathbf{N}$ 到 $\mathbf{N}^{\infty}$ 上和 $\mathbf{N}^{\infty}$ 到 $\mathbf{N}$ 上）都是原始递归的.

附注　有这样的 $\mathbf{N}$ 到 $\mathbf{N}^{\infty}$ 上的一一原始递归映象，其逆不是原始递归的. 也有这样的 $\mathbf{N}^{\infty}$ 到 $\mathbf{N}$ 上的一一原始递归映象，其逆不是原始递归的.

定理 21　在集合 $\mathbf{N}$ 与 $\mathbf{N}^{\infty}$ 之间存在着原始递归一一对应.

证明　根据定理 19，对任何正数 s，都有 $\mathbf{N}$ 与 $\mathbf{N}^{\infty}$ 之间的原始递归对应 $\varkappa^{[s]}$. 对每个正数 s，我们固定对应关系 $\varkappa^{[s]}$，或者说固定实现该对应的函数 $\varkappa_1^{[s]},\cdots,\varkappa_s^{[s]},\varkappa_0^{[s]}$. 同时，我们假定有第 100 页上的联系对应关系 $\varkappa^{[s]}$ 与 $\varkappa^{[s+1]}(s\geqslant 2)$ 的等式(8)，(9) 成立；对应关系 $\varkappa^{[1]}$ 和 $\varkappa^{[2]}$ 可任意选择. 为了构造所要求的原始递归对应，需要用到所有的这些对应关系 $\varkappa^{[s]}$.

我们将把所要求的对应关系构造成集合 $\mathbf{N}$ 到 $\mathbf{N}^{\infty}$ 上的一一映象的形式. 现在首先说明构造集合 $\mathbf{N}$ 到 $\mathbf{N}^{\infty}$ 上的映象的思想，然后再提出两点修正. 我们总是让空串 $\Lambda\in\mathbf{N}^{\infty}$ 与数 $0\in\mathbf{N}$ 相对应. 这里先按照对应关系 $\varkappa^{[2]}$ 使序偶 $\langle x,y\rangle$ 与每个正数 $t\in\mathbf{N}$ 相对应，设那个将与数 t 相对应的串的长度 s 是 x：$s=x$. 然后，按照对应关系 $\varkappa^{[s]}$ 去找出与数 y 相对应的串. 我们就把这个串看作是数 t 在所构造的映象之下的象. 但必须提出两点修正. 第一，长度 s 必须是正的（唯一的一个长度为 0 的串 —— 空串 —— 我们已经处理过了），但是按照对应关系 $\varkappa^{[2]}$，数 t 往往对应于形如 $\langle 0,y\rangle$ 的序偶. 因此，设所要求的长度 s 不等于 x，而等于 $x+1$

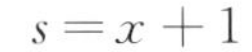

$$s=x+1$$

第二，因为在这里 t 只遍历一切正数（$t=0\in\mathbf{N}$ 已与 $\Lambda\in\mathbf{N}^{\infty}$ 对应了），所以我们在中间阶段（按照 $\varkappa^{[2]}$）得不到与数 0 相对应的序偶 $\langle x_0,y_0\rangle$，因之，按照规则 $\varkappa^{[x_0+1]}$，也得不到与数 y_0 相对应的长度为 x_0+1 的串. 为此，在取了 $t\in\mathbf{N}$ 之后，我们将按照对应关系 $\varkappa^{[2]}$，不对 t 而对 $t-1$ 取相应的中间序偶 $\langle x,y\rangle$. 这样，最后得到的集合 $\mathbf{N}$ 到集合 $\mathbf{N}^{\infty}$ 上的映象将是

$$0\to\Lambda \tag{1}$$

对于 $t>0$

$$\iota_1(t)=\varkappa^{[2]}(t\dot{-}1)+1 \tag{2}$$

对于 $t>0$ 和 $i:1\leqslant i\leqslant\iota_1(t)$

$$\iota_2(t,i)=\varkappa_i^{[\varkappa_1^{[2]}(t\dot{-}1)+1]}(\varkappa_2^{[2]}(t\dot{-}1)) \tag{3}$$

函数 ι_1,ι_2 把 $\mathbf{N}\backslash\{0\}$ 一一地映象到 $\mathbf{N}^{\infty}\backslash\{\Lambda\}$ 上. 事实上，当 t 遍历全部正数时，$t\dot{-}1$ 则遍历整个 $\mathbf{N}$，而序偶 $\langle\varkappa_1^{[2]}(t\dot{-}1),\varkappa_2^{[2]}(t\dot{-}1)\rangle$ 一一地遍历整个 $\mathbf{N}^2$. 特别当序偶 $\langle\varkappa_1^{[2]}(t\dot{-}1,\varkappa_2^{[2]}(t\dot{-}1)\rangle$ 遍历集合 $\mathscr{E}\{\langle x,y\rangle\in\mathbf{N}^2\mid x=x_0\}$ 时，相对应的串则一一地遍历整个 $\mathbf{N}^{x_0+1}$.

不难由串 $\langle x_1,\cdots,x_s\rangle\in\mathbf{N}^{\infty}$ 找到它的（唯一的）原象 $t\in\mathbf{N}$. 容易看出

$$t=\varkappa_0^{[2]}(s\dot{-}1,\varkappa_0^{[s]}(x_1,\cdots,x_s))+1 \tag{4}$$

特别地，与长度为 1 的串 $\langle x\rangle$ 对应的数是

$$\iota_3(x)=\varkappa_0^{[2]}(0,\varkappa_0^{[1]}(x))+1 \tag{5}$$

这样，集合 $\mathbf{N}$ 到 $\mathbf{N}^{\infty}$ 上的一一映象即被构造出，因之这 $\mathbf{N}$ 与 $\mathbf{N}^{\infty}$ 之间的一一对应也被构造出. 剩下还需证明，由它所给出的映象（$\mathbf{N}$ 到 $\mathbf{N}^{\infty}$ 上和 $\mathbf{N}^{\infty}$ 到 $\mathbf{N}$ 上）都是原始递归的.

首先，我们指出，我们所构造的集合 $\mathbf{N}$ 到集合 $\mathbf{N}^{\infty}$

上的映象是原始递归的，即函数 ι_1,ι_2 可以延拓成原始递归函数. 对于函数 ι_1，这实质上已经做过. 如果令 $\iota_1^*(t)=H_1^{[2]}(t\dot{-}1)+1$，则根据等式(2)，对于 $t>0$，有 $\iota_1(t)=\iota_1^*(t)$. 函数 ι_1^* 显然是原始递归的.

函数 ι_2 的延拓则比较麻烦些. 当 $t=0$，$i=0$ 和 $i>\iota_1(t)$ 时，函数 ι_2 无定义. 兹引进函数 $H^{[3]}$

$$H(s,i,t)=\begin{cases}0 & (s=0,i\text{ 任意})\\ 0 & (s>0,i=0)\\ H_i^{[s]}(t) & (s>0,1\leqslant i\leqslant s)\\ H_s^{[s]}(t) & (s>0,i>s)\end{cases}\tag{6}$$

函数 H 处处有定义. 我们将证明它是原始递归的. 对于等式(6)，还不能直接应用定理 15 的推论，这是因为，在 $H_i^{[s]}(t)$ 的表达式中，s，i 和 t 都是变元，而以前我们所证明的则是只依赖于 t 的函数 $H_i^{[s]}$ 的原始递归性(对固定的 s 和 i). 现在把等式(6)更仔细地改写成

$$H(s,i,t)=\begin{cases}0 & (s=0,i\text{ 任意})\\ 0 & (s=1,i=0)\\ H_1^{[1]}(t) & (s=1,i>0)\\ 0 & (s=2,i=0)\\ H_1^{[2]}(t) & (s=2,i=1)\\ H_2^{[2]}(t) & (s=2,i>1)\\ H(s-1,i,t) & (s>2,i\leqslant s-2)\\ H_1^{[2]}(H(s-1,s-1,t)) & (s>2,i=s-1)\\ H_2^{[2]}(H(s-1,i,t)) & (s>2,i\geqslant s)\end{cases}\tag{7}$$

需要解释的只是式(7)的后三行. 设 $s>2$，且 i：$1\leqslant i\leqslant s-2$. 这时，根据第 5 段(6)和(8)，$H(s,i,t)=H_i^{[s]}(t)=H_i^{[s-1]}(t)=H(s-1,i,t)$. 而如果 $s>2$ 且 $i=0$，

则 $\text{H}(s,i,t)=0$ 且有 $\text{H}(s-1,i,t)=0$，故仍有 $\text{H}(s,i,t)=\text{H}(s-1,i,t)$. 再设 $s>2, i=s-1$. 则根据第 5 段等式(8) 的倒数第二行和(6)，有

$$\begin{aligned}\text{H}(s,i,t)&=\chi(s,s-1,t)=\text{H}_{s-1}^{[s]}(t)=\text{H}_1^{[2]}(\text{H}_{s-1}^{[s-1]}(t))\\&=\text{H}_1^{[2]}(\text{H}(s-1,s-1,t))\end{aligned}$$

最后，设 $s>2$ 且 $i\geqslant s$. 如果 $i=s$，则

$$\text{H}(s,i,t)=\text{H}(s,s,t)=\text{H}_s^{[s]}(t)$$

根据第 5 段(8) 的最后一行和(6)，有

$$\begin{aligned}\text{H}(s,i,t)&=\text{H}_s^{[s]}(t)=\text{H}_2^{[2]}(\text{H}_{s-1}^{[s-1]}(t))\\&=\text{H}_2^{[2]}(\text{H}(s-1,s-1,t))\\&=\text{H}_2^{[2]}(\text{H}(s-1,s,t))\\&=\text{H}_2^{[2]}(\text{H}(s-1,i,t))\end{aligned}$$

而如果 $s>2$ 且 $i>s$，则

$$\begin{aligned}\text{H}(s,i,t)&=\text{H}_s^{[s]}(t)=\text{H}_2^{[2]}(\text{H}_{s-1}^{[s-1]}(t))\\&=\text{H}_2^{[2]}(\text{H}(s-1,s-1,t))\\&=\text{H}_2^{[2]}(\text{H}(s-1,i,t))\end{aligned}$$

式(6) 和(7) 的等价性得证. 不难把式(7) 改写成给出同一函数 H 的原始递归式. 我们引进函数 $g^{(4)}$

$$g(n,i,t,u)=\begin{cases}0 & (n=0,i=0)\\ \text{H}_1^{[1]}(t) & (n=0,i>0)\\ 0 & (n=1,i=0)\\ \text{H}_1^{[2]}(t) & (n=1,i=1)\\ \text{H}_2^{[2]}(t) & (n=1,i>1)\\ u & (n>1,i\leqslant n-1)\\ \text{H}_1^{[2]}(u) & (n>1,i=n)\\ \text{H}_2^{[2]}(u) & (n>1,i>n)\end{cases}\tag{8}$$

根据定理 15 的推论，函数 g 是原始递归的. 比较一下式(7) 和(8)，就容易看出，式

$$\begin{cases} \varkappa(0,i,t) = 0^{(2)}(i,t) \\ \varkappa(s+1,i,t) = g(s,i,t,\varkappa(s,i,t)) \end{cases}$$

通过原始递归函数 $0^{(2)}$ 和 g 给出原始递归函数 $\varkappa$. 因此函数 $\varkappa$ 是原始递归的. 由(3)(2)和(6)推知,对于 $t > 0$ 和 $i: i \leqslant \iota_1(t)$

$$\begin{aligned} \iota_2(t,i) &= \varkappa_i^{[\varkappa_1^{[2]}(t \dot{-} 1)+1]}(\chi_2^{[2]}(t \dot{-} 1)) \\ &= \varkappa(\varkappa_1^{[2]}(t \dot{-} 1) + 1, i, \varkappa_2^{[2]}(t \dot{-} 1)) \end{aligned} \tag{9}$$

函数 $\iota_2^*: \iota_2^*(t,i) = \varkappa(\varkappa_1^{[2]}(t \dot{-} 1) + 1, i, \varkappa_2^{[2]}(t \dot{-} 1))$ 是原始递归的,而且,根据(9),对于 $t > 0$ 和 $i: 1 \leqslant i \leqslant \iota_1(t)$, 有 $\iota_2(t,i) = \iota_2^*(t,i)$.

现在再来证明所得到的从集合 $\mathbf{N}^{\infty}$ 到 $\mathbf{N}$ 上的一一映象的原始递归性,亦即要证明实现这一映象的函数 ι_3, ι_4 是原始递归的. 由等式(5)可推出函数 ι_3 的原始递归性.

还需证函数 ι_4 的原始递归性. 为此,就像得到对应于串 $\alpha' = \langle x'_1, \cdots, x'_{s'} \rangle$ 和 $\alpha'' = \langle x''_1, \cdots, x''_{s''} \rangle$ 的数 t' 和 t'' 一样,我们写出得到对应于串

$$\alpha = \langle x'_1, \cdots, x'_{s'}, x''_1, \cdots, x''_{s''} \rangle$$

的数 t. 显然

$$\begin{aligned} \alpha = \langle & \iota_2(t',1), \iota_2(t',2), \cdots, \iota_2(t', \iota_1(t')), \\ & \iota_2(t'',1), \iota_2(t'',2), \cdots, \iota_2(t'', \iota_1(t'')) \rangle \end{aligned}$$

因此,如果由式

$$\varphi(k,t',t'') = \begin{cases} 0 & (k=0) \\ \iota_2(t',k) & (1 \leqslant k \leqslant \iota_1(t')) \\ \iota_2(t'', k \dot{-} \iota_1(t')) & (\iota_1(t') + 1 \leqslant k \leqslant \iota_1(t') + \iota_1(t'')) \\ 0 & (k > \iota_1(t') + \iota_1(t'')) \end{cases} \tag{10}$$

引进函数 $\varphi^{(3)}$，则 $\varphi(k,t',t'')$ 给出串 α 的第 k 项. 我们通过下列的原始递归式引进函数 $\beta^{(4)}$

$$\begin{cases}\beta(0,k,t',t'')=\varkappa_0^{[1]}(\varphi(k,t',t''))\\ \beta(i+1,k,t',t'')=\\ \varkappa_0^{[2]}(\varphi(k\dot{-}(i+1),t',t''),\beta(i,k,t',t''))\mathrm{sg}\ i+\\ \varkappa_0^{[2]}(\varphi(k\dot{-}1,t',t''),\varphi(k,t',t''))\ \overline{\mathrm{sg}}\ i\end{cases}\tag{11}$$

容易看出，式(11) 等价于式

$$\begin{cases}\beta(0,k,t',t'')=\varkappa_0^{[1]}(\varphi(k,t',t''))\\ \beta(1,k,t',t'')=\varkappa_0^{[2]}(\varphi(k\dot{-}1,t',t''),\varphi(k,t',t''))\\ \beta(i+2,k,t',t'')=\\ \varkappa_0^{[2]}(\varphi(k\dot{-}(i+2),t',t''),\beta(i+1,k,t',t''))\end{cases}\tag{11'}$$

图式(11′) 通过所谓“双重基始的(原始) 递归式”给出函数 β. 借助于函数 sg，$\overline{\mathrm{sg}}$，可用通常的原始递归式来定义同一函数. 由(11′)，借助于第 5 段等式(9′) 可推知，在对应关系 $\varkappa^{[i+1]}$ 之下，数 $\beta(i,k,t',t'')$ 对应于串

$$\langle\varphi(k-i,t',t''),\varphi(k-i+1,t',t''),\cdots,\varphi(k,t',t'')\rangle$$

在我们所构造的 $\mathbf{N}^{\infty}$ 与 $\mathbf{N}$ 之间的对应之下，数 $\varkappa_0^{[2]}(i,\beta(i,k,t',t''))+1$ 也对应于这个串(参看(4)). 因此，如果我们依次令

$$\gamma(t',t'')=\iota_1(t')+\iota_1(t'')\tag{12}$$

$$\delta(t',t'')=\varkappa_0^{[2]}(\gamma(t',t'')\dot{-}1,\beta(\gamma(t',t'')\dot{-}1,\gamma(t',t''),t',t''))+1\tag{13}$$

$$\iota_4(t',t'')=\begin{cases}t'' & (t'=0)\\ t' & (t''=0)\\ \delta(t',t'') & (t'\neq 0\ 且\ t''\neq 0)\end{cases}\tag{14}$$

则这样构造的函数 $\iota_4^{(2)}$ 就是所要求的，即对于每个 t'

和t'',它将给出相应的串α的号数.由(10)～(14)及定理 15 的推论,可依次推出函数$\varphi,\beta,\gamma,\delta$和$\iota_4$[①] 的原始递归性.定理得证.

定理 22　在集合 $\mathbf{N}$ 与 $\mathbf{N}^{\infty}$ 之间,存在着具有以下两性质的原始递归一一对应:

1)(优超性)（与函数 ι_1 一起）实现集合 $\mathbf{N}\backslash\{0\}$ 到集合 $\mathbf{N}^{\infty}\backslash\{\Lambda\}$ 上的映象的函数 ι_2 满足不等式

$$\iota_2(t,i)<t \quad (t>0,1\leqslant i\leqslant\iota_1(t))$$

2)(逆优超性)　存在着这样的原始递归函数 $\tau^{(2)}$,使得对于 $\mathbf{N}^{\infty}$ 中任何的串 $\alpha=\langle x_1,\cdots,x_s\rangle$,如果 $x_i\leqslant y(i=1,2,\cdots,s)$,则对应于串 α 的数 t 都满足不等式 $t\leqslant\tau(y,s)$.

证明　在定理 21 的证明中,我们曾经构造了一个具体的(集合 $\mathbf{N}$ 与集合 $\mathbf{N}^{\infty}$ 之间的) 原始递归对应(参看(2),(3)),如果在它的构造中不是取仅满足第 5 段等式(8) 和(9) 的任意原始递归对应 $\varkappa^{[s]}$,而是取具有“优超性($\varkappa_i^{[s]}(t)\leqslant t,1\leqslant i\leqslant s$)”和“逆优超性(存在原始递归函数 $\pi^{(2)}$,使得由 $x_i\leqslant y(i=1,\cdots,s)$ 可推出 $\varkappa_0^{[s]}(x_1,\cdots,x_s)\leqslant\pi(y,s)$)”的对应关系,那么它就具有定理所要求的两个性质.根据定理 20,对每个正数 s,都存在这样的对应关系:

1) 考虑到(3) 和优超性,我们得出

$$\begin{aligned}\iota_2(t,i)&=\varkappa_i^{[\varkappa_1^{[2]}(t\dot{-}1)+1]}(\varkappa_2^{[2]}(t\dot{-}1))\\&\leqslant\varkappa_2^{[2]}(t\dot{-}1)\leqslant t\dot{-}1\end{aligned}$$

因为 $t>0$,所以 $t\dot{-}1<t$.因之,$\iota_2(t,i)<t$.

---

① 更确切地:为了证明函数 φ 和 γ 的原始递归性,首先要在(10) 和(12) 中用函数 ι_1,ι_2 的原始递归延拓 ι_1^*,ι_2^* 来代替函数 ι_1,ι_2.

2) 取任意的串$\langle x_1,\cdots,x_s\rangle \in \mathbf{N}^{\infty}(s>0)$. 相应的$t\in\mathbf{N}$等于

$$t=\varkappa_0^{[2]}(s\dot{-}1,\varkappa_0^{[s]}(x_1,\cdots,x_s))+1$$

(参看(4)). 如果 $x_i\leqslant y(i=1,\cdots,s)$, 则根据逆优超性, 有

$$\varkappa_0^{[s]}(x_1,x_2,\cdots,x_s)\leqslant\pi(y,s)$$

显然, $s\dot{-}1\leqslant\max(s\dot{-}1,\pi(y,s))$, 且 $\varkappa_0^{[s]}(x_1,\cdots,x_s)\leqslant\pi(y,s)\leqslant\max(s\dot{-}1,\pi(y,s))$. 这时, 根据逆优超性有

$$\varkappa_0^{[2]}(s\dot{-}1,\varkappa_0^{[s]}(x_1,\cdots,x_s))$$
$$\leqslant\pi(\max(s\dot{-}1,\pi(y,s)),2)$$

因此, $t\leqslant\pi(\max(s\dot{-}1,\pi(y,s)),2)+1$.

所要求的原始递归函数是

$$\tau(y,s)=\pi(\max(s\dot{-}1,\pi(y,s)),2)+1$$

附注　设$\bar{\iota}$和$\bar{\bar{\iota}}$是$\mathbf{N}$与$\mathbf{N}^{\infty}$之间的两个原始递归一一对应. 则存在着$\mathbf{N}\to\mathbf{N}$型的原始递归函数η, 它按照在对应关系$\bar{\iota}$下与某个串相对应的任何数, 给出在对应关系$\bar{\bar{\iota}}$下与这同一个串相对应的数. 我们来证明这一点. 设对应关系$\bar{\iota}$由实现$\mathbf{N}\backslash\{0\}$到$\mathbf{N}^{\infty}\backslash\{\Lambda\}$上的映象的函数$\bar{\iota}_1,\bar{\iota}_2$和实现$\mathbf{N}^{\infty}$到$\mathbf{N}$上的映象的函数$\bar{\iota}_3,\bar{\iota}_4$所刻画. 设对于$\bar{\bar{\iota}}$的类似的函数是$\bar{\bar{\iota}}_1,\bar{\bar{\iota}}_2,\bar{\bar{\iota}}_3\bar{\bar{\iota}}_4$, 取数$t>0$. 在对应关系$\bar{\bar{\iota}}$之下, 与它相对应的串是

$$\langle\bar{\iota}_2(t,1),\bar{\iota}_2(t,2),\cdots,\bar{\iota}_2(t,\bar{\iota}_1(t))\rangle$$

引进函数$\gamma^{(2)}$

$$\begin{cases}\gamma(t,0)=0\\ \gamma(t,i+1)=\bar{\bar{\iota}}_4(\gamma(t,i),\bar{\bar{\iota}}_3(\bar{\iota}_2(t,i+1)))\end{cases}$$

显然, 在对应关系$\bar{\bar{\iota}}$之下, 数$\gamma(t,i)$对应于串

$$\langle \bar{\iota}_2(t,1), \bar{\iota}_2(t,2), \cdots, \bar{\iota}_2(t,i) \rangle$$

因此，如果我们令

$$\eta(t) = \begin{cases} 0 & (t=0) \\ \gamma(t, \bar{\iota}_1(t)) & (t>0) \end{cases}$$

则这样所构造的函数 η 就是所要求的.

参考资料

[1] A. Grzegorczyk. Some classes of recursive functions[G]// 数理逻辑论文选. 北京：外文书店，1958.

[2] 张鸣华. 可计算性理论[M]. 北京：清华大学出版社，1984.

编辑手记

这是一本与人工智能的数学基础有关系的科普图书，它的出版有些环境因素.

Alpha Go 刚刚横扫了中、日、韩三国围棋高手，连战 60 场未败，这标志着人工智能再一次“战胜”了人类.

人工智能并非全新的概念，其实已经有六十多年的历史. 1956 年夏季，一次长达两个月的研讨会于美国达特茅斯学院(Dartmouth College)举行. 约翰·麦卡锡(John McCarthy)、马文·明斯基(Marvin Minsky)、艾伦·纽厄尔(Allen Newell)、赫伯特·西蒙(Herbert Simon)等著名学者出席了会议. 会上，麦卡锡首次提出了“人工智能”这个概念. 纽厄尔和西蒙则展示了他们编写的逻辑理论机器(The Logic Theory Machine). 该机器能够根据逻辑规则提出假设并解决问题，可以证明《数学原理》中的定理，满足了大多数人规定的“智能”标准. 此次与会学者有数学家、逻辑学家、认知学家、

心理学家、神经生理学家、计算机科学家等，后来他们中的绝大多数，都成为著名的人工智能专家．这是历史上第一次人工智能研讨会，也被广泛认为是人工智能诞生的标志．近十年来计算机软件和硬件性能的不断提升，在互联网大数据、深度学习技术以及行业应用需求不断提高的大背景下，人工智能在业内被看作迎来了“第三次浪潮”．

出版界对人工智能的再度兴起也给予了高度的重视．以韩国为例，早在2016年3月，李世石九段和Alpha Go之间的世纪对决，以Alpha Go的四胜一负告一段落．这一结果显示，人工智能的发展远远超过我们的想象，带来了不小的冲击．人机对决后，韩国共出版了16种有关人工智能的图书，这一数据远远高于2015年的3种．Alpha Go的制造商——谷歌公司的未来战略报告书《谷歌的未来》名列韩国经管类图书排行榜第20名，成为韩国2016年上半年的畅销书．

本书的二位主角中的一位是美国著名人工智能专家麦卡锡（与美国早期排华政策制定者麦卡锡同名，在美华人都知道麦卡锡主义．）．AlphaGo赢了李世石两局之后，阿尔法围棋团队的工作人员非常喜悦，李世石心情沉重，《三联生活周刊》主笔薛巍写邮件询问两位专家的看法，发现他们的反应都很平静．一直认为人工智能研究一开始就注定会失败的美国哲学家约翰·塞尔说：“没有意识，机器人就无法真正地下棋．所以（机器人下棋）只是一个比喻．比喻是无害的，除非你把它当真．”美国量子物理学家戴维·多伊奇说：“我认为这是一个令人印象极其深刻的成就，但这几乎跟人类意义上的通用智能无关．”

英国《卫报》的报道说：“比赛开始时，李世石按照韩国人的传统向对手鞠躬表示尊敬，而这次他的对手既看不见他,也感知不到他的存在."还不仅如此.2014 年约翰·塞尔在《你的电脑不知道什么》一文中说:"我们经常会看到有人说,'深蓝'下棋赢了卡斯帕罗夫.这种说法很可疑.卡斯帕罗夫要下棋并获胜,他必须得意识到他是在下棋,并意识到无数其他东西,如他的王后受到了威胁.'深蓝'对这些都没有意识,因为它对什么都没有意识.为什么意识如此重要?如果你没有意识,你就不能真正地下棋或者做任何认知行为."

1984 年,塞尔在 BBC 瑞思讲座第二讲的标题是:电脑能不能思考?他的回答是否定的.他说,按照电脑的定义,无论它们多么先进,它们都不会思考,但这不等于说电脑不强大.而人工智能研究者的乐观和自信也是非常惊人的.比如日本人工智能专家松伟丰就说:"如果人类的思维也是某种计算的话,那么它就完全有理由通过计算机来模拟和实现.人类所有的大脑活动,包括思考、识别、记忆、感情,全部都可以通过计算机得到实现.只要我们通过计算机来实现人工智能,我们就可以为它配备一个类似于人身体的东西,可以将它设置成偶尔也会犯些错误."塞尔把这种乐观的看法称作"强人工智能"派.在他们看来,人脑的运行跟电脑的运行是类似的,人脑就是一个计算机,心灵相当于电脑的程序.

根据这种观点,人类的心灵没有什么本质性的生物学特点.所以任何有着恰当的程序、恰当的输入和输出的物理系统都跟人一样,有其心灵.例如,如果你用旧啤酒罐做了一个风力驱动的电脑,如果有着合适的程序,它就会有心灵.卡内基梅隆大学的休伯特·西蒙说,我们已经有了能够思考的机器,现在的电脑已经跟人一样有思想.西蒙的同事阿兰·纽厄尔声称,我们已经发现,智能只是一个物理信号操作的问题;它跟生理或身体硬件没有本质关联.麻省理工学院的马文·明斯基说,下

一代电脑会非常智能,以致如果它们愿意让我们留在家中当宠物,我们就很幸运了.最夸张的是人工智能一词的发明人麦卡锡的说法:甚至连温度计那样简单的机器都有信念.温度计有什么信念呢?他说:"我的温度计有三个信念:这里太热,这里太冷,以及这里不冷不热."

本书的另一位主角是数学之王希尔伯特的高足——阿克曼(1896—1962).希尔伯特虽然同他合作写过一本卓越的数理逻辑著作,但希尔伯特对他并不好.原因是阿克曼结婚太早,而希尔伯特特别反对数学家和科学家年纪轻轻就结婚,他认为那会妨碍他们履行自己对科学的责任.所以当阿克曼结婚时,希尔伯特非常生气,拒绝在学术上进一步帮助他.少了希尔伯特的帮助,阿克曼便得不到大学的职位,所以如此天才的阿克曼只好到中学去教书.后来希尔伯特又听说阿克曼夫妇想要小孩儿,便大吼道:"真是个好消息啊,那样我就用不着再为那个疯子做任何事情了."数学家思维之古怪可见一斑.不过曾当过中学老师的阿克曼要想到以自己名字命名的函数竟然在世界中学生最高级别的数学竞赛中出现那也会倍感欣慰的.

20 世纪 30 年代初,哥德尔在证明著名的不完全性定理时定义了一类函数,如今称原始递归函数.此后,哥德尔和克利尼又在原始递归函数的基础上引入取极小运算(μ 运算),形成了部分递归函数(μ 递归函数).这些构成了本书的背景材料.

从学科分类来说它属于数理逻辑.数理逻辑中又分为集合论、递归论、模型论、证明论,它属于递归论.

在我国大学的逻辑专业、计算机专业、数学专业、哲学专业等都开设数理逻辑这门课.特别是计算机专业更离不开这门数学.

图灵奖获得者,美国普林斯顿大学教授罗伯特·塔扬(Robert E. Tarjan)在2012年4月中旬接受《中国科学报》记者采访时说:“在我看来,数学本身是件非常美丽的事物,我们把数学运用到计算机科学中,而计算机科学又很好地帮助人们解决了现实生活中的一些问题. 数学也是一门艺术,只不过你看不见它的结构,它存在于人们的头脑中,是由我们的大脑编成各种各样美丽的‘建筑’.”

刘晓力博士在2017年5月25日的一篇博文中指出:随着数学和计算机技术的进展,计算的观念越来越显示了它在各个领域的威力,从计算的角度审视世界,也已经成为数字化时代生存的一种特殊的思维方式. 人工智能的成果更激发了一些认知科学家、人工智能专家和哲学家的乐观主义立场,致使有人主张一种建立在还原论基础上的计算主义,或者更确切地说是算法主义(Algorithmism)的强纲领,认为从物理世界、生命过程直到人类心智都是算法可计算的(Computable),甚至整个宇宙也完全是由算法(Algorithm)支配的. 这种看法中有对计算、算法和可计算概念的误读,也有对计算的功能和局限性的估计不足,而且,这种哲学信念与其所提供的证据的确凿程度显然不成比例. 我们对于在一种隐喻意义上使用“计算”一词的计算主义不予讨论. 但是,如果把计算局限于“图灵机算法可计算”这一科学概念上使用,则计算主义是可质疑的. 同时,我们也主张,如果可以超越传统的“算法”概念,充分借鉴生物学、物理学和复杂性科学的研究成果,人类计算的疆域可以进一步拓展.

广义的计算理论应当包括计算理论层、算法层和实现层三个层次(Nilsson). 其中,计算理论层是要确定采用什么样的计算理论去解决问题,算法层是寻求为实现计算理论所采用的算法,实现层是给出算法的可执行程

序或硬件可实现的具体方法.显然,计算理论层最为根本,也最为困难.同时,即使解决了计算理论层和算法层的问题,也未必能解决实现层的问题,因为还存在一个计算复杂性的问题.计算主义强纲领事实上是在“存在算法”的意义上,断言物理世界、生命过程以及认知是“可计算的”.其中,“算法”是指20世纪30年代,哥德尔、丘奇、克林尼、图灵等数学家对于直观的“算法可计算”概念的严格的数学刻画,与此概念相联的丘奇—图灵论题就是计算主义的基本工作假说.事实上,恰是由于算法和图灵机概念的引进,哥德尔不完全性定理有了图灵机语境下的版本.而且,通过建立在算法概念上的可计算性理论,人们很快证明了一系列数学命题的不可判定性和一系列数学问题的算法不可解性.在自动机理论和数学世界中,也已经证明存在着不可计算数那么多的不可计算对象.下面,我们将依次讨论计算主义强纲领下各种论断的可质疑之点.

在计算主义的强纲领下,“物理世界是可计算的”无疑是一个基本的信念.当今,这种信念的经典形式是多伊奇1985年提出的“物理版本的丘奇—图灵论题”:“任何有限可实现的物理系统,总能为一台通用模拟机器以有限方式的操作完美地模拟”.多伊奇认为,算法或计算这样的纯粹抽象的数学概念本身完全是物理定律的体现,计算系统不外是自然定律的一个自然结果.

我们认为,要考察物理世界是否可计算的问题,需要考虑物理过程、物理定律和我们的观察三个基本因素的相互作用问题,而且我们最为关注的是,用可计算的数学结构,物理理论能否足够完全地描述实在的物理世界,特别是能否描述在偶然性和随机性中显示出的物理世界的规律性.

物理学家是通过物理定律来理解物理过程的,而成熟的物理理论是使用数学语言陈述的.真实物理世界的对象由时间、位置等这样的直接可观察量,或者由它们导出的能量这一类的量组成.因此,我们可以考虑像行星的可观察位置和蛋白质的可观测构型,以及大脑的可观察结构这样的事物.但是,即使用最高精度的仪器,我们仍然不能分辨许多更精细的数量差别,而只能得到有限精确度的数值.这表明,我们对物理过程观察的准确是有限的.恰如哥德尔所言:"物理定律就其可观测后果而言,是只有有限精度的".同时,由于"观察渗透理论"的影响,我们的观察必定忽略或舍弃了许多我们不得不忽略和舍弃的因素,物理理论永远是真实物理世界的一种简化和理想化.当人们将数学应用于物理理论时,一个最重要的手段是借助数学中的各种有效算法和可计算结构.自从康托之后,人们认识到数学中的可计数的数仅仅是实数的非常小的部分;丘奇 — 图灵论题之后,人们知道算法可计算函数也仅仅是函数中非常小的部分.当然,在描述物理过程时,任何不可计算的数和不可计算函数都可以在一定的有效性的要求下,用可计算数和可计算函数作具有一定精度的逼近.量子力学领域的旗手密尔本(C. L. Milburn)就认为:"无论是经典的还是量子的物理系统都可以以任意高的精度模拟".

但是,我们显然没有充足的理由就此作出"真实的物理世界就是可计算的"这种断言.真实的、包含着巨大随机性的物理世界和计算机可模拟的理想化的世界毕竟有着巨大的差异,图灵机可产生的可计算性结构仅仅是真实世界结构的一部分.而且,尽管带有机外信息源的图灵机早已把图灵的整数计算法推广到了以实数为输入、输出的情形,普艾尔(Pour — El)和里查斯(J. Ian Richards)也已经探讨了数学中的连续量和物理过程中的可计算性结构问题,讨论了函数空间和测度空间的可

计算性结构(Pour－EI & Richards),但是,我们仍然不能排除某些物理理论具有不可计算性.普艾尔和里查斯就曾证明物理场论中的波动方程存在着这种意义上的特解.

宇宙是一个处在不断演化过程中的包含着巨大复杂性的系统,没有先验的理由使我们相信,物理世界的任何过程都一定是基于算法式规则的.如果自然界中的确存在不可计算的过程——例如,像王浩和卡斯蒂(J. L. Casti)所指出的,某一级别的地震可能在某些构成不可计算系列的时点或时段发性,海浪在海岸的翻涌和大气在大气层中的运动等物理过程,很可能就是不可计算的——我们就永远找不到精确计算它们的算法.物理世界与可计算的世界并非是同构的,一个重要的原因是,我们对物理对象和物理过程的经验都是有限的,而不可计算性涉及的是无穷的系列.恰如王浩所说的:"我们观测的有限精度似乎在物理世界和物理理论之间附加了一层罩纱,使得物理世界中可能存在的不可计算元素无法在物理理论中显现".迈尔弗德(W. C. Myrvold)1993年也作出断言:"在量子力学中企图由可计算的初始状态产生不可计算结果的简单算法是注定要失败的,因为,量子力学中存在的不可计算的结果不可能由可计算的初始数据产生".况且,即使最先进的量子计算机也没有完全解决物理定律的可逆性与计算程序的不可逆性的矛盾,我们又如何能够断定"物理世界是可计算的"?

相信宇宙是一部巨型计算机的人们认为,生命本身是最具特色的一类计算机,因为生命过程是可计算的.一些计算主义者作出这样的论断,更主要的依据是近年来人工生命的研究进展.我们不妨考察一下这种论断的可信程度.

如果在现代意义上使用计算概念,生命过程的可计算主义思想事实上可以追溯到20世纪60年代冯·诺依曼的细胞自动机(cellular automata)理论.冯·诺依曼当时认为,生命的本质就是自我复制,而细胞自动机可以实现这种复制机制,因此可以用细胞自动机理解生命的本质.在此基础上,从20世纪60年代斯塔勒(Stahl)的"细胞活动模型"到科拉德(Conrad)等人的"人工世界"概念,从兰顿(C. Langton)的"硅基生命"形式到道金斯(R. Dawkins)和皮克奥弗(C. Pickover)的"人工生物形态"理论,直到90年代采用霍兰(J. Holland)的遗传算法,建基的细胞自动机理论、形态形成理论、非线性科学理论之上,生命计算主义的倡导者们全面进入人工生命领域的工作.所有这些都是试图用计算机生成的虚拟生命系统了解真实世界中的生命过程.在他们看来,生命是系统内务不同组成部分的一系列功能的有机化,这些功能的各方面特性能够在计算机上以不同的方式创造,最重要的是生物的自适应性、自组织性造就了自身,而不在于是不是由有机分子组成.进化过程本身完全可以独立于特殊的物质基质,发生在为了争夺存储空间的计算机程序的聚合中,生命完全可以通过计算获得.

对于"硅基生命"是否要以看作"活的生命",人工生命是否具有生命的某些特征,例如自我复制的特征等问题,我们暂时不予讨论.我们关注的是,计算主义者把生命的本质看作计算,把生命过程看成可计算的这种观点,其理由是否充分.

我们认为,能够在计算机上实现某种复制过程,甚至能够在计算机中看到某种人工生命的某些"演化"或"进化"过程,这与能够真正"演化"或"进化"出所有自然生命显然是两回事.因为依照可计算性理论中的"递归定理",机器程序复制自身并非困难之事.递归定理已

经指出,图灵机有能力得到自己的描述,然后还能以自己的描述作为输入进行计算,即机器完全有自再生的能力.如果生命的本质仅仅是自我复制,当初冯·诺依曼所设想的"从细胞自动机可以获得生命本质"的思想并无不妥.但是,我们今天早已知道,普遍认可的生命的几大本质特征是:(1) 自我繁殖的能力;(2) 与环境相互作用的能力;(3) 与其他有机体以特定的方式相互作用和相互交流的能力.计算主义者并没有指出,图灵算法如何可以穷尽后面两种类型的本质.事实上已经证明,目前最先进的人工神经网络模型所欠缺的正是与环境相互作用的机制,难以建立神经网络的中间语言与外部环境语言之间的沟通渠道.这也恰是目前人工生命研究者最感棘手的问题

按照我们的理解,这里的关键问题在于,承认硅基生命具有生命的某些特征,并不意味着承诺计算可以穷尽生命的所有本质,也不意味着承诺通过能行程序可以实现所有的生命过程.这里"穷尽"和"所有的"概念至关重要.倡导"生命的本质是计算"的学者恐怕确实是在误读"可计算的"这一概念.毕竟,某一范围的对象或过程是可计算的,是指存在着算法,能够计算这一范围的一切对象和一切过程,或者说,这种可计算结构可以穷尽这一范围的一切对象和一切过程.如果仅仅是此一范围的某些对象、某些过程的某些特性,甚至仅仅是一些最为表象、最为简单的特征可以用计算粗糙地表达或模拟,并不能由此妄称这一范围的对象和过程就是"可计算"的.

至于认为阿德勒曼(LM. Adlems) 倡导的 DNA 计算机是"实现了生命的本质就是计算的思想",显然是计算主义者的另一个误解.因为计算主义者们在这里忽视了一个重要的问题,即 DNA 计算机显然已经远远超出了我们最初对于“算法”概念的理解，事实上它已经引进了基因工程的手段，这里的“计算”借助了基因编码的自然机制，已经不复是图灵算法的计算机制了. 也许生物计算机可以作为某种借助自然机制的仿真工具，而且DNA 计算机在计算复杂性等方面确实优于经典计算，但已经证明它仍然没有超越丘奇—图灵论题，我们如何能够断定DNA 计算机不仅能够计算可计算的东西，甚至能够计算图灵机“不可计算”的量呢?!

近来网上关于“中国人不讲逻辑”的文章渐多，除了中国特色的不是逻辑的所谓“解释逻辑”大行其道(大概是因为拥有了它便永远辩不倒)之外，真正的逻辑还真是稀缺，而这与计算有关，正如北京语言大学陈鹏博士指出：

如果谈及逻辑与计算的关系，大多数人都会认同逻辑与计算彼此紧密关联，例如，美国计算机科学家马纳(Manna)就曾经提出过“逻辑即计算机科学的演算”的观点. 此外，甚至还有人认为“计算本质上就是逻辑”，例如，我国著名数理逻辑学家莫绍揆指出：“事实上，它们(程序设计)或者就是数理逻辑，或者是用计算机语言书写的数理逻辑，或者是数理逻辑在计算机上的应用”. 从某种意义上来说，逻辑之于计算的重要性怎么强调都不过分，这些主要可以通过如下论据来为之辩护：

1. 从计算机的发展历史来看，计算科学起源于逻辑学

追溯现代计算机科学的起源，应该说，它与逻辑有着密不可分的关系. 众所周知，自从罗素与怀特海共同撰写《数学原理》之后，兴起对数理逻辑的研究，人们甚至期望以逻辑为基础，构建整个数学，乃至科学大厦. 在这种逻辑主义的驱使下，不可避免地需要对“能行可计算”概念进行形式化. 在“能行可计算”概念的探索中，

丘奇、哥德尔和图灵几乎在同一时间给出完全不同且又相互等价的定义.丘奇发明了 Lambda 演算,用来刻画"能行可计算".哥德尔指出"一般递归函数"作为对"能行可计算"的定义.图灵则通过对一种装置的描述,定义"能行可计算"的概念,这种装置被后人称作"图灵机",这正是现代计算机的理论模型,标志现代计算机科学的诞生.

2.逻辑成为计算机软硬件系统的理论基础

布尔逻辑成为集成电路设计的一个核心理论,正如赫尔曼·戈德斯坦(Herman Goldstine)所说:"正是通过它(布尔逻辑),使得电路设计从一门艺术变成一门科学".同时,也正是由于布尔逻辑的思想融汇在开关电路的设计中,才会在集成电路领域形成著名的摩尔定律,才使得集成电路和技术的创新发展得以实现.一阶逻辑、逻辑类型论和 Lambda 演算与编程语言的深度交叉,形成了程序设计理论的核心.形式语法(formal syntax)、类型系统(type system)和形式语义(formal semantics)成为一门程序设计语言的基础.逻辑的证明论、模型论思想与计算机软硬件系统的互动,构成了计算机系统正确性验证理论.人类基于霍尔逻辑、分离逻辑、Isabelle、Coq 等理论与工具,可以验证大型软硬件系统的正确性.

读一本书在中国先要解决有什么用的问题,读了能多赚钱吗?能!

2011 年法国职业薪酬最高的 20 个职业排行,第一名是软件工程师,第二名是数学家,第六、七、八名分别是气象学家、生物学家和历史学家,牙医排在第十名,社会学家是十一名,经济学家排在二十名.

软件工程师要精通计算机,而符号逻辑是必学的,数学家更不必说了.前几年被报纸炒得沸沸扬扬的中南大学数学系大三学生刘路,不仅破格成为教授级研究员,而且还得到了100万的奖励.他准备用其买一套房子,令众多大学生羡慕.他凭什么?凭的就是证明了一个数理逻辑的猜想.

郑志雯是香港新世界集团创始人郑裕彤的孙女,新世界集团第二代掌门人郑家纯的女儿,现任香港新世界酒店集团首席行政总裁,她是美国哈佛大学毕业的,学的专业却是应用数学.泰国国王普密蓬·阿杜德的长女乌汶叻公主是美国麻省理工学院毕业的,攻读的也是数学学士学位."富二代"与"官二代"在选择教育方向上不可谓不慎重,他(她)们都不约而同选择了数学,不能不说是对理科本质上的认可.

曾有段子让各位理科青年大放异彩,写出偏旁部首相同的几个字——当普通青年只能写出"玩玻璃球"这样令人尴尬的词组,化工青年已经贯口一般背出了镧系和锕系"镧铈镨钕钷钐铕钆铽镝钬铒铥镱镥";考古青年则有"玌玏玎玑玐玙玛玒玓玔玕玖玗玘玚玥玣玬玮"的绝技傍身;生物青年说"鸸鸥鸮鹨鹠鸺鸲鹡鸰鹙鹀鸦鸻鸨鹇鹎鹩鹗鹟鸽鹖鹿";寿司青年可以对"鲔鲑鱿鲹鲸鲙鳝鳗鲨鮨鲊鲭鲷鲣鲫鲂鲥鲤";围观青年只好"哈哈哈哈……";卖萌青年则"喵喵喵喵……".

21世纪的竞争从本质上说是人才的竞争,而人才的核心能力又不可缺少逻辑分析能力,所以多了解一些数理逻辑是有益处的.而且它不仅内容丰富,还和许多学科如哲学、数学、计算机科学、语言学及心理学等有联系,影响及于这些学科,有些影响甚至是带有根本性的.

曾在普林斯顿大学和斯坦福大学任教授的著名科学家杰弗里·乌尔曼(Jeff Ullman)写了很多科学著作,关于写书他的哲学是:如果材料好,写得差一点也

不要紧.

本书摘编了很多大家关于递归函数的论述. 如 D. Hilbert 和 W. Ackerman 的《Grundzu ge der theoretischen Logik》. R. Peter 的《Rekursive Funktionen》及 J. C. E. Dekker, E. Specker, J. Myhill, S. C. Kleene. A. church, A. M. Turing, R. M. Robinson, E. L. post. k. Gödel. A. Tarski. Th. Skolm. H. G. Rice 等人的著作.

本书虽然是以大中学生和数学爱好者为目标读者,但笔者希望能有更多的中学教师来读. 中学数学教师需要读更高深的数学书,了解现代数学,否则会教龄长,见识短. 正如王小波在《红拂夜奔》中所写:

> "假如你不走出这道墙,就以为整个世界是一个石头花园,而且一生都在石头花园中度过."

现在有许多中学数学教师感到在校时还能得到一点学生表面化的尊敬,但学生毕业后马上被抛弃,很心寒,其实这并不奇怪,因为你肚子里没多少货 ,只是学生捞分的一个工具罢了,工具当然是用后即弃,所以要有货才行. 金庸先生在游记中曾写到了台湾的酒女制度. 有一次高阳与古龙等请金庸吃饭,招来陪酒的女子前前后后有二十多个,金庸观察到,这些酒女的教育程度相当不错,其中有两位小姐在谈话中引用了李后主的词、白居易的诗. 有一个酒女刚进来,古龙问道:"咦,你不是不做了,怎么又来了?"酒女说:"东山再起,重作冯妇". 让一座人不免刮目. 职业无尊卑,有料则成.

在 1773 年出版的《一个老图书馆员的年历》一书中,作者哲罗德·比安曾这样告诫年轻的图书馆员:

"妥善看管汝之图书,此乃汝自始至终永为首要之职责."

当我们把"妥善看管"换成"潜心出版"就可作为我们数学工作室的职责!

尽管我们已经尽了最大的努力,但囿于学识与层次所限,它注定不会是一流之作.美国诗人约瑟夫·布罗茨基的几句诗写的好:

> 我忠诚于这二流的年代,
> 并骄傲地承认,我最好的想法
> 也属二流.……

刘培杰
2017 月 5 年 21 日
于哈工大